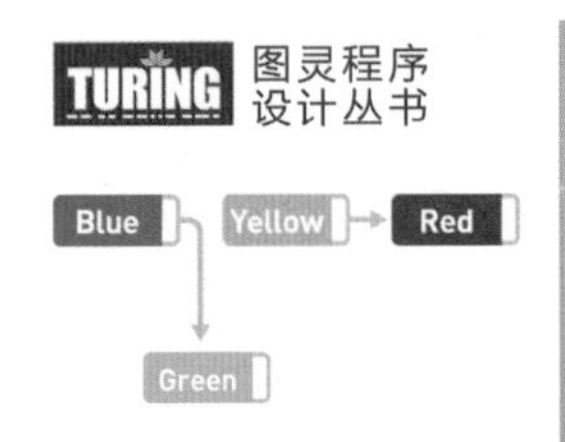

我的第一本算法书

修订版

[日] 石田保辉　宫崎修一 / 著　张贝　何润民 / 译

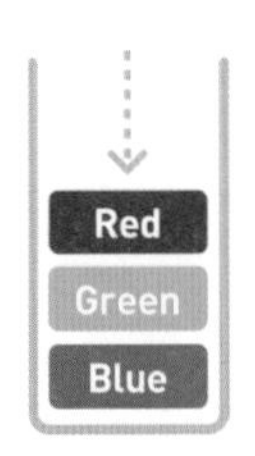

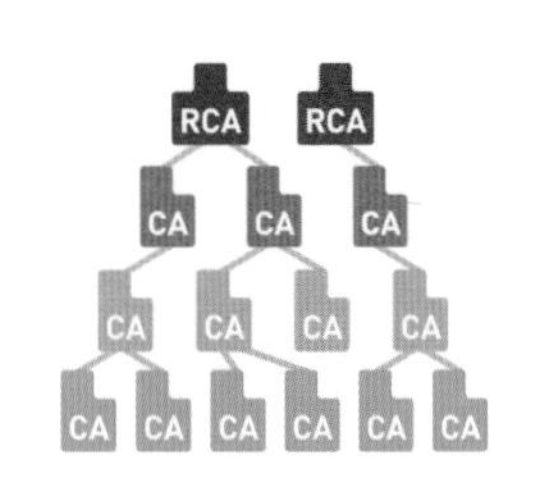

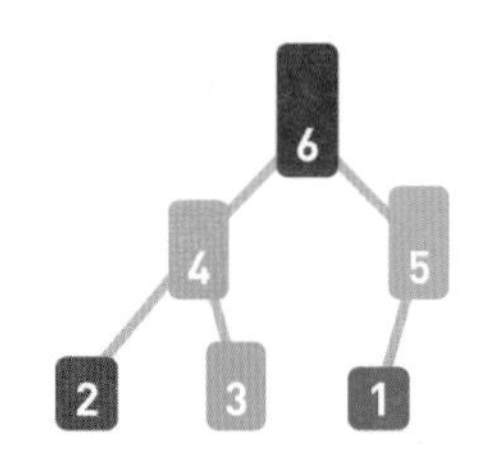

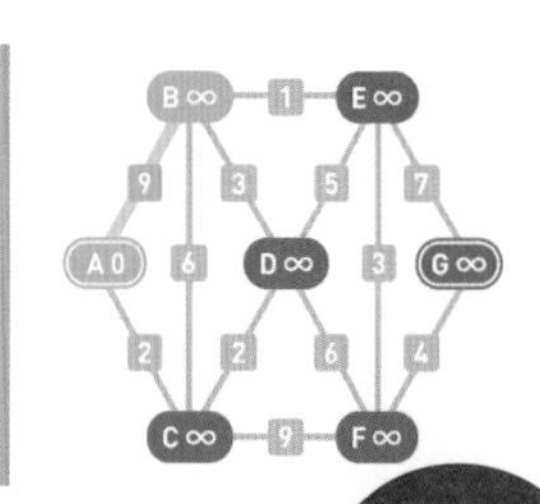

全彩印刷

585张步骤图

详解33种算法
和9种数据结构的基本原理或性质说明

人民邮电出版社
北京

图书在版编目(CIP)数据

我的第一本算法书 / (日) 石田保辉, (日) 宫崎修一著 ; 张贝, 何润民译. -- 2版(修订版). -- 北京 : 人民邮电出版社, 2024.2
(图灵程序设计丛书)
ISBN 978-7-115-63440-5

Ⅰ. ①我… Ⅱ. ①石… ②宫… ③张… ④何… Ⅲ. ①电子计算机—算法理论 Ⅳ. ①TP301.6

中国国家版本馆CIP数据核字(2024)第001274号

内 容 提 要

本书采用大量图片，通过详细的分步讲解，以直观、易懂的方式展现了各种数据结构和算法的基本原理。

本书没有枯燥的理论和复杂的公式，而是通过大量的步骤图帮助读者加深对数据结构原理和算法执行过程的理解，便于学习和记忆。将本书作为算法入门的第一步，是非常不错的选择。

本书适合所有对算法感兴趣，想要从零开始学习算法的读者阅读。

◆ 著 [日] 石田保辉 宫崎修一
译 张 贝 何润民
责任编辑 魏勇俊
责任印制 胡 南

◆ 人民邮电出版社出版发行 北京市丰台区成寿寺路11号
邮编 100164 电子邮件 315@ptpress.com.cn
网址 https://www.ptpress.com.cn
雅迪云印（天津）科技有限公司印刷

◆ 开本：880×1230 1/24
印张：10.33 2024年2月第2版
字数：303千字 2024年2月天津第1次印刷
著作权合同登记号 图字：01-2023-4375号

定价：98.00元

读者服务热线：(010)84084456-6009 印装质量热线：(010)81055316
反盗版热线：(010)81055315
广告经营许可证：京东市监广登字20170147号

版权声明

本书主页

https://www.ituring.com.cn/book/3216

阅读本书后，您可通过以上网址将您的感想、意见或问题写下来。
另外，在页面的“勘误”栏可以提交或查看本书勘误。

前言

本书以 iOS 和 Android 平台上的“算法动画图解”应用为基础，以图配文，详细讲解了各种算法和数据结构的基本原理。如果本书能够帮助大家理解基本算法的操作和特征，那么我将感到十分荣幸。

使用不同的算法解决同一个问题时，就算得到的结果是一样的，算法之间的性质也有很大的差异。比如，某种算法的运行时间很短，但需要占用大量内存；而另一种算法的运行时间较长，但内存资源占用较少。学习各种算法可以使我们在编程时有更多的选择。成为优秀程序员的必要条件之一，就是可以根据应用场景的不同选择最合适的算法。

如果您对算法有兴趣，还可以挑战一下“算法理论”这一领域，试着去发现更高效的算法，或者研究目前用算法还无法解决的问题。

石田保辉

算法是解决问题的计算步骤，用于编写程序之前。即使是解决同样的问题，高效算法和低效算法所花费的时间也迥然不同。另外，要想执行高效的算法，还需要使用合适的数据结构。本书的目的就是让初学者也能轻松地理解算法和数据结构。

本书以 iOS 和 Android 平台上的“算法动画图解”应用为基础。该应用以动画的形式展示了算法的流程，而本书则采用了大量的图片来分步讲解，尽量保留了原应用易懂的优点。为了配合出版，本书还添加了“什么是算法”“算法的运行时间”“图的基础知识”等应用中没有的内容，相信会让读者对算法的理解更加深刻。

读完本书，不过是站在了算法世界的入口，这个世界还有很多领域等待人们去探索。如果您由此对算法产生了兴趣，请务必继续深入学习。

宫崎修一

致谢

本书中大量使用了“算法动画图解”应用中的图片，在使用之前，我们得到了图片制作者光森裕树先生的许可。此外，从选题策划、内容编辑到出版进度管理，翔泳社的秦和宏先生在本书的整个出版流程中付出了颇多心血。在此对二位表示由衷的感谢。

石田保辉

宫崎修一

关于“算法动画图解”应用的说明

本书根据 iOS 和 Android 平台上的“算法动画图解”应用编写而成，为配合图书出版，对应用中的内容进行了补充和修正，专门添加了基础理论方面的内容。

对于本书中出现的各种算法，应用内都采用动画交互的方式进行了讲解，对于部分算法，还可以通过改变设置尝试不同的模式。将该应用和本书结合使用，可以加深对相关知识的理解。请各位读者通过下面的步骤下载该应用并灵活运用。

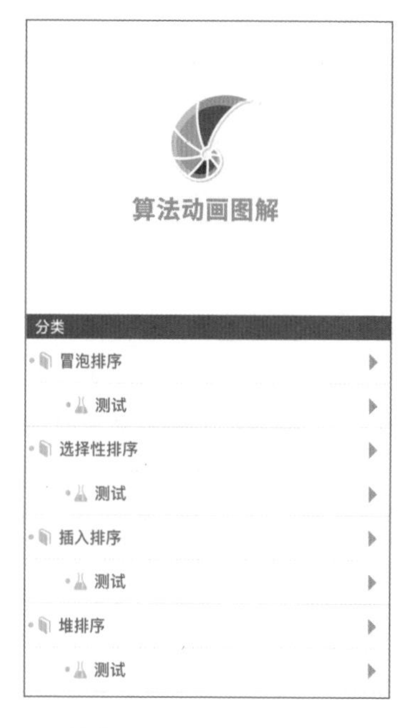

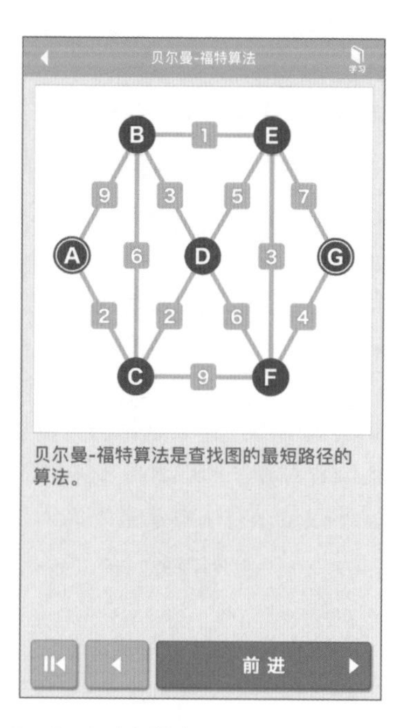

▶ iPhone / iPad 用户

① 打开 App Store。

② 点击“搜索”，输入“算法动画图解”。

③ 点击“获取”。

▶ Android 用户

① 打开 Google Play。

② 打开页面上的“搜索”项，输入“算法动画图解”进行搜索。

③ 进入“算法动画图解”应用的页面，点击“安装”。

※ 应用为免费下载，用户可以免费试用部分算法，但要解锁所有项目，需要在应用内购买。

Contents 目录

序章 算法的基本知识

No. 0-1 什么是算法

算法与程序的区别

算法就是计算或者解决问题的步骤。我们可以把它想象成食谱。要想做出特定的料理，就要遵循食谱上的步骤；同理，要想用计算机解决特定的问题，就要遵循算法。这里所说的特定问题多种多样，比如“将随意排列的数字按从小到大的顺序重新排列”“寻找出发点到目的地的最短路径”，等等。

食谱和算法之间最大的区别就在于算法是严密的。食谱上经常会有描述得比较模糊的部分，而算法的步骤都是用数学方式来描述的，所以十分明确。

算法和程序有些相似，区别在于程序是以计算机能够理解的编程语言编写而成的，可以在计算机上运行，而算法是以人类能够理解的方式描述的，用于编写程序之前。不过，在这个过程中到哪里为止是算法、从哪里开始是程序，并没有明确的界限。

就算使用同一个算法，编程语言不同，写出来的程序也不同；即便使用相同的编程语言，写程序的人不同，那么写出来的程序也是不同的。

排列整数的算法：排序

▶ 查找最小的数并交换：选择排序

来看一个具体的算法示例吧。这是一个以随意排列的整数为输入，把它们按从小到大的顺序重新排列的问题。这类排序问题我们将在第 2 章详细讲解。

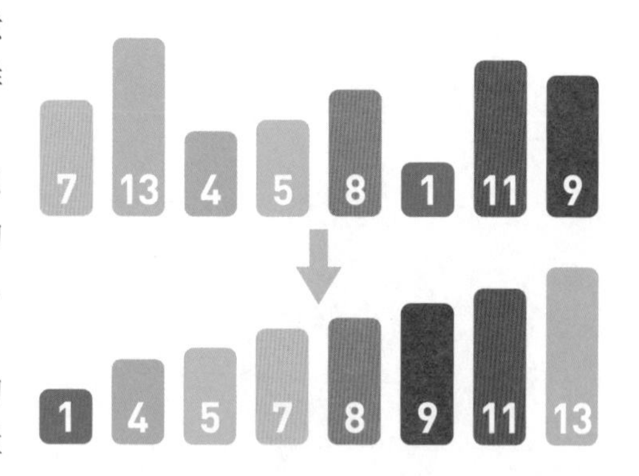

只解决这一个问题很简单，但是算法是可以应对任意输入的计算步骤，所以必须采用通用的描述。虽然在这个示例中输入的整数个数 n 为 8，但是不管 n 多大，算法都必须将问题解决。

那么，你首先想到的方法，是不是先从输入的数中找出最小的数，再将它和最左边的数交换位置呢？在这个示例中就是找到最小的数 1，然后将它和最左边的 7 交换位置。

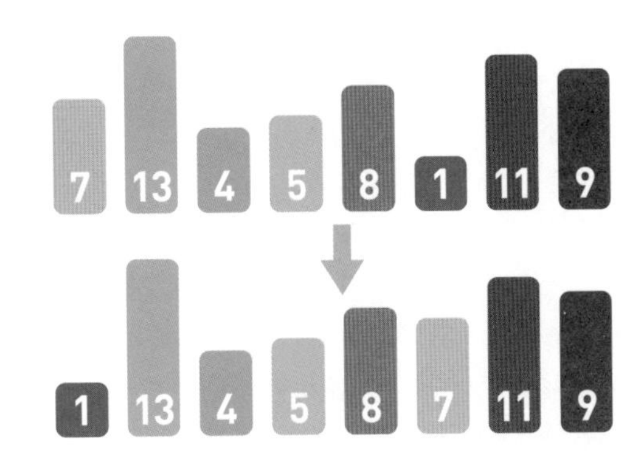

这之后 1 的位置便固定下来，不再移动。接下来，在剩下的数里继续寻找最小的数，再将它和左边第 2 个数交换位置。于是，4 和 13 也交换了位置。

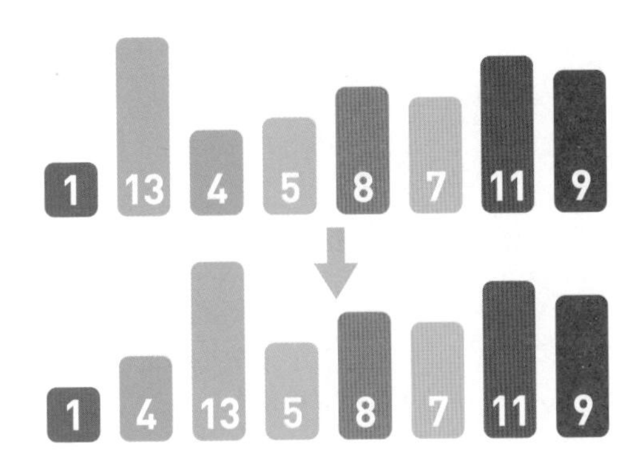

我们将这样的一次交换称为“1 轮”。到了第 k 轮的时候，就把剩下的数中最小的一个与左边第 k 个数进行交换。于是在结束第 k 轮后，从左数的 k 个数便都按从小到大的顺序排列了。只要将这个步骤重复 n 次，那么所有的数都将按从小到大的顺序排列。

这便是我们将在 2-3 节中介绍的选择排序。不管输入的数是什么、n 有多大，都可以用这个算法解决问题。

▶ 用计算机能理解的方式构思解法：算法的设计

计算机擅长高速执行一些基本命令，但无法执行复杂的命令。此处的“基本命令”指的是“做加法”或者“在指定的内存地址上保存数据”等。

计算机是以这些基本命令的组合为基础运行的，面对复杂的操作，也是通过搭配和组合这些基本命令来应对的。上文中提到的“对 n 个数进行排序”对计算机来说就是复杂的操作。如何设计算法来解决这个排序问题，也就等同于构思如何搭配和组合计算机可以执行的那些基本命令来实现这个操作。

如何选择算法

能解决排序问题的算法不止选择排序这一个。那么，当有多个算法可以解决同一个问题时，我们该如何选择呢？在算法的评判上，考量的标准也各有不同。

比如，简单的算法对人来说易于理解，也容易被写成程序，而在运行过程中不需要耗费太多空间资源的算法，就十分适用于内存小的计算机。

不过，一般来说我们最为重视的是算法的运行时间，即从输入数据到输出结果这个过程所花费的时间。

对 50 个数排序所花的时间竟然比宇宙的历史还要长吗

▶ 使用全排列算法进行排序

为了让大家体会一下低效算法的效果，这里来看看下面这个排序算法。

① 生成一个由 n 个数构成的数列（不和前面生成的数列重复）
② 如果①中生成的数列按从小到大的顺序排列就将其输出，否则回到步骤①

我们就把这个算法称为“全排列算法”吧。全排列算法列出了所有的排列方法，所以不管输入如何，都可以得到正确的结果。

那么，需要等多久才能出结果呢？若运气好，很快就能出现正确排列的话，结果也就立刻出来了。然而，实际情况往往并不如我们所愿。最差的情况，也就是直到最后才出现正确排列的情况下，计算机就不得不确认所有可能的排列了。

n 个数有 $n!$ 种排列方法（$n!=n\times(n-1)\times(n-2)\times\cdots\times3\times2\times1$）。现在，我们来看看 $n=50$ 时是怎样一种情况吧。

① $50! = 50\times49\times48\times\cdots\times3\times2\times1$
② $50\times49\times48\times\cdots\times3\times2\times1 > 50\times49\times48\times\cdots\times13\times12\times11$
③ $50\times49\times48\times\cdots\times13\times12\times11 > 10^{40}$

式①中，50! 即为 1 到 50 的乘积。为了便于计算，我们通过式②③将结果近似转换为 10 的 n 次方的形式。式②右边部分去掉了 10 以下的数，因此小于 50!。式③左右都是 40 个数的乘积，但左边的数都大于 10，因此结果大于右边的 10^{40}。接下来我们就用 10^{40} 近似代表 50 个数的所有排列情况数来进行计算。

假设 1 台高性能计算机 1 秒能检查 1 万亿（$=10^{12}$）个数列，那么检查 10^{40} 个数列将花费的时间为 $10^{40}\div10^{12}=10^{28}$ 秒。1 年（365 天）为 31 536 000 秒，不到 10^{8} 秒。因此，10^{28} 秒 $>10^{20}$ 年。

从大爆炸开始宇宙已经经历了约 137 亿年，即便如此也少于 10^{11} 年。也就是说，仅仅是对 50 个数进行排序，若使用全排列算法，可能就算花费宇宙年龄的 10^{9} 倍时间也得不出答案。

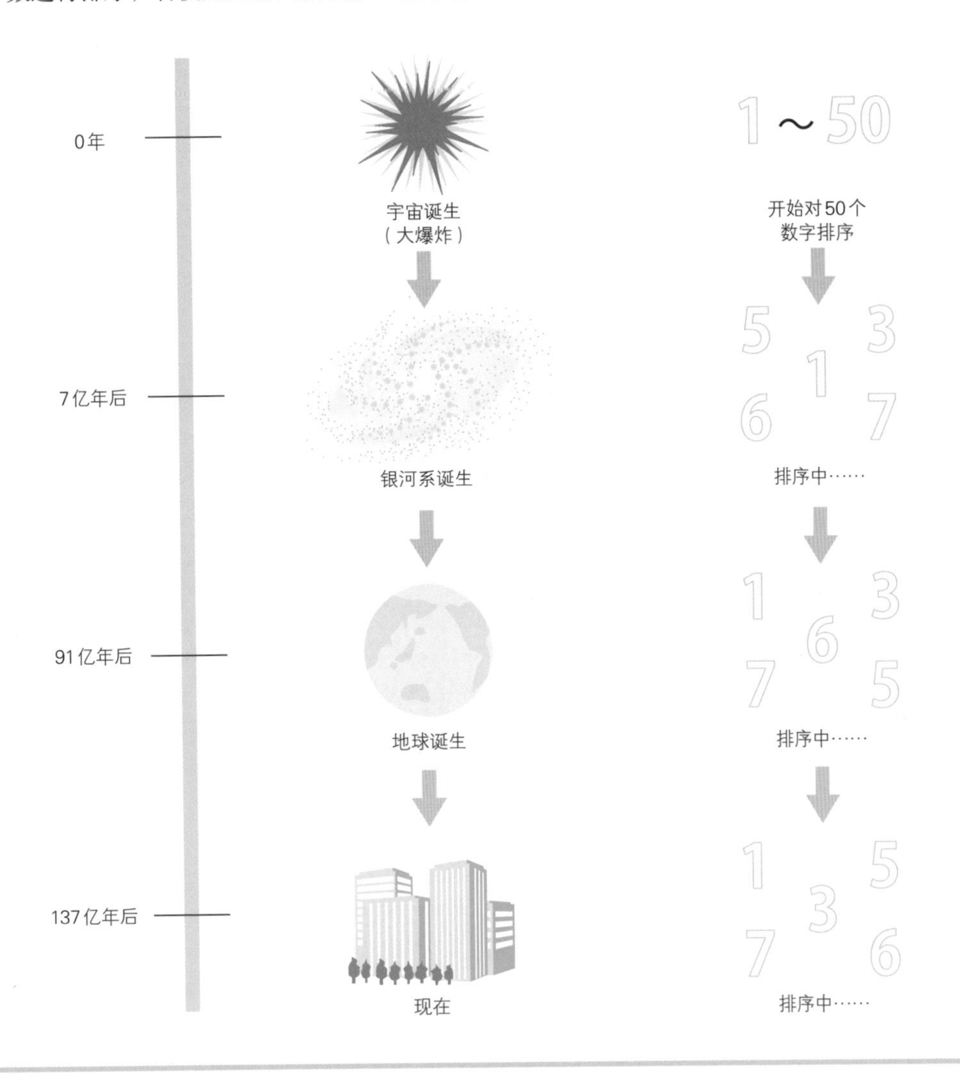

▶ 使用选择排序算法进行排序

那么，使用前文提到的选择排序算法，情况又将如何呢？

首先，为了在第 1 轮找到最小的数，需要从左往右确认数列中的数，只要查询 n 个数即可。在接下来的第 2 轮中，需要从 $n-1$ 个数中寻找最小值，所以需要查询 $n-1$ 个数。将这个步骤进行到第 n 轮的时候，需要查询的次数如下。

$$n+(n-1)+(n-2)+\cdots+3+2+1=\frac{n(n+1)}{2}\leqslant n^2$$

n=50 的时候 n^2=2500。假设 1 秒能确认 1 万亿（$=10^{12}$）个数，那么 $2500\div10^{12}=0.000\,000\,002\,5$ 秒便能得出结果，这比全排列算法的效率高得多。

No.
0-2 运行时间的计算方法

了解输入数据的量和运行时间之间的关系

上一节在结尾说明了算法的不同会导致其运行时间产生大幅变化，本节将讲解如何求得算法的运行时间。

使用相同的算法，输入数据的量不同，运行时间也会不同。比如，对 10 个数排序和对 1 000 000 个数排序，大家很容易就想到后者的运行时间更长。那么，实际上运行时间会长多少呢？后者是前者的 100 倍，还是 1 000 000 倍？就像这样，我们不光要理解不同算法在运行时间上的区别，还要了解根据输入数据量的大小，算法的运行时间具体会产生多大的变化。

如何求得运行时间

那么，如何测算不同输入所导致的运行时间的变化程度呢？最为现实的方法就是在计算机上运行一下程序，测试其实际花费的时间。但是，就算使用同样的算法，花费的时间也会根据所用计算机的不同而产生偏差，十分不便。

所以在这里，我们使用“步数”来描述运行时间。“1 步”就是计算的基本单位。通过测试“计算从开始到结束总共执行了多少步”来求得算法的运行时间。

作为示例，现在我们试着从理论层面求出选择排序的运行时间。选择排序的步骤如下。

> ① 从数列中寻找最小值
> ② 将最小值和数列最左边的数交换，将其视为已排序。回到①

如果数列中有 n 个数，那么①中“寻找最小值”的步骤只需确认 n 个数即可。这里，将“确认 1 个数的大小”作为操作的基本单位，需要的时间设为 T_c，那么步骤①的运行时间就是 $n \times T_c$。

接下来，把“对两个数进行交换”也作为操作的基本单位，需要的时间设为 T_s。那么，①和②总共重复 n 次，每经过“1 轮”，需要查找的数就减少 1 个，因此总的运行时间如下。

$$(n\times T_c+T_s)+((n-1)\times T_c+T_s)+((n-2)\times T_c+T_s)+\cdots+(2\times T_c+T_s)+(1\times T_c+T_s)$$
$$=\frac{1}{2}T_c n(n+1)+T_s n$$
$$=\frac{1}{2}T_c n^2+(\frac{1}{2}T_c+T_s)n$$

虽说只剩最后 1 个数的时候就不需要确认了，但是为方便起见还是把对它的确认和交换时间计算在内比较好。

运行时间的表示方法

虽说我们已经求得了运行时间，但其实这个结果还可以简化。T_c 和 T_s 都是基本单位，与输入无关。会根据输入变化而变化的只有数列的长度 n，所以接下来考虑 n 变大的情况。n 增大时，上式中的 n^2 会变得非常大，其他部分的变化相对较小。也就是说，对式子影响最大的是 n^2。所以，我们删掉其他部分，将结果表示成下式右边的形式。

$$\frac{1}{2}T_c n^2+(\frac{1}{2}T_c+T_s)n=O(n^2)$$

通过这种表示方法，我们就能大致了解到排序算法的运行时间与输入数据量 n 的平方成正比。

同样，假设某个算法的运行时间如下。

$$5T_x n^3+12T_y n^2+3T_z n$$

那么，这个结果就可以用 $O(n^3)$ 来表示。如果运行时间为

$$3n\log_2 n+2T_y n$$

这个结果就可以用 $O(n\log n)$ 来表示。

O 这个符号的意思是“忽略重要项以外的内容”[①]，读音同 Order。$O(n^2)$ 的含义就是“算法的运行时间最长也就是 n^2 的常数倍”，准确的定义请参考相关专业书籍。重点在于，通过这种表示方法，我们可以直观地了解算法的时间复杂度[②]。

比如，当我们知道选择排序的时间复杂度为 $O(n^2)$、快速排序的时间复杂度为 $O(n\log n)$ 时，我们很快就能判断出快速排序的运算更为高速。二者的运行时间根据输入 n 产生的变化程度也一目了然。

关于算法的基本知识就介绍到这里了。从下一章开始，我们就来具体学习各种算法吧。

---

① 将对数中的底数换为其他数，结果为原数的常数倍，因此底数也可忽略。——编者注

② 时间复杂度是一个可以描述算法运行时间的函数，常用大 O 符号来表示。——译者注

第1章

数据结构

No. 1-1 什么是数据结构

数据结构决定数据的顺序和位置关系

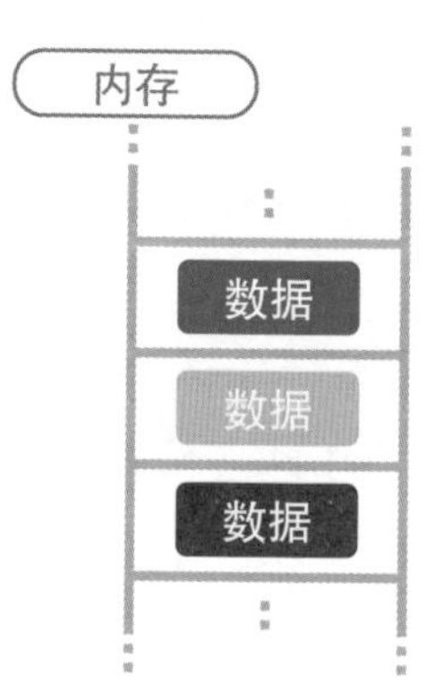

数据存储于计算机的内存中。内存如右图所示，形似排成 1 列的箱子，1 个箱子里存储 1 个数据。

数据存储于内存时，决定数据顺序和位置关系的便是“数据结构”。

电话簿的数据结构

▶ 例① 从上往下顺序添加

举个简单的例子。假设我们有 1 个电话簿——虽说现在很多人都把电话号码存在手机里，但是这里我们考虑使用纸质电话簿的情况——每当我们得到了新的电话号码，就按从上往下的顺序把它们记在电话簿上。

姓名	电话号码
武小小	010-uuuu-uuuu
田美丽	010-xxxx-xxxx
王野	010-yyyy-yyyy
小季酒店	021-zzzz-zzzz
……	……

假设此时我们想给张伟打电话，但是因为数据都是按获取顺序排列的，所以我们并不知道张伟的号码具体在哪里，只能一个个从上往下找（虽说也可以“从后往前找”或者“随机查找”，但是效率并不会比“从上往下找”高）。如果电话簿上号码不多的话很快就能找到，但如果存了 500 个号码，找起来就不那么容易了。

▶ 例② 按姓名的拼音顺序排列

接下来，试试以联系人姓名的拼音顺序排列吧。因为数据都是以字典顺序排列的，所以它们是有“结构”的。

姓名	电话号码
董大海	010-aaaa-aaaa
方帅	010-bbbb-bbbb
韩宏宇	020-zzzz-zzzz
李希	010-cccc-cccc
……	……

使用这种方式给联系人排序的话，想要找到目标人物就轻松多了。通过姓名的拼音首字母就能推测出该数据的大致位置。

那么，如何往这个按拼音顺序排列的电话簿里添加数据呢？假设我们认识了新朋友柯津博并拿到了他的电话号码，打算把号码记到电话簿中。由于数据按姓名的拼音顺序排列，所以柯津博必须写在韩宏宇和李希之间，但是上面的这张表里已经没有空位可供填写，所以需要把李希及其以下的数据往下移 1 行。

此时我们需要从下往上执行“将本行的内容写进下一行，然后清除本行内容”的操作。如果一共有 500 个数据，一次操作需要 10 秒，那么 1 个小时也完成不了这项工作。

▶ 两种方法的优缺点

总的来说，数据按获取顺序排列的话，虽然添加数据非常简单，只需要把数据加在最后就可以了，但是在查询时较为麻烦；以拼音顺序来排列的话，虽然在查询上较为简单，但是添加数据时又会比较麻烦。

这两种方法各有各的优缺点，具体选择哪种还是要取决于这个电话簿的用法。如果电话簿做好之后就不再添加新号码，那么选择后者更为合适；如果需要经常添加新号码，但不怎么需要再查询，就应该选择前者。

▶ 将获取顺序与拼音顺序结合起来怎么样

我们还可以考虑一种新的排列方法，将二者的优点结合起来，那就是分别使用不同的表存储不同的拼音首字母，比如表 L、表 M、表 N 等，然后将同一张表中的数据按获取顺序进行排列。

表 L

姓名	电话号码
李博	010-aaaa-aaaa
林广川	010-bbbb-bbbb
陆顺平	021-zzzz-zzzz
刘彻	010-ccc-cccc
……	……

表 M

姓名	电话号码
马岩	010-aaaa-aaaa
孟田	021-zzzz-zzzz
明小慧	010-zzzz-zzzz
孟舒怡	010-aaaa-aaaa
……	……

表 N

姓名	电话号码
宁川	021-aaaa-aaaa
……	……
……	……
……	……
……	……

这样一来，在添加新数据时，直接将数据加到相应表的末尾就可以了，而查询数据时，也只需要到其对应的表中去查找即可。

因为各个表中存储的数据依旧是没有规律的，所以查询时仍需从表头开始找起，但比查询整个电话簿来说还是要轻松多了。

选择合适的数据结构以提高内存的利用率

数据结构方面的思路和制作电话簿时的一样。将数据存储于内存时，根据使用目的选择合适的数据结构，可以提高内存的利用率。

本章将会讲解 7 种数据结构。如本节开头所述，数据在内存中是呈线性排列的，但是我们也可以使用指针等道具，构造出类似“树形”的复杂结构（树形结构将在 4-2 节详细说明）。

▶参考：4-2 广度优先搜索

No.

1-2 链表

链表是数据结构之一，其中的数据呈线性排列。在链表中，数据的添加和删除都较为方便，就是访问比较耗费时间。

01

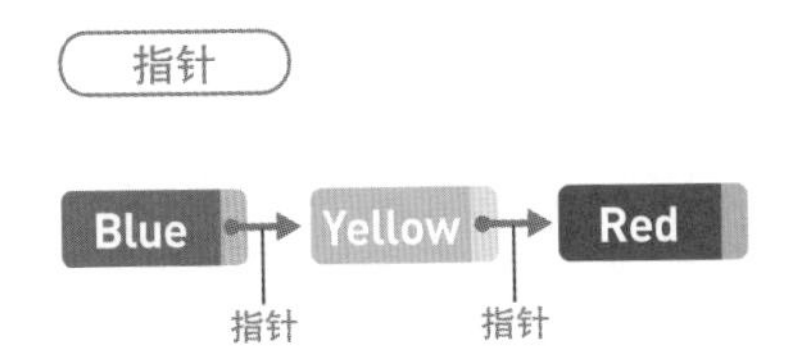

Red 是最后一个数据，所以 Red 的指针不指向任何位置。

这就是链表的概念图。Blue、Yellow、Red 这 3 个字符串作为数据被存储于链表中。每个数据都有 1 个“指针”，它指向下一个数据的内存地址（在内存上的位置）。

02

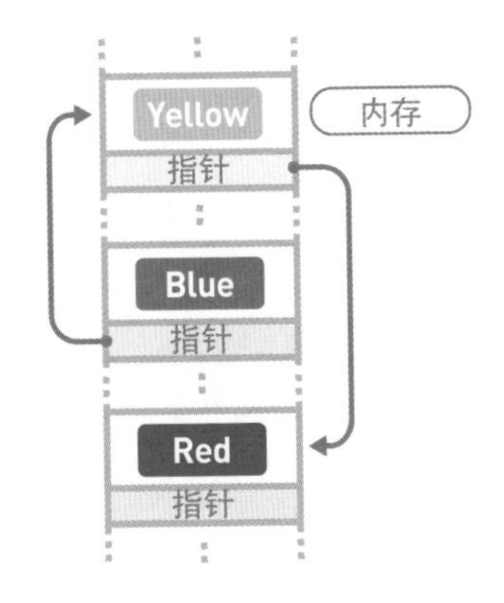

在链表中，数据一般都是分散存储于内存中的，无须存储在连续空间内。

03

顺序访问

因为数据都是分散存储的，所以如果想要访问数据，只能从第 1 个数据开始，顺着指针的指向一一往下访问（这便是顺序访问）。比如，想要找到 Red 这一数据，就得从 Blue 开始访问。

04

顺序访问

这之后，还要经过 Yellow，我们才能找到 Red。

05

如果想要添加数据，只需要改变添加位置前后的指针指向就可以，非常简单。比如，在 Blue 和 Yellow 之间添加 Green。

06

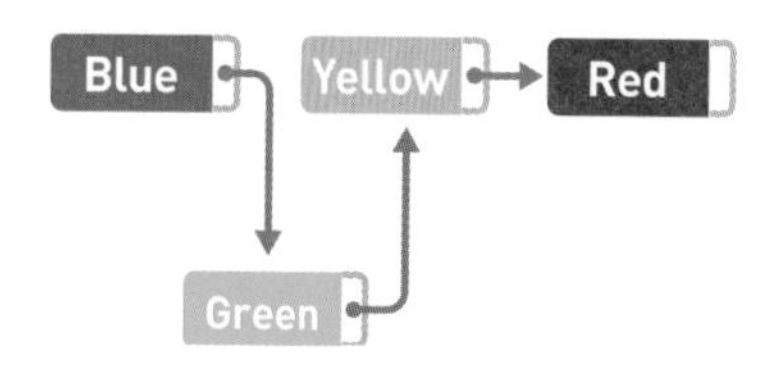

将 Blue 的指针指向的位置变成 Green，然后把 Green 的指针指向 Yellow，数据的添加就大功告成了。

07

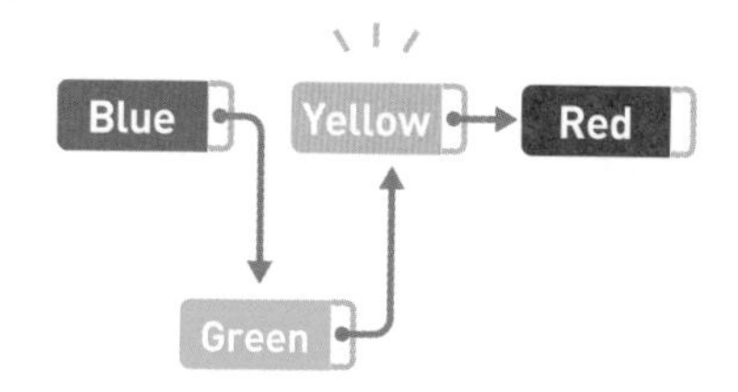

数据的删除也一样，只要改变指针的指向就可以。比如删除 Yellow。

08

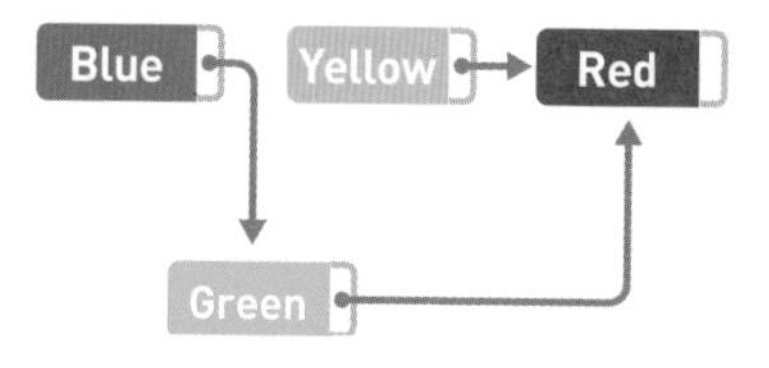

这时，只需要把 Green 的指针指向的位置从 Yellow 变成 Red，删除就完成了。虽然 Yellow 本身还存储在内存中，但是不管从哪里都无法访问这个数据，所以也就没有特意去删除它的必要了。今后需要用到 Yellow 所在的存储空间时，只要用新数据覆盖掉就可以了。

解说

对链表的操作所需的运行时间到底是多少呢？在这里，我们把链表中的数据量记成 n。访问数据时，我们需要从链表头部开始查找（线性搜索），如果目标数据在链表最后的话，需要的时间就是 $O(n)$。

另外，添加数据只需要更改两个指针的指向，所以耗费的时间与 n 无关。如果已经到达了添加数据的位置，那么添加操作只需花费 $O(1)$ 的时间。删除数据同样也只需 $O(1)$ 的时间。

参考：3-1 线性搜索

补充说明

上文中讲述的链表是最基本的一种链表。除此之外，还存在一些方便的扩展性链表。

虽然上文中提到的链表尾部没有指针，但我们也可以在链表尾部使用指针，并且让它指向链表头部的数据，将链表变成环形。这便是“循环链表”，也叫“环形链表”。循环链表没有头和尾的概念。想要保存数量固定的最新数据时通常会使用这种链表。

循环链表

另外，上文链表里的每个数据都只有一个指针，但我们可以把指针设定为两个，并且让它们分别指向前后数据，这就是“双向链表”。使用这种链表，不仅可以从前往后，还可以从后往前遍历数据，十分方便。

但是，双向链表存在两个缺点：一是指针数的增加会导致存储空间需求增加，二是添加和删除数据时需要改变更多指针的指向。

双向链表

Blue ⇄ Yellow ⇄ Red

No.

1-3 数组

数组也是数据呈线性排列的一种数据结构。与上一节中的链表不同，在数组中，访问数据十分简单，而添加和删除数据比较耗工夫。这和 1-1 节中讲到的姓名按拼音顺序排列的电话簿类似。

▶参考：1-1 什么是数据结构

01

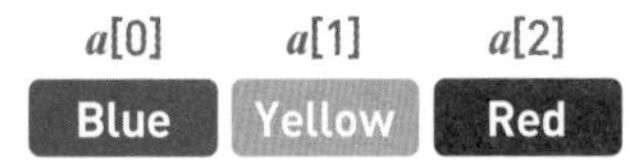

a 是数组的名字，后面“[ ]”中的数字表示该数据是数组中的第几个数据（这个数字叫作“数组下标”，下标从 0 开始计数）。比如，Red 就是数组 *a* 的第 2 个数据。

这就是数组的概念图。Blue、Yellow、Red 作为数据存储在数组中。

02

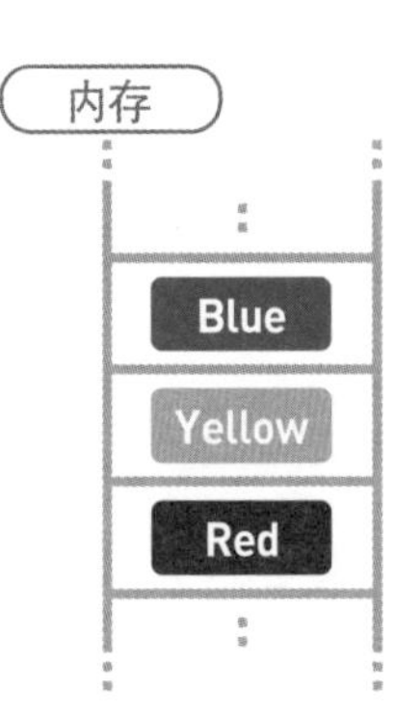

数组的数据按顺序存储在内存的连续空间内。

03

a[0] a[1] a[2]

Blue Yellow Red

由于数据是存储在连续空间内的，所以每个数据的内存地址都可以通过数组下标算出，我们也就可以借此直接访问目标数据（这叫作“随机访问”）。

04

随机访问

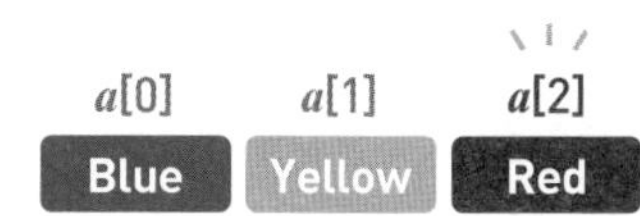

比如现在我们想要访问 Red。如果使用链表就只能从头开始查找，但在数组中，只需要指定 a[2]，便能直接访问 Red。

05

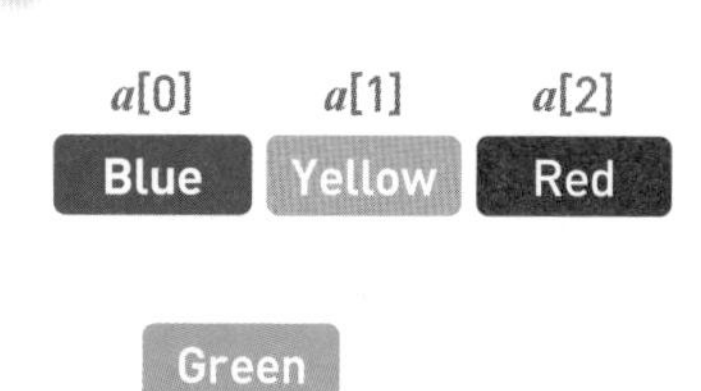

但是，如果想在任意位置上添加或者删除数据，数组的操作就要比链表复杂多了。这里我们尝试将 Green 添加到第 2 个位置上。

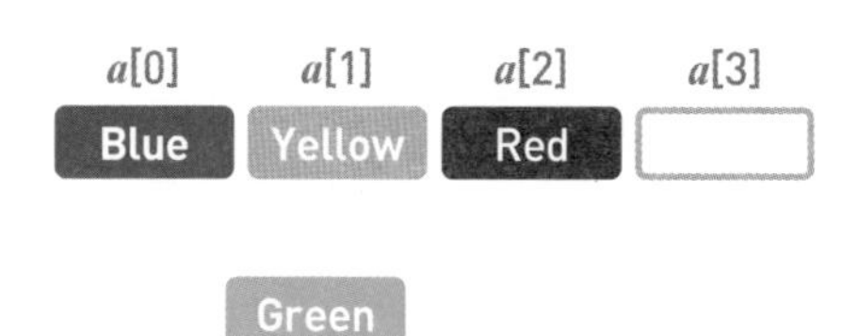

首先，在数组的末尾确保需要增加的存储空间。

07

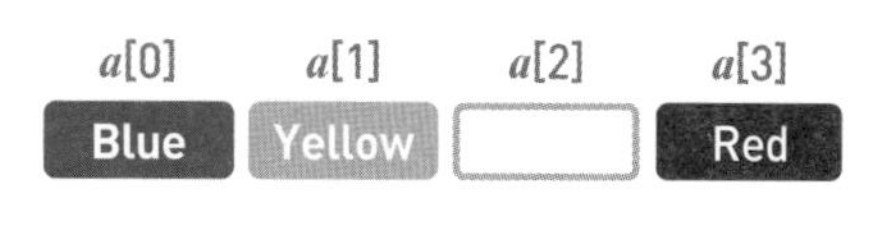

为了给新数据腾出位置，要把已有数据一个个移开。首先把 Red 往后移。

08

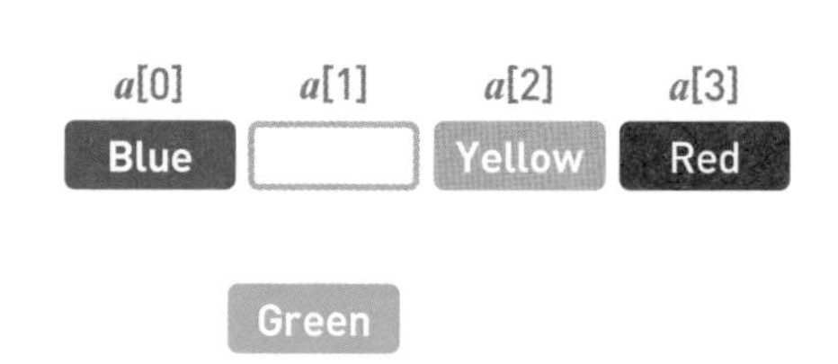

然后把 Yellow 往后移。

09

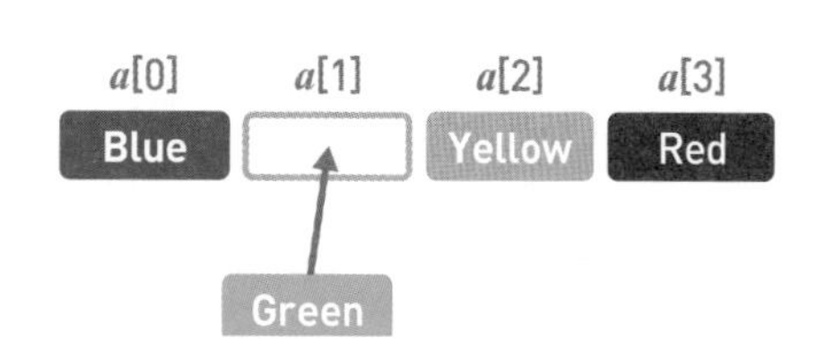

最后在空出来的位置上写入 Green。

10

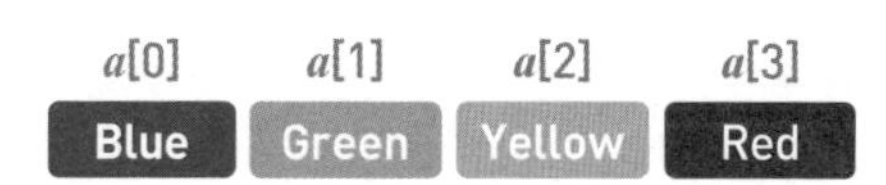

添加数据的操作就完成了。

11

反过来，如果想要删除 Green……

12

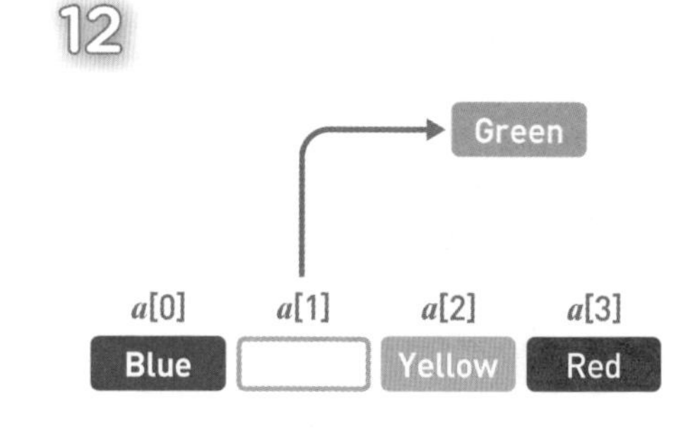

首先，删掉目标数据（在这里指 Green）。

13

Green

a[0] a[1] a[2] a[3]

Blue Yellow Red

然后把后面的数据一个个往空位移。先把 Yellow 往前移。

14

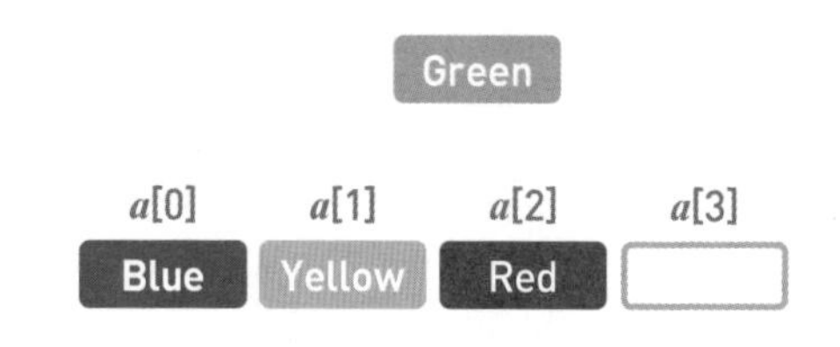

接下来移动 Red。

15

Green

$a[0]$	$a[1]$	$a[2]$	$a[3]$
Blue	Yellow	Red	

最后再删掉多余的空间。这样一来 Green 便被删掉了。

解说

这里讲解一下对数组操作所花费的运行时间。假设数组中有 n 个数据，由于访问数据时使用的是随机访问（通过下标可计算出内存地址），所以需要的运行时间仅为恒定的 $O(1)$。

但另一方面，想要向数组中添加新数据，必须把目标位置后面的数据一个个移开。所以，如果在数组头部添加数据，就需要 $O(n)$ 的时间。删除操作同理。

补充说明

在链表和数组中，数据都是线性地排成一列。在链表中访问数据较为复杂，添加和删除数据较为简单；而在数组中访问数据比较简单，添加和删除数据却比较复杂。

我们可以根据哪种操作较为频繁来决定使用哪种数据结构。

	访问	添加	删除
链表	慢	快	快
数组	快	慢	慢

No. 1-4 栈

栈也是一种数据呈线性排列的数据结构，不过在这种结构中，我们只能访问最新添加的数据。栈就像是一摞书，拿到新书时我们会把它放在书堆的最上面，取书时也只能从最上面的新书开始取。

01

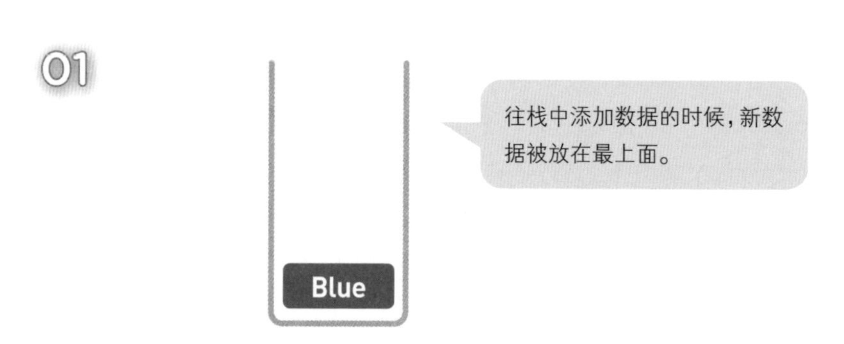

这就是栈的概念图。现在存储在栈中的只有数据 Blue。

02

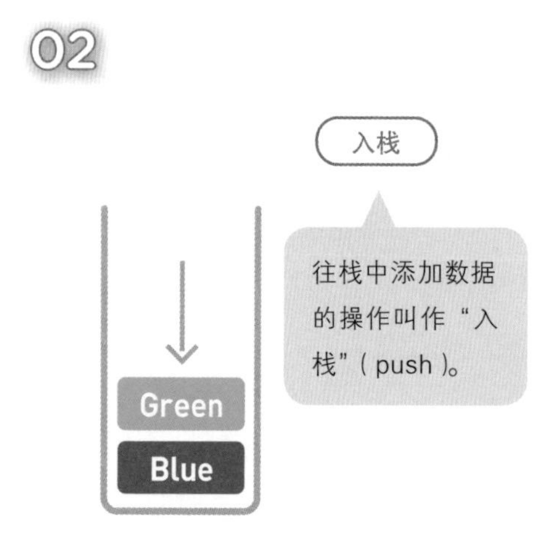

然后，栈中添加了数据 Green。

03

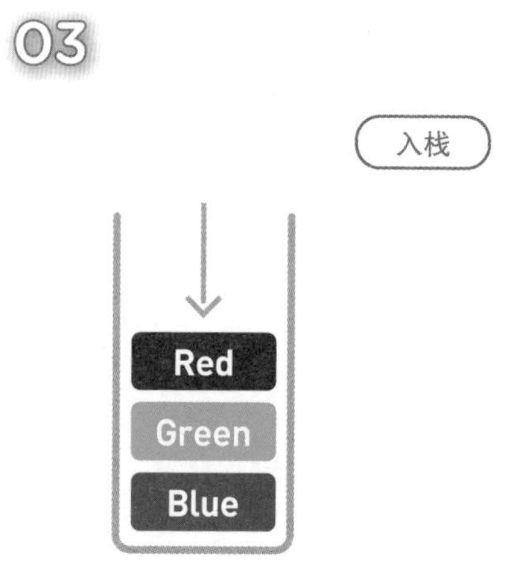

接下来，数据 Red 入栈。

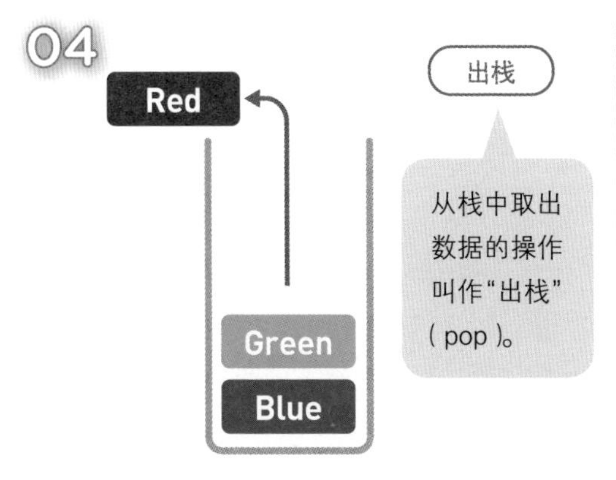

从栈中取出数据时，是从最上面，也就是最新的数据开始取出的。这里取出的是 Red。

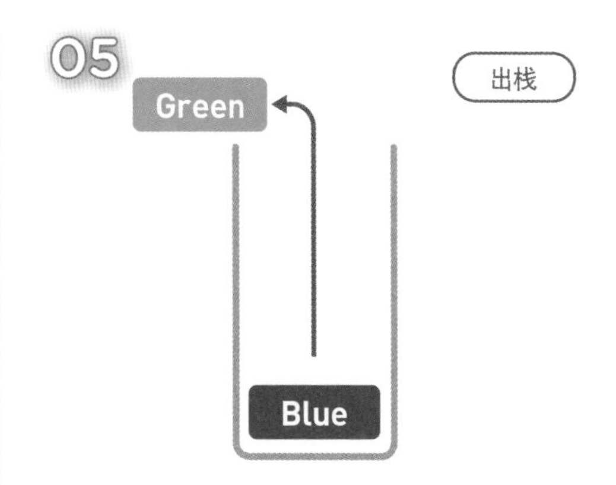

如果再进行一次出栈操作，取出的就是 Green 了。

解说

像栈这种最后添加的数据最先被取出，即“后进先出”的结构，我们称为 Last In First Out，简称 LIFO。

与链表和数组一样，栈的数据也是线性排列，但在栈中，添加和删除数据的操作只能在一端进行，访问数据也只能访问到顶端的数据。想要访问中间的数据，就必须通过出栈操作将目标数据移到栈顶才行。

应用示例

栈只能在一端操作这一点看起来似乎十分不便，但在只需要访问最新数据时，使用它就比较方便了。

比如，规定（AB（C（DE）F）（G（(H）I J）K））这一串字符中括号的处理方式如下：首先从左边开始读取字符，读到左括号就将其入栈，读到右括号就将栈顶的左括号出栈。此时，出栈的左括号便与当前读取的右括号相匹配。通过这种处理方式，我们就能得知配对括号的具体位置。

另外，我们将在 4-3 节中学习的深度优先搜索算法，通常会选择最新的数据作为候补顶点。在候补顶点的管理上就可以使用栈。

▶参考：4-3 深度优先搜索

No.

1-5 队列

与前面提到的数据结构相同，队列中的数据也呈线性排列。虽然与栈有些相似，但队列中添加和删除数据的操作分别是在两端进行的。就和“队列”这个名字一样，把它想象成排成一队的人更容易理解。在队列中，处理总是从第一名开始往后进行，而新来的人只能排在队尾。

01

Blue

往队列中添加数据时，数据被加在最上面。

这就是队列的概念图。现在队列中只有数据 Blue。

02

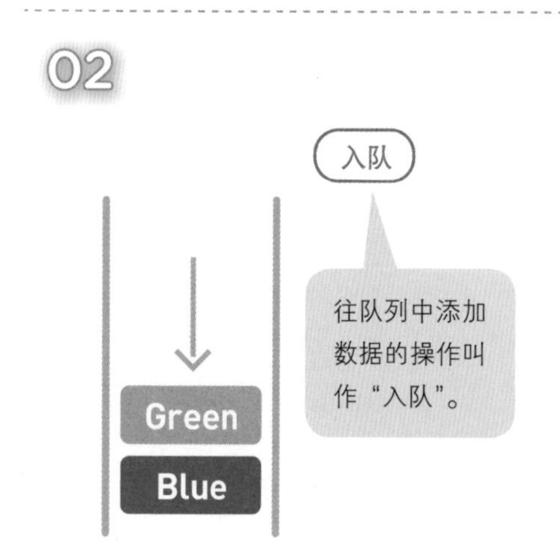

然后，队列中添加了数据 Green。

03

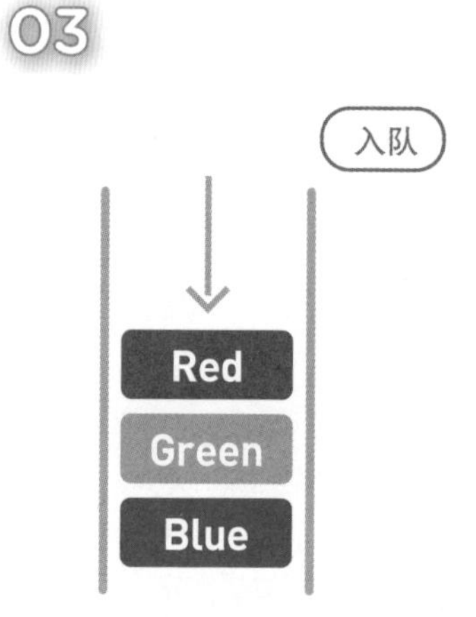

紧接着，数据 Red 也入队了。

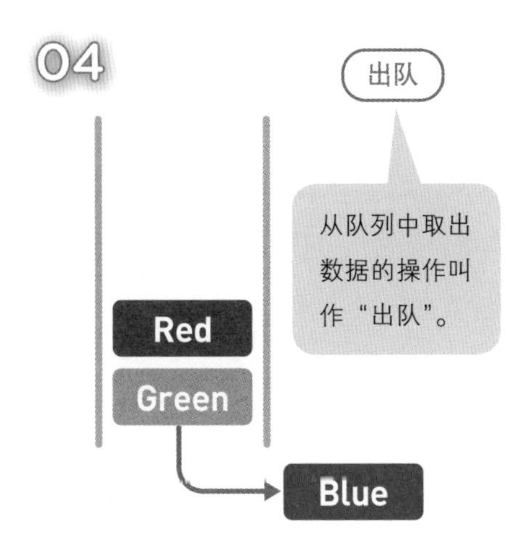

从队列中取出数据时，是从最下面，也就是最早入队的数据开始的。这里取出的是 Blue。

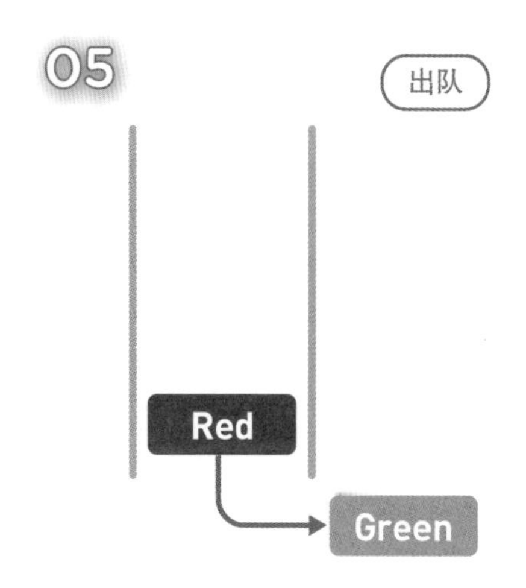

如果再进行一次出队操作，取出的就是 Green 了。

解说

像队列这种最先进去的数据最先被取来，即“先进先出”的结构，我们称为 First In First Out，简称 FIFO。

与栈类似，队列中可以操作数据的位置也有一定的限制。在栈中，数据的添加和删除都在同一端进行，而在队列中则分别是在两端进行的。队列也不能直接访问位于中间的数据，必须通过出队操作将目标数据变成首位后才能访问。

应用示例

“先来的数据先处理”是一种很常见的思路，所以队列的应用范围非常广泛。比如 4-2 节中讲解的广度优先搜索算法，通常就会从搜索候补中选择最早的数据作为下一个顶点。此时，在候补顶点的管理上就可以使用队列。

参考：4-2 广度优先搜索

No. 1-6

哈希表

在哈希表这种数据结构中，使用将在 5-3 节讲解的“哈希函数”，可以使数据的查询效率得到显著提升。

参考：5-3 哈希函数

01

Key	Value
Joe	M
Sue	F
Dan	M
Nell	F
Ally	F
Bob	M

M 表示男，
F 表示女。

哈希表存储的是由键（key）和值（value）组成的数据。例如，我们将每个人的性别作为数据进行存储，键为人名，值为对应的性别。

02

为了和哈希表进行对比，我们先将这些数据存储在数组中（数组的详细讲解在 1-3 节）。

参考：1-3 数组

03

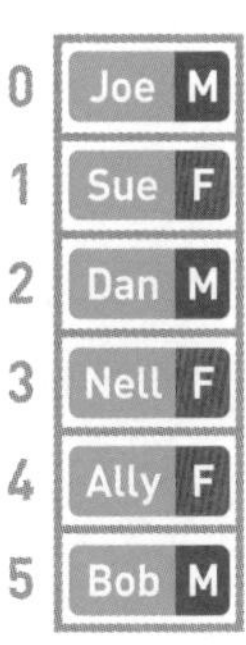

此处准备了 6 个箱子（即长度为 6 的数组）来存储数据。假设我们需要查询 Ally 的性别，由于不知道 Ally 的数据存储在哪个箱子里，所以只能从头开始查询。这个操作便叫作“线性搜索”（线性搜索的讲解在 3-1 节）。

参考：3-1 线性搜索

提示　一般来说，我们可以把键当成数据的标识符，把值当成数据的内容。

04

0 号箱子中存储的键是 Joe 而不是 Ally。

05

1 号箱子中的也不是 Ally。

06

同样，2 号、3 号箱子中的也都不是 Ally。

07

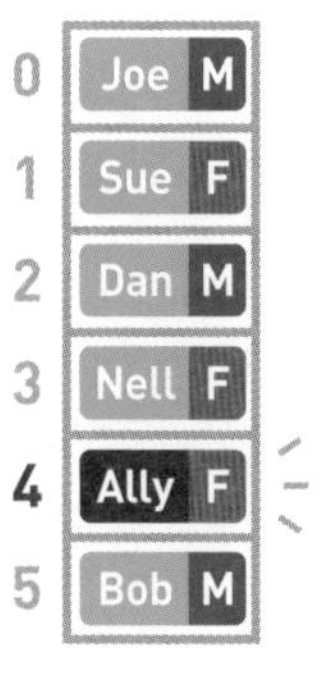

查找到 4 号箱子的时候，发现其中数据的键为 Ally。把键对应的值取出，我们就知道 Ally 的性别为女（F）了。

08

数据量越多，线性搜索耗费的时间就越长。由此可知：由于数据的查询较为耗时，所以此处并不适合使用数组来存储数据。

09

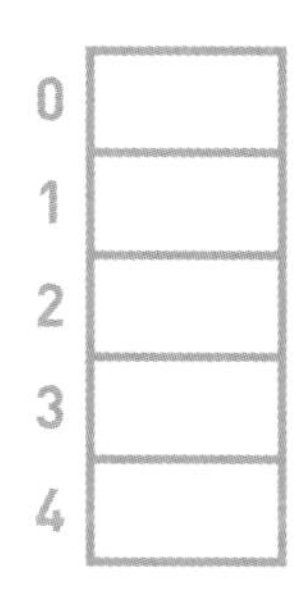

但使用哈希表便可以解决这个问题。首先准备好数组，这次我们用 5 个箱子的数组来存储数据。

10

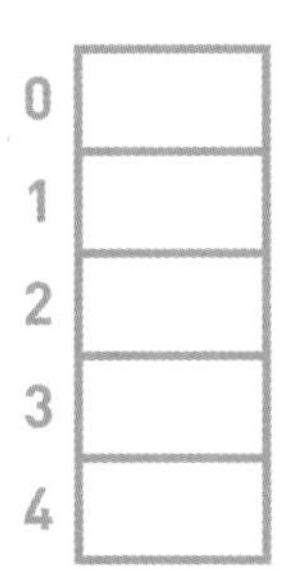

尝试把 Joe 存进去。

11

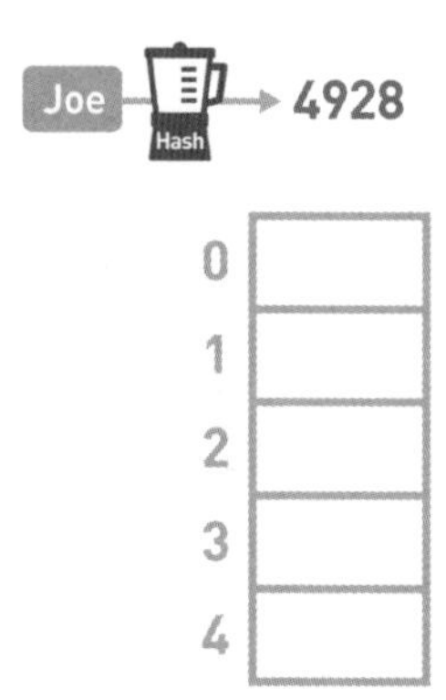

使用哈希函数（Hash）计算 Joe 的键，也就是字符串“Joe”的哈希值。得到的结果为 4928（哈希函数的详细说明在 5-3 节）。

参考：5-3 哈希函数

12

将得到的哈希值除以数组的长度 5，求得其余数。这样的求余运算叫作 “mod 运算”。此处 mod 运算的结果为 3。

13

因此，我们将 Joe 的数据存进数组的 3 号箱子中。重复前面的操作，将其他数据也存进数组中。

14

Sue → Hash → 7291 mod 5 = 1

Sue 键的哈希值为 7291，mod 5 的结果为 1，将 Sue 的数据存进 1 号箱中。

15

Dan → Hash → 1539 mod 5 = 4

Dan 键的哈希值为 1539，mod 5 的结果为 4，将 Dan 的数据存进 4 号箱中。

16

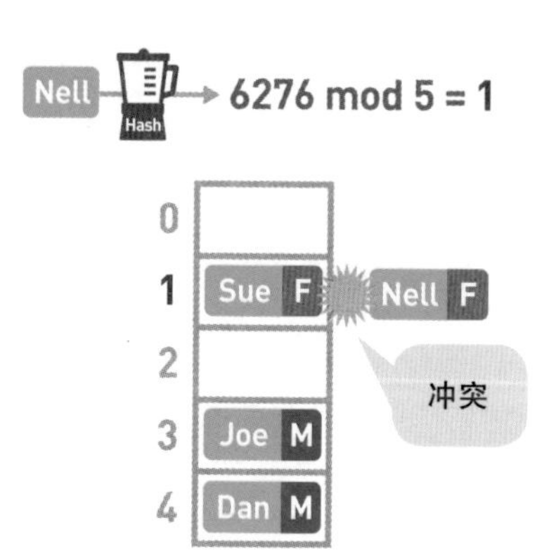

Nell 键的哈希值为 6276，mod 5 的结果为 1。本应将其存进数组的 1 号箱中，但此时 1 号箱中已经存储了 Sue 的数据。这种存储位置重复了的情况便叫作“冲突”。

17

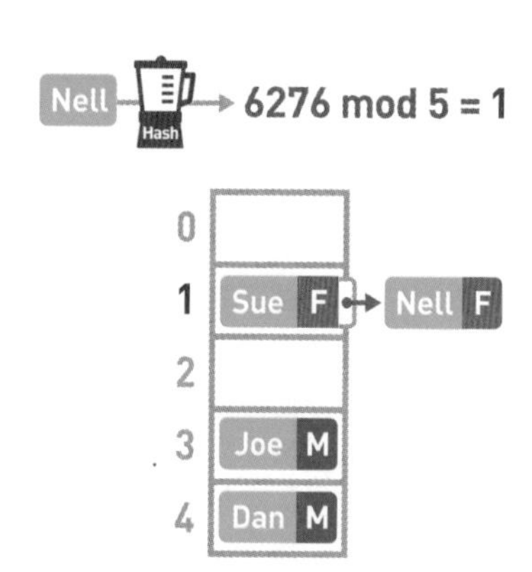

遇到这种情况，可使用链表在已有数据的后面继续存储新的数据。关于链表的详细说明请见 1-2 节。

参考：1-2 链表

18

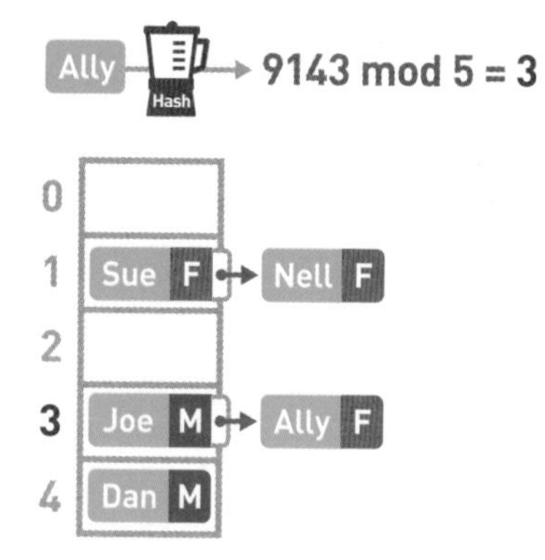

Ally 键的哈希值为 9143，mod 5 的结果为 3。本应将其存进数组的 3 号箱中，但 3 号箱中已经有了 Joe 的数据，所以使用链表，在其后面存储 Ally 的数据。

19

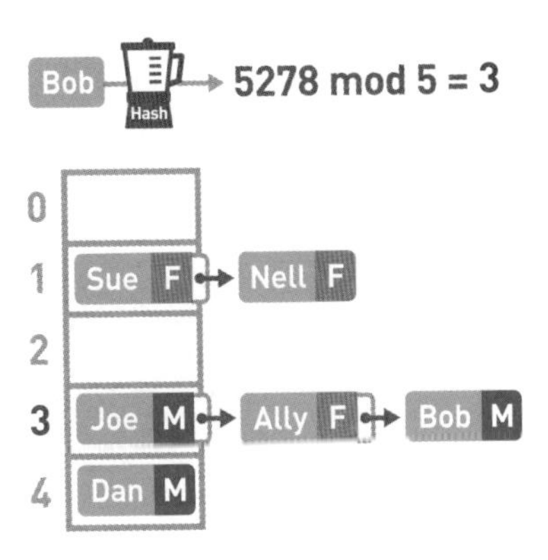

Bob 键的哈希值为 5278，mod 5 的结果为 3。本应将其存进数组的 3 号箱中，但 3 号箱中已经有了 Joe 和 Ally 的数据，所以使用链表，在 Ally 的后面继续存储 Bob 的数据。

20

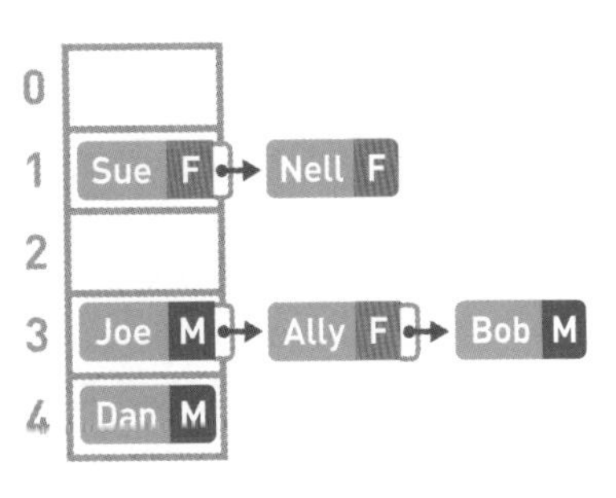

像这样存储完所有数据，哈希表也就制作完成了。

21

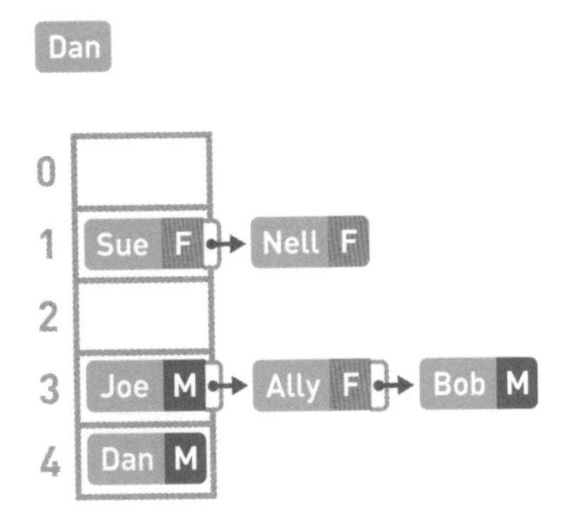

接下来讲解数据的查询方法。假设我们要查询 Dan 的性别。

22

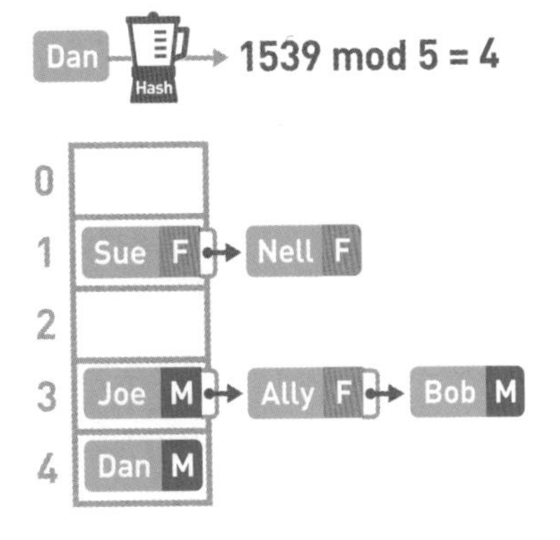

为了知道 Dan 存储在哪个箱子里，首先需要算出 Dan 键的哈希值，然后对其进行 mod 运算。最后得到的结果为 4，于是我们知道了它存储在 4 号箱中。

23

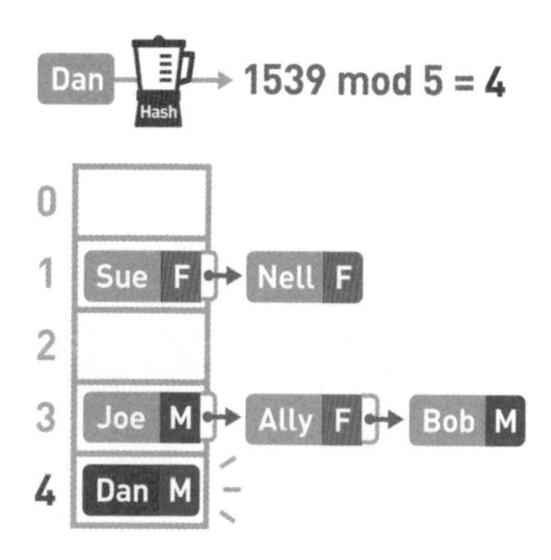

查看 4 号箱可知，其中数据的键与 Dan 一致，于是取出对应的值。由此我们便知道了 Dan 的性别为男（M）。

24

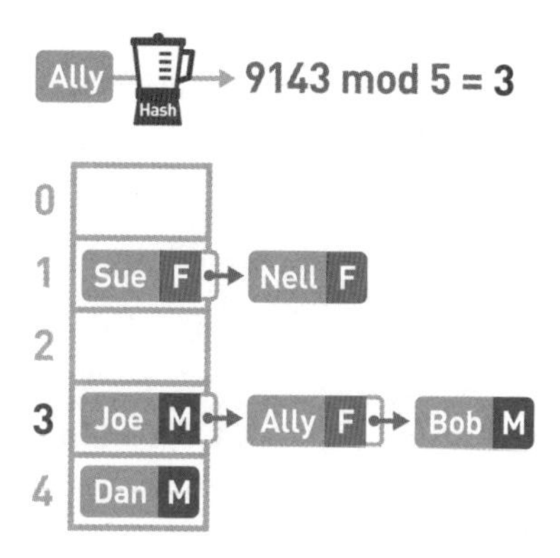

那么，想要查询 Ally 的性别时该怎么做呢？为了找到它的存储位置，先要算出 Ally 键的哈希值，再对其进行 mod 运算。最终得到的结果为 3。

25

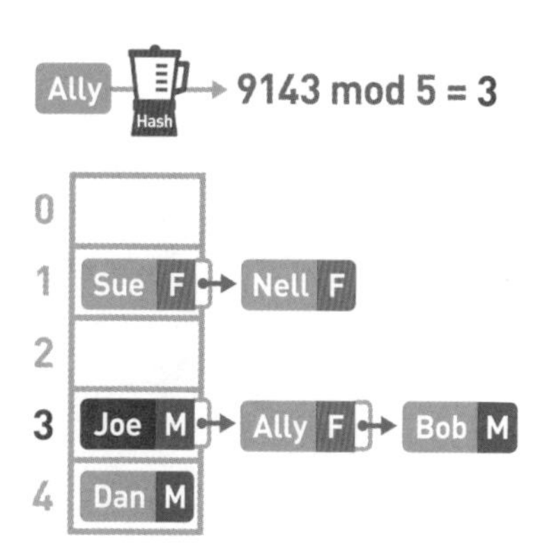

然而 3 号箱中数据的键是 Joe 而不是 Ally。此时便需要对 Joe 所在的链表进行线性搜索。

26

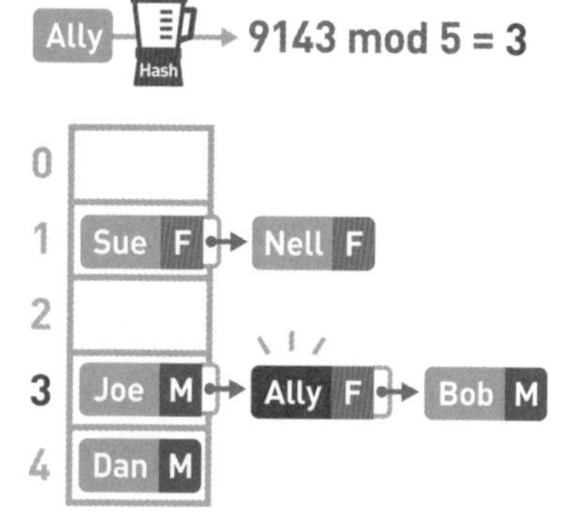

于是我们找到了键为 Ally 的数据。取出其对应的值，便知道了 Ally 的性别为女（F）。

解说

在哈希表中，我们可以利用哈希函数快速访问到数组中的目标数据。如果发生冲突，就使用链表进行存储。这样一来，不管数据量为多少，我们都能够灵活应对。

如果数组的空间太小，使用哈希表的时候就容易发生冲突，线性搜索的使用频率也会更高；反之，如果数组的空间太大，就会出现很多空箱子，造成内存的浪费。因此，给数组设定合适的空间非常重要。

补充说明

在存储数据的过程中，如果发生冲突，可以利用链表在已有数据的后面插入新数据来解决冲突。这种方法被称为“链地址法”。

除了链地址法以外，还有几种解决冲突的方法。其中，应用较为广泛的是“开放地址法”。这种方法是指当冲突发生时，立刻计算出一个候补地址（数组上的位置）并将数据存进去。如果仍然有冲突，便继续计算下一个候补地址，直到有空地址为止。可以通过多次使用哈希函数或“线性探测法”等方法计算候补地址。

另外，本书在 5-3 节关于哈希函数的说明中将会提到“无法根据哈希值推算出原数据”这个条件。不过，这只是在把哈希表应用于密码等安全方面时需要留意的条件，并不是使用哈希表时必须要遵守的规则。

因为哈希表在数据存储上的灵活性和数据查询上的高效性，编程语言的关联数组等也常常会使用它。

No. 1-7 堆

堆是一种图的树形结构，被用于实现“优先队列”（priority queues）（树形结构的详细讲解在4-2节）。优先队列是一种数据结构，可以自由添加数据，但取出数据时要从最小值开始按顺序取出。在堆的树形结构中，各个顶点被称为“节点”（node），数据就存储在这些节点中。

参考：4-1 什么是图
参考：4-2 广度优先搜索

01

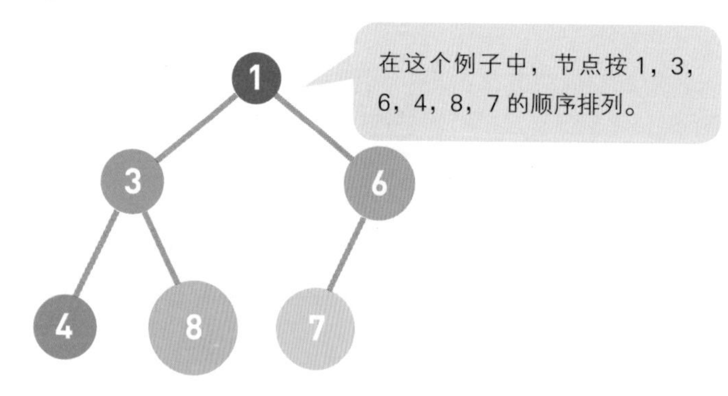

这就是堆的示例。节点内的数字就是存储的数据。堆中的每个节点最多有两个子节点。树的形状取决于数据的个数。另外，节点的排列顺序为从上到下，同一行里则为从左到右。

02

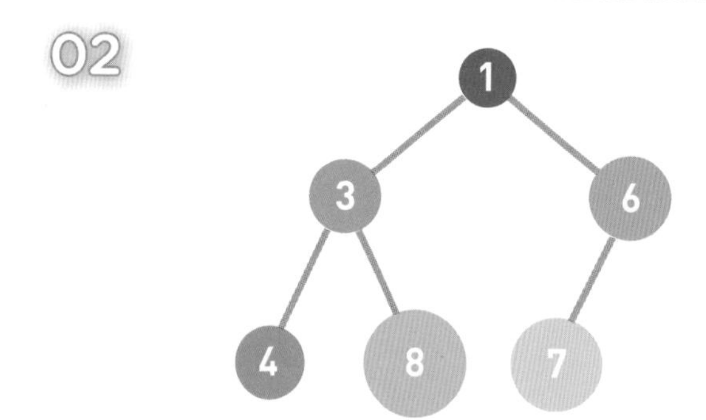

在堆中存储数据时必须遵守这样一条规则：子节点必定大于父节点。因此，最小值被存储在顶端的根节点中。往堆中添加数据时，为了遵守这条规则，一般会把新数据放在最下面一行靠左的位置。当最下面一行里没有多余空间时，就再往下另起一行，把数据加在这一行的最左端。

03

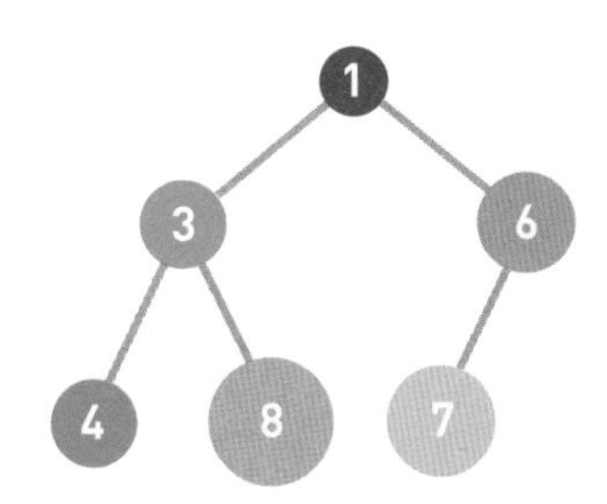

我们试试往堆里添加数字 5。

04

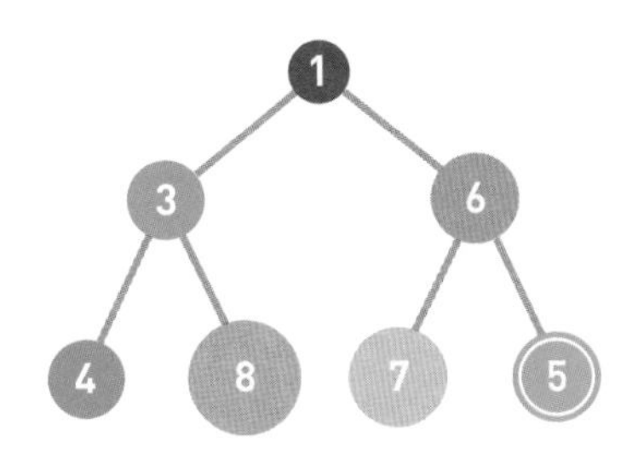

首先按照 02 的说明寻找新数据的位置。该图中最下面一排空着一个位置，所以将数据加在此处。

05

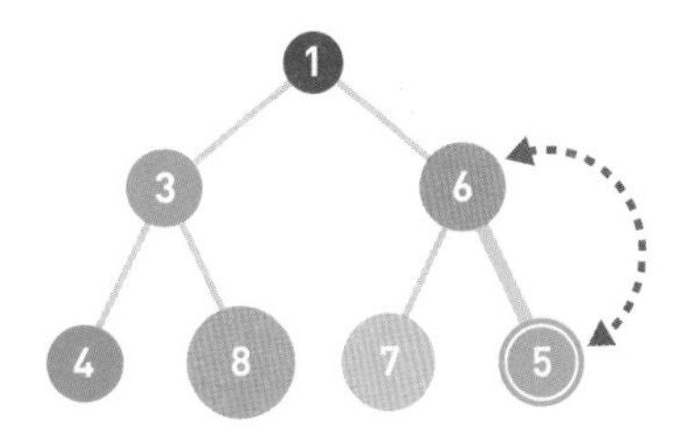

如果父节点大于子节点，则不符合上文提到的规则，因此需要交换父子节点的位置。

06

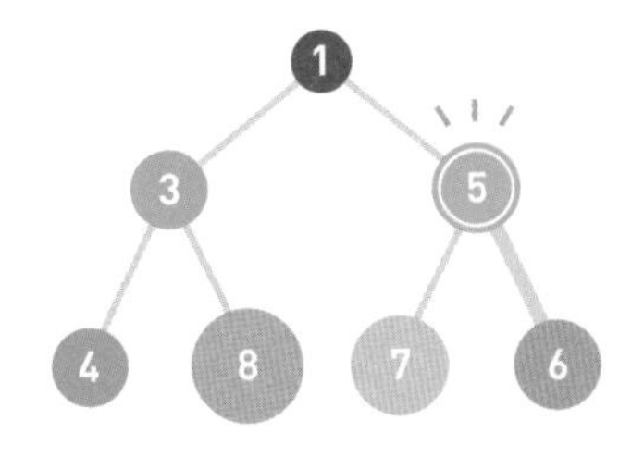

这里由于父节点的 6 大于子节点的 5，所以交换了这两个节点。重复这样的操作，直到数据都符合规则，不再需要交换为止。

07

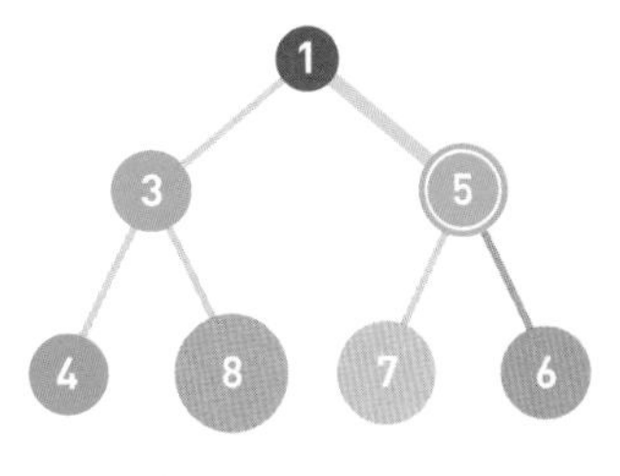

现在，父节点的 1 小于子节点的 5，父节点的数字更小，所以不再交换。

08

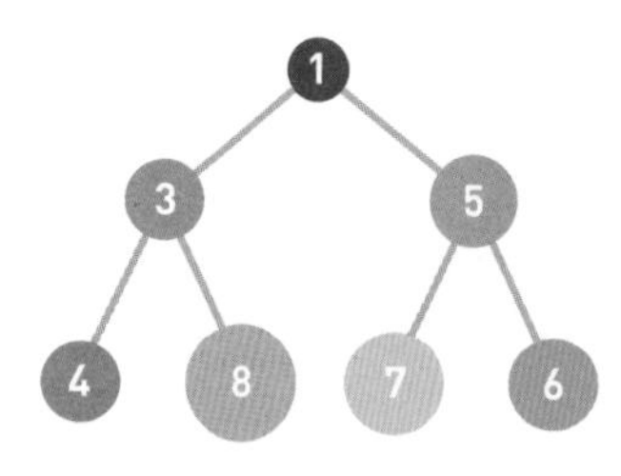

这样，往堆中添加数据的操作就完成了。

09

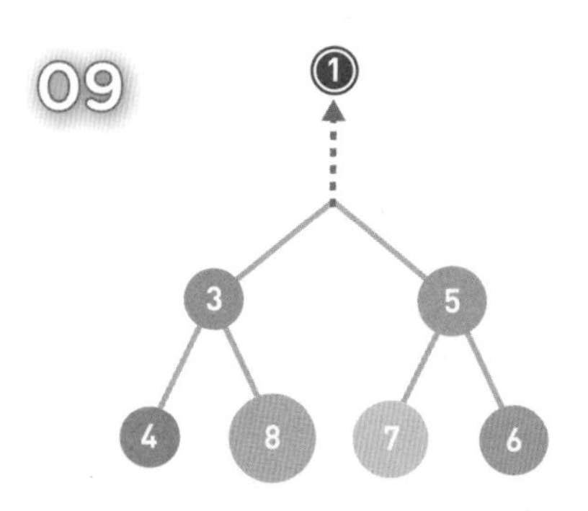

从堆中取出数据时，取出的是最上面的数据。这样，就能始终保持堆中最上面的数据最小。

10

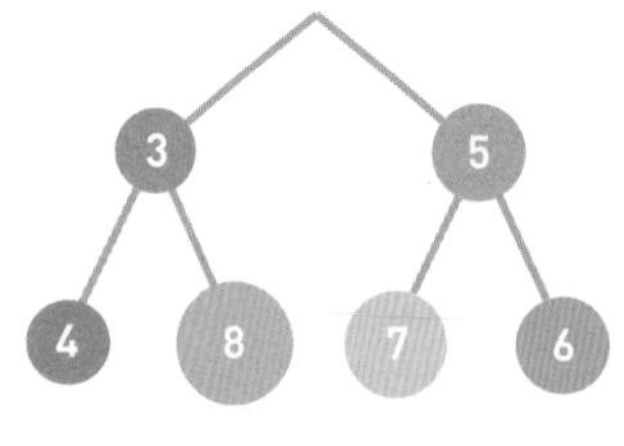

由于最上面的数据被取出，因此堆的结构也需要重新调整。

11

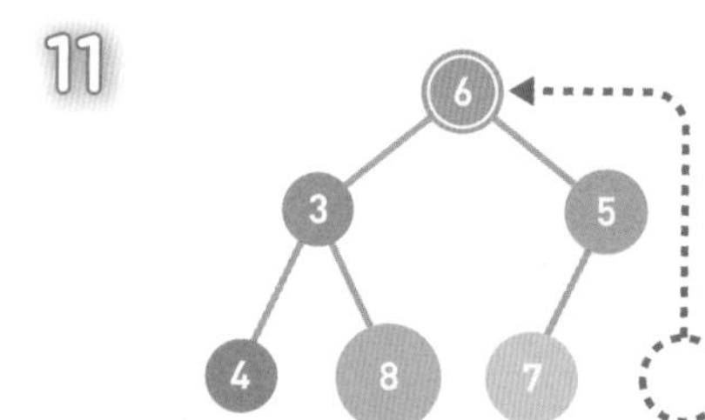

按照 01 中说明的排列顺序，将最后的数据（此处为 6）移动到最顶端。

12

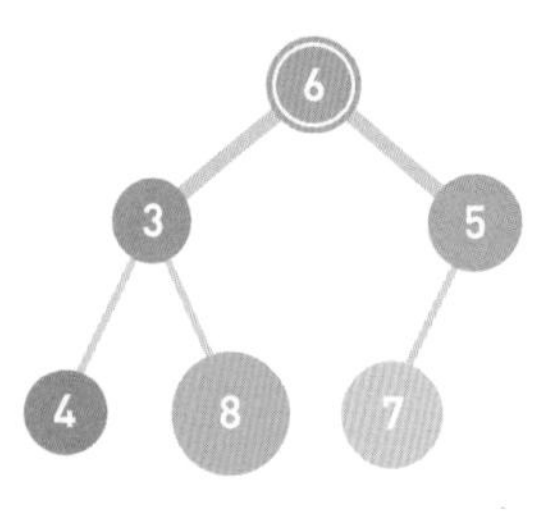

如果子节点的数字小于父节点的，就将父节点与其左右两个子节点中较小的一个进行交换。

13

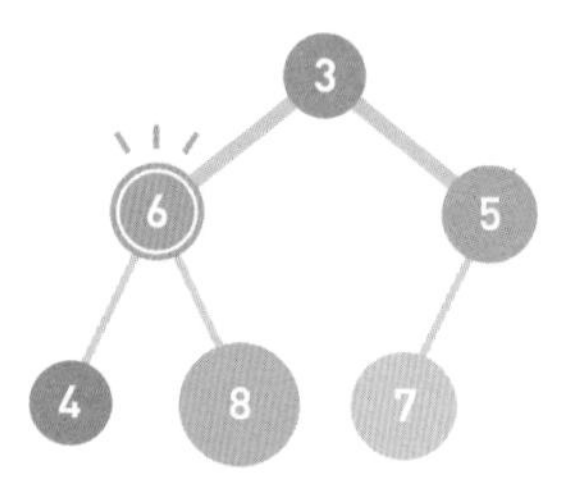

这里由于父节点的 6 大于子节点（右）的 5 大于子节点（左）的 3，所以将左边的子节点与父节点进行交换。重复这个操作，直到数据都符合规则，不再需要交换为止。

14

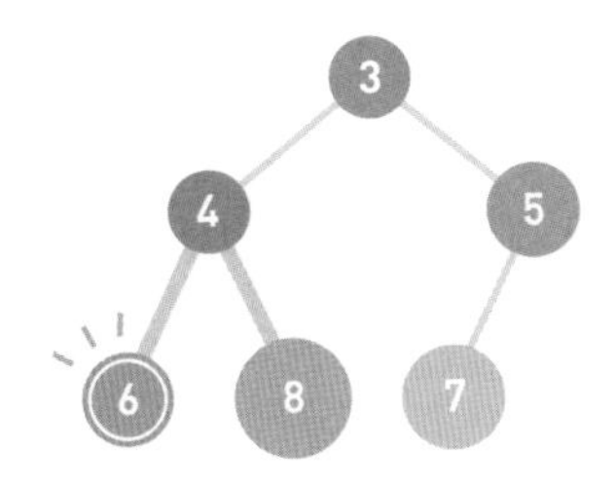

现在，子节点（右）的 8 大于父节点的 6 大于子节点（左）的 4，需要将左边的子节点与父节点进行交换。

15

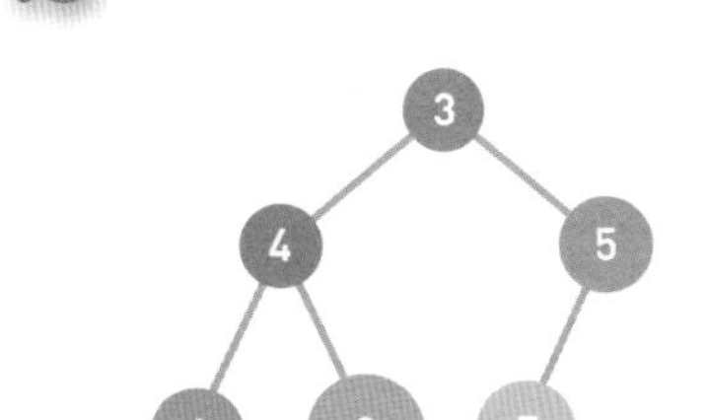

这样，从堆中取出数据的操作便完成了。

解说

堆中最顶端的数据始终最小，所以无论数据量有多少，取出最小值的时间复杂度都为 $O(1)$。

另外，因为取出数据后需要将最后的数据移到最顶端，然后一边比较它与子节点数据的大小，一边往下移动，所以取出数据需要的运行时间和树的高度成正比。假设数据量为 n，根据堆的形状特点可知树的高度为 $\log_2 n$，那么重构树的时间复杂度便为 $O(\log n)$。

添加数据也一样。在堆的最后添加数据后，数据会一边比较它与父节点数据的大小，一边往上移动，直到满足堆的条件为止，所以添加数据需要的运行时间与树的高度成正比，也是 $O(\log n)$。

应用示例

如果需要频繁地从管理的数据中取出最小值，那么使用堆来操作会非常方便。比如 4-5 节中讲解的狄杰斯特拉算法，每一步都需要从候补顶点中选择距离起点最近的那个顶点。此时，在顶点的选择上就可以用到堆。

参考：4-5 狄杰斯特拉算法

No.
1-8 二叉查找树

二叉查找树（又叫作二叉搜索树或二叉排序树）是一种数据结构，采用了图的树形结构（关于树形结构的详细说明请参考 4-2 节）。数据存储于二叉查找树的各个节点中。

▶参考：4-1 什么是图

▶参考：4-2 广度优先搜索

01

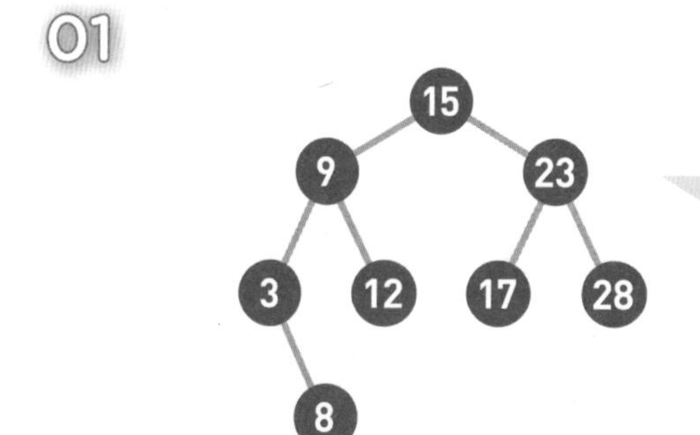

每个节点最多有两个子节点。

这就是二叉查找树的示例。节点中的数字便是存储的数据。此处以不存在相同数字为前提进行说明。

02

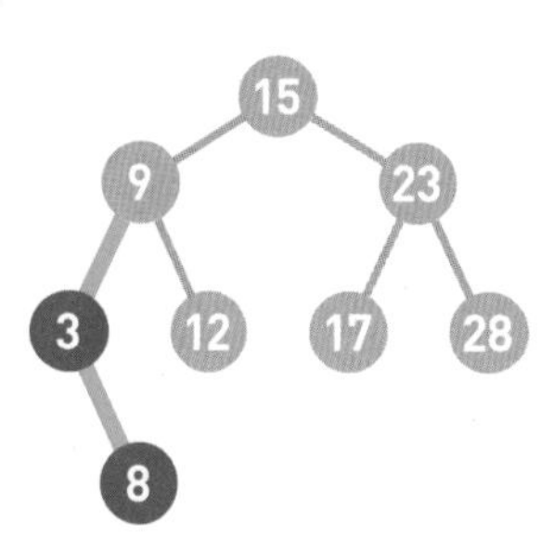

二叉查找树有两个性质。第一个性质是每个节点的值均大于其左子树上任意一个节点的值。比如节点 9 大于其左子树上的 3 和 8。

03

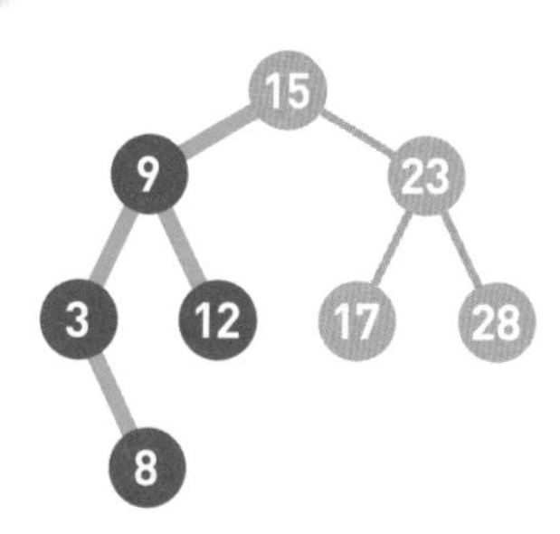

同样，节点 15 也大于其左子树上任意一个节点的值。

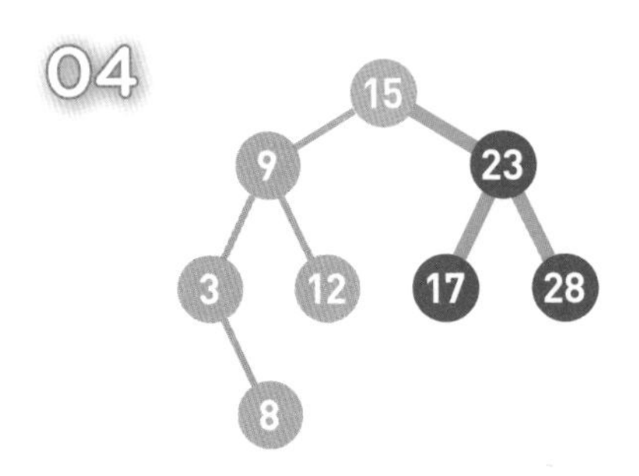

第二个性质是每个节点的值均小于其右子树上任意一个节点的值。比如节点 15 小于其右子树上的 23、17 和 28。

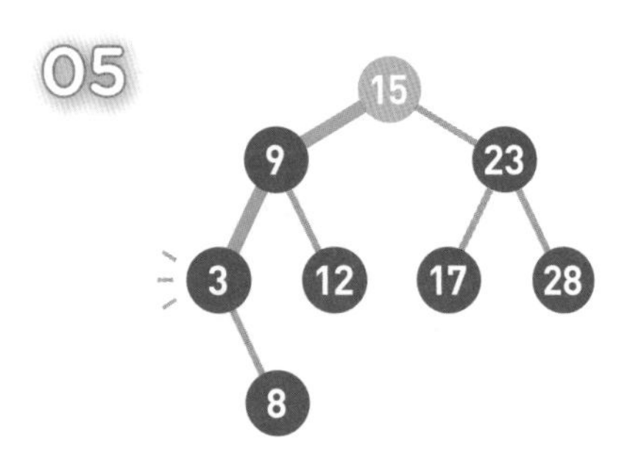

根据这两个性质可以得到以下结论。首先，二叉查找树的最小节点要从顶端开始，往其左下的末端寻找。此处最小值为 3。

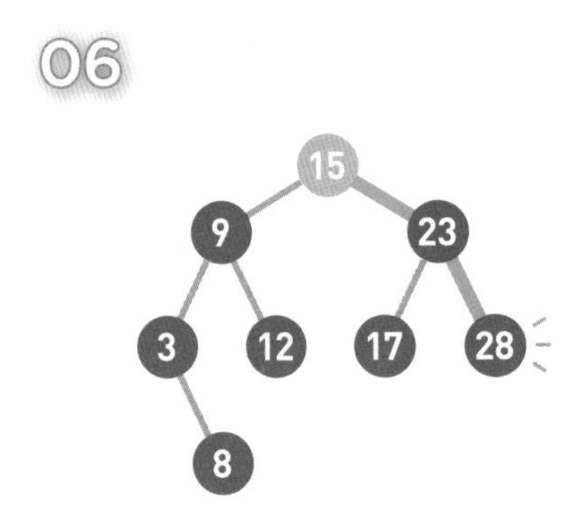

其次，二叉查找树的最大节点要从顶端开始，往其右下的末端寻找。此处最大值为 28。

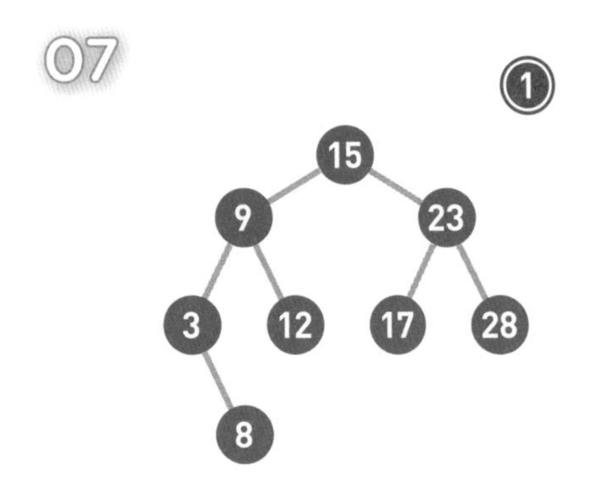

下面我们来试着往二叉查找树中添加数据。比如添加数字 1。

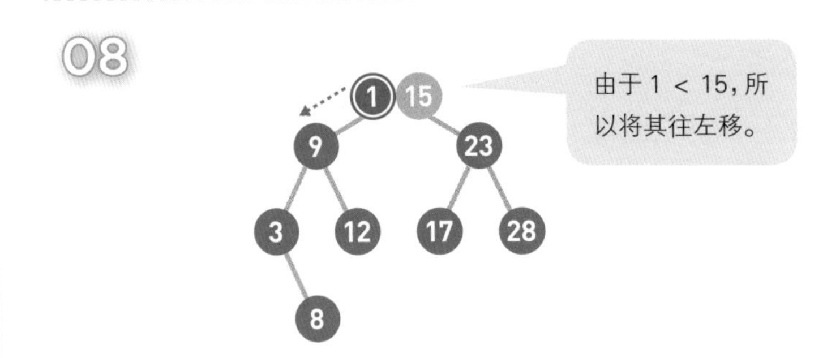

首先，从二叉查找树的顶端节点开始寻找添加数字的位置。将想要添加的 1 与该节点中的值进行比较，小于它则往左移，大于它则往右移。

09

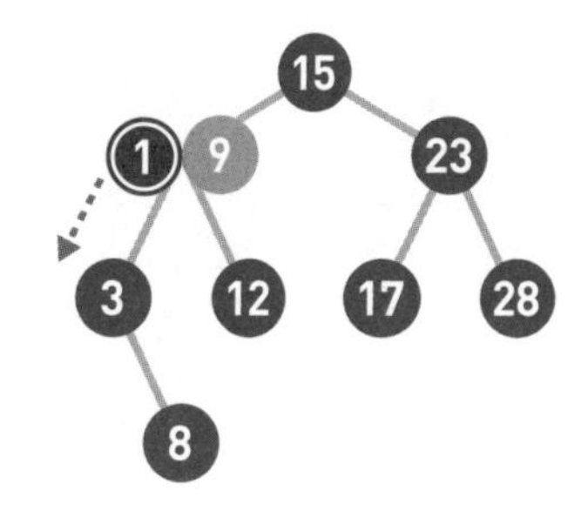

由于 1 < 9，所以将 1 往左移。

10

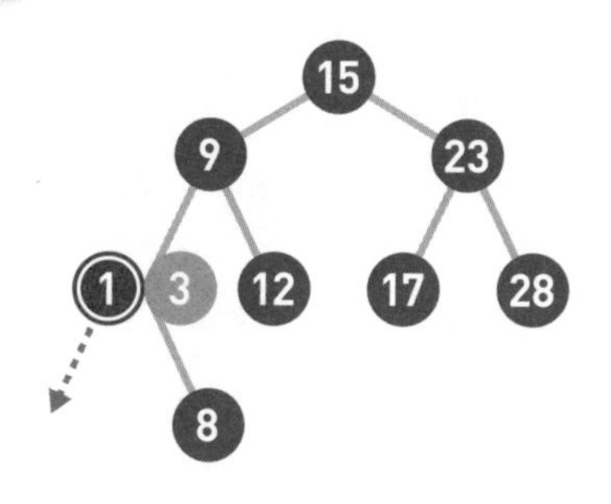

由于 1 < 3，所以继续将 1 往左移，但前面已经没有节点了，所以把 1 作为新节点添加到左下方。

11

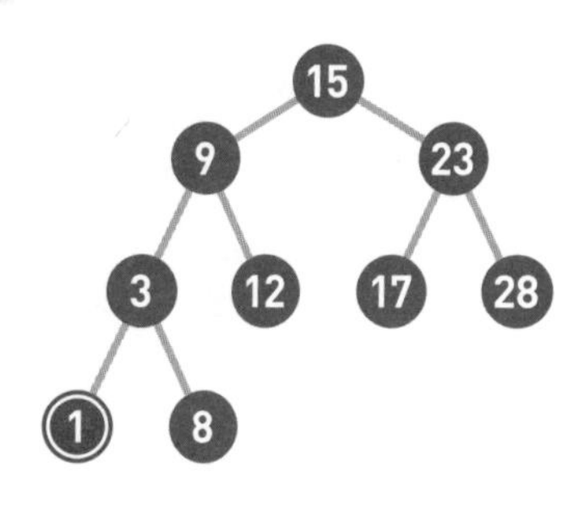

这样，1 的添加操作便完成了。

12

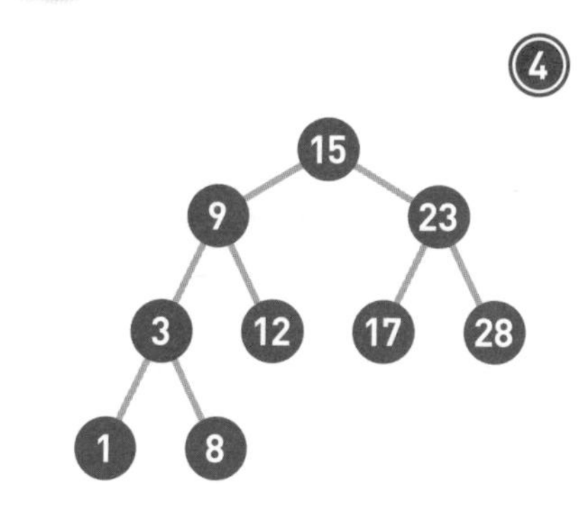

接下来，我们再试试添加数字 4。

13

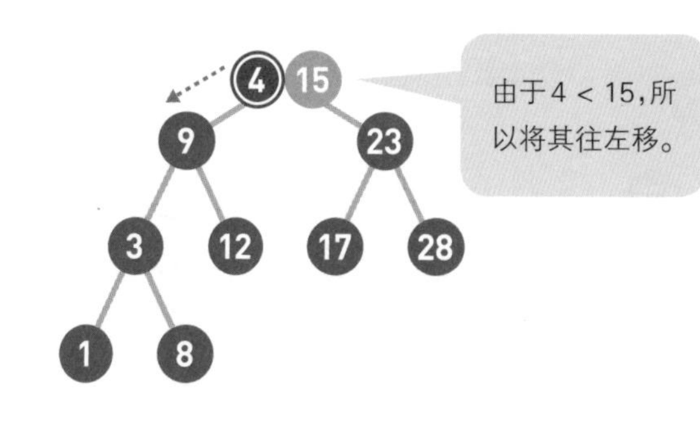

和前面的步骤一样，首先从二叉查找树的顶端节点开始寻找添加数字的位置。

14

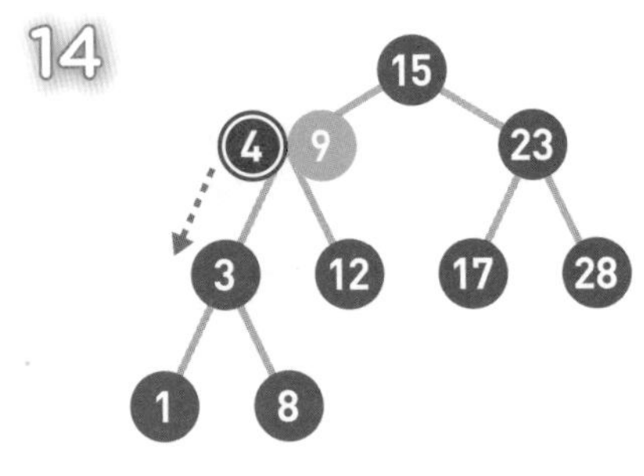

由于 4 < 9，所以将其往左移。

15

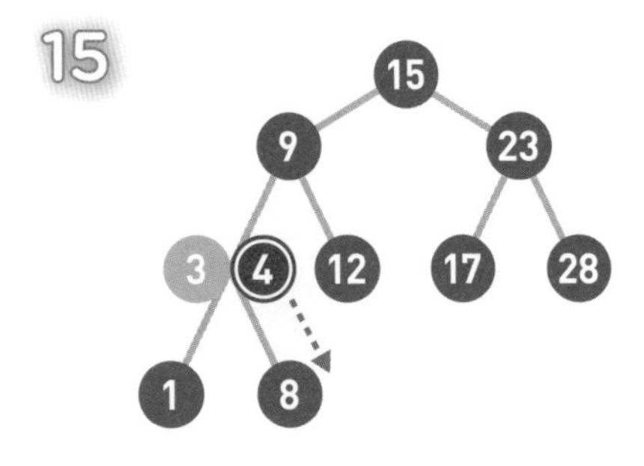

由于 4 > 3，所以将其往右移。

16

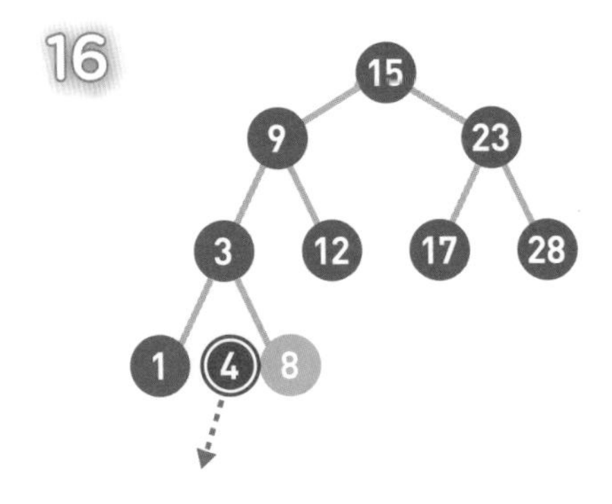

由于 4 < 8，所以需要将其往左移，但前面已经没有节点了，所以把 4 作为新节点添加到左下方。

17

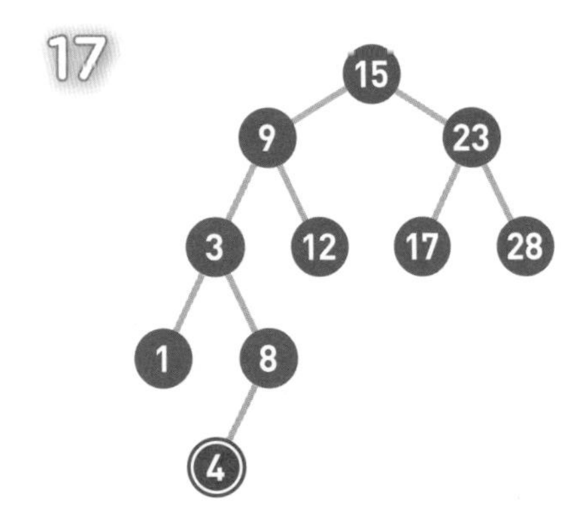

于是 4 的添加操作也完成了。

18

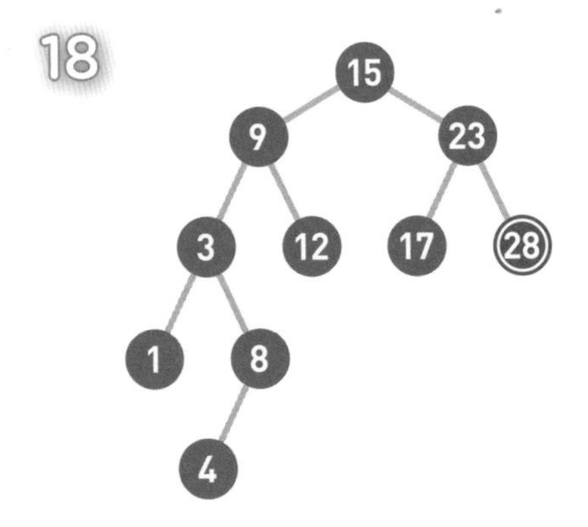

接下来看看如何在二叉查找树中删除节点。比如我们来试试删除节点 28。

19

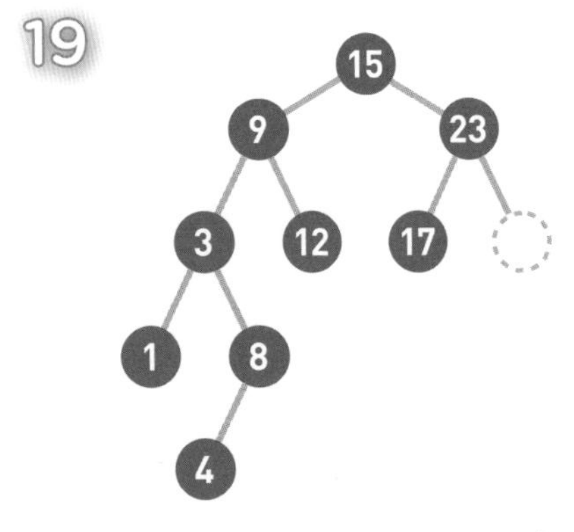

如果需要删除的节点没有子节点，直接删掉该节点即可。

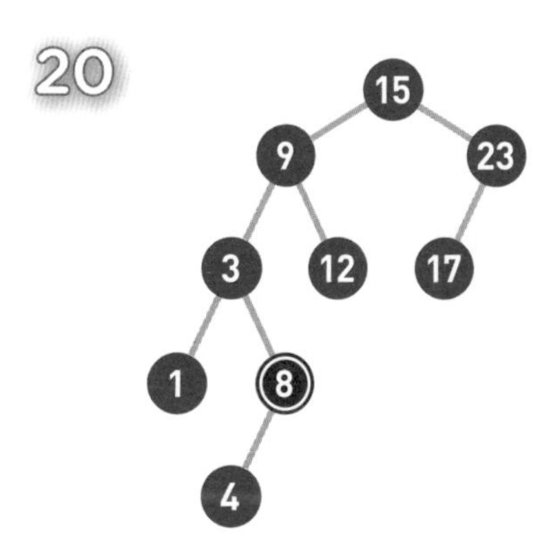

再试试删除节点 8。

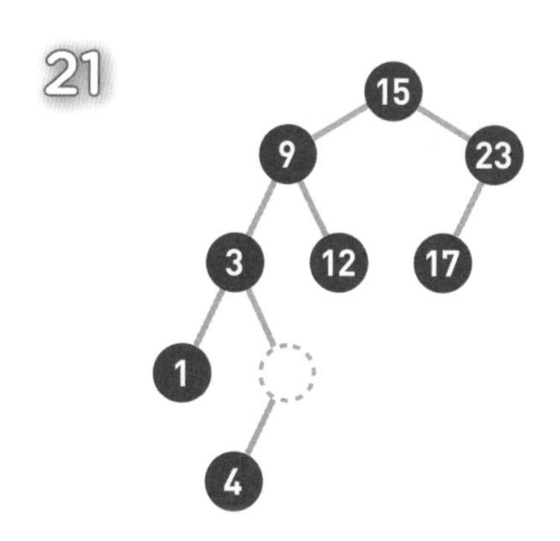

如果需要删除的节点只有一个子节点，那么先删除目标节点……

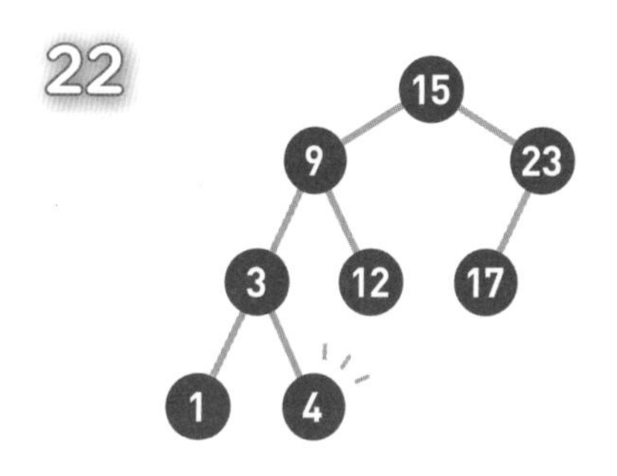

然后把子节点移到被删除节点的位置上即可。

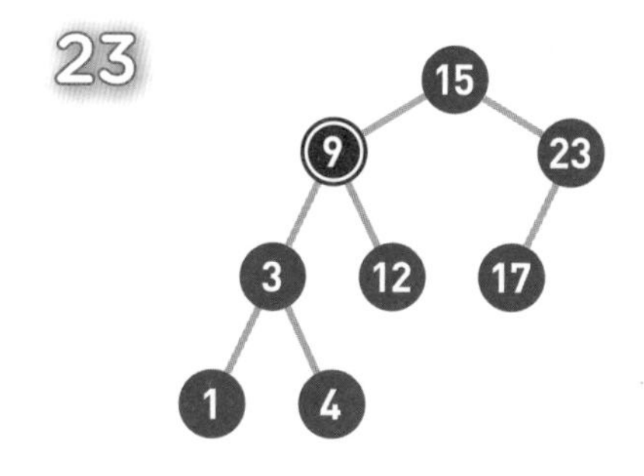

最后来试试删除节点 9。

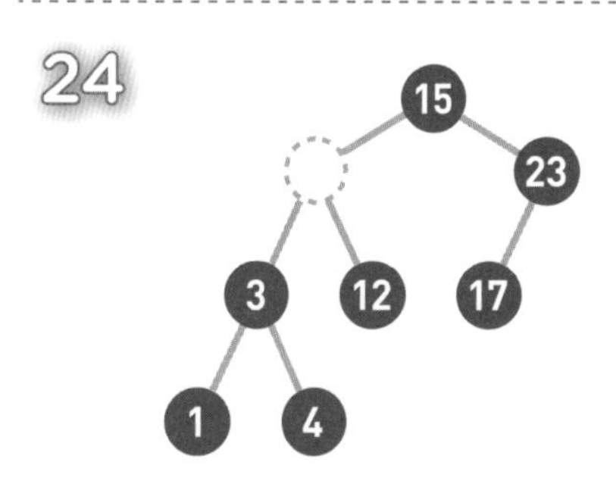

如果需要删除的节点有两个子节点，那么先删除目标节点……

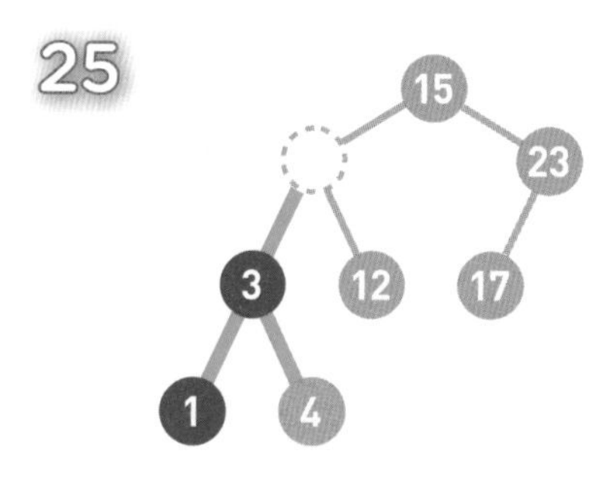

然后在被删除节点的左子树中寻找最大节点……

26

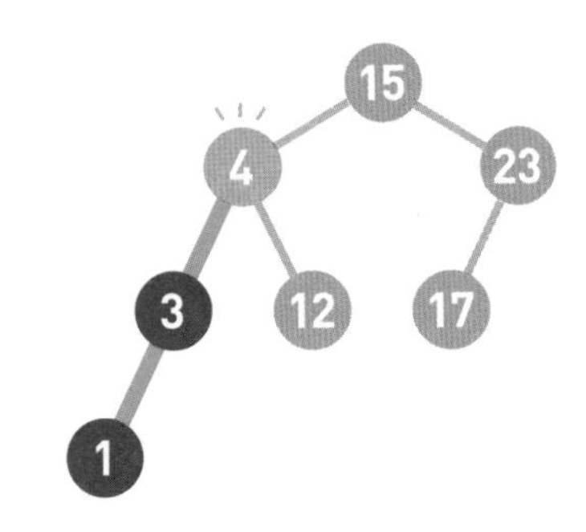

最后将最大节点移到被删除节点的位置上。这样一来，就能在满足二叉查找树性质的前提下删除节点了。如果需要移动的节点（此处为 4）还有子节点，就递归执行前面的操作（关于递归，请参照 8-6 节的内容）。

▶参考：8-6 汉诺塔

27

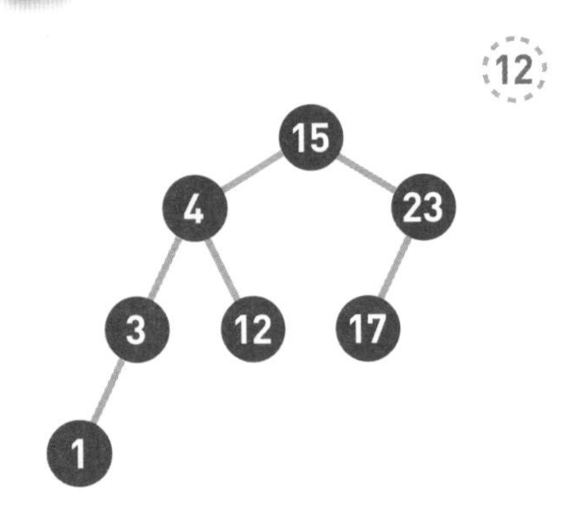

下面来看看如何在二叉查找树中查找节点。比如我们来试试查找 12。

28

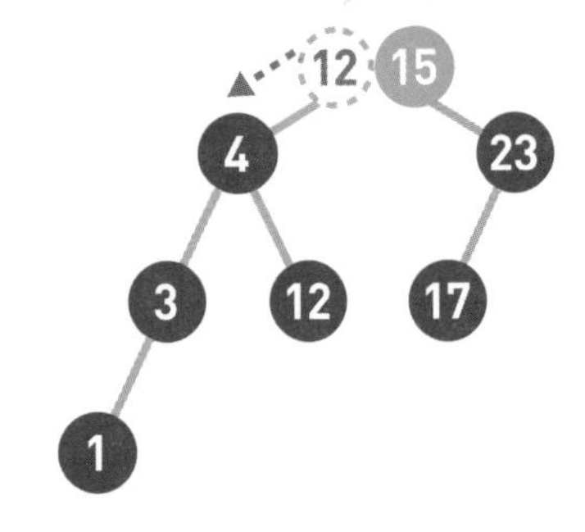

从二叉查找树的顶端节点开始往下查找。和添加数据时一样，将 12 和节点中的值进行比较，小于该节点的值则往左移，大于则往右移。

提示

删除 9 的时候，我们将“左子树中的最大节点”移动到了删除节点的位置上，但是根据二叉查找树的性质可知，移动“右子树中的最小节点”也没有问题。

29

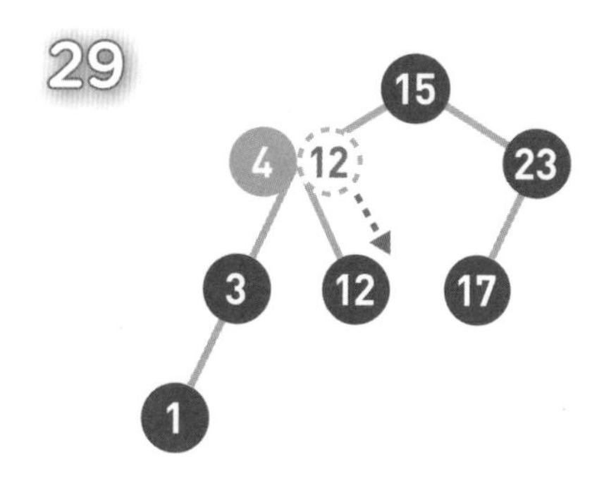

由于 12 > 4，所以往右移。

30

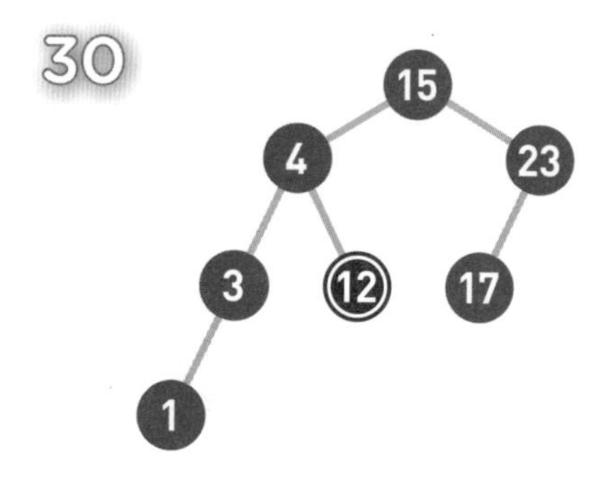

找到节点 12 了。

解说

我们可以把二叉查找树当作二分搜索算法思想的树形结构体现（二分搜索的详细说明在 3-2 节）。因为它具有前面提到的那两个性质，所以在查找数据或寻找适合添加数据的位置时，只要将其和现有的数据比较大小，就可以根据比较结果得知该往哪边移动了。

比较的次数取决于树的高度。所以如果节点数为 n，而且树的形状又较为均衡的话，比较大小和移动的次数最多就是 $\log_2 n$。因此，时间复杂度为 $O(\log n)$。但是，如果树的形状朝单侧纵向延伸，树就会变得很高，此时时间复杂度也就变成了 $O(n)$。

参考：3-2 二分搜索

补充说明

有很多以二叉查找树为基础扩展的数据结构，比如“平衡二叉查找树”。这种数据结构可以修正形状不均衡的树，让其始终保持均衡形态，以提高查找效率。

另外，虽然文中介绍的二叉查找树中一个节点最多有两个子节点，但我们可以把子节点数扩展为 m（m 为预先设定好的常数）。像这种子节点数可以自由设定，并且形状均衡的树便是 B 树。

第2章

排序

No. 2-1 什么是排序

将数字按从小到大的顺序排列

假设下面这张表是某地初中三年级学生的模拟考试成绩数据。

姓名	语文	数学	理科综合	社会	英语	合计
张秋	84	43	66	77	72	342
李优	87	64	88	91	65	395
赵野	49	48	71	67	78	313
……	……	……	……	……	……	……

要想知道考生的各科排名和综合排名，就需要按照各科成绩和总成绩的高低顺序对各行数据进行排列。

再比如积攒在电子邮箱里的邮件。

发件人▼	主题▼	收件时间▼
武小小	关于下次聚会	2017/6/1 10:05
田美丽	行程确认	2017/5/30 18:01
王野	昨天的谢礼	2017/5/30 9:39
小季酒店	关于订购商品	2017/5/29 11:45
董大海	Re: 有关算法的问题	2017/5/25 13:22
方帅	合作请求	2017/5/24 12:57
小季酒店	新酒已到货	2017/5/21 16:10
韩宏宇	研讨会通知	2017/5/20 15:02

点击“收件时间”，邮件就会按照收件时间的早晚排列；点击“发件人”，邮件就会按照发件人姓名的拼音顺序来排列。这是因为电子邮箱将收件时间和发件人都转换为数字，点击后就会将它们按数字从小到大的顺序排好。

这种需要将数字按照大小排列的例子还有很多。在这种场景中能派上大用场的就是排序算法了。

什么是排序

排序就是将输入的数字按照从小到大的顺序进行排列。这里我们用柱形来表示数字，数字越大，柱形就越高。

假设现在有如上图所示的输入数据，那么我们的目标就是将它们像下图一样，按从小到大的顺序从左边开始依次排列。

如果只有 10 个数，手动排序也能轻松完成；但如果有 10 000 个数，排序就不那么容易了。这时，使用高效率的排序算法便是解决问题的关键。

各种各样的排序算法

由于排序是一个比较基础的问题，所以排序算法的种类也比较多。本章将在接下来的几节中对各种排序算法进行介绍。在接下来的说明中，输入的数字个数都设定为 n。为了便于讲解，同一个例子中不会出现相同的数字，但实际上，即使有相同的数字，算法依然可以正常运行。

No. 2-2 冒泡排序

冒泡排序就是重复“从序列右边开始比较相邻两个数字的大小，再根据结果交换两个数字的位置”这一操作的算法。在这个过程中，数字会像泡泡一样，慢慢从右往左“浮”到序列的顶端，所以这个算法才被称为“冒泡排序”。

01

在序列的最右边放置一个天平，比较天平两边的数字。如果右边的数字较小，就交换这两个数字的位置。

02

由于6 < 7，所以交换这两个数字。

03

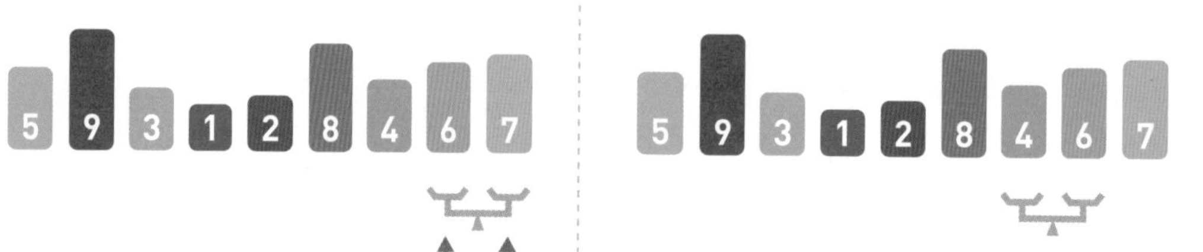

完成后，天平往左移动一个位置，比较两个数字的大小。此处4 < 6，所以无须交换。

04

继续将天平往左移动一个位置并比较数字。重复同样的操作，直到天平到达序列最左边为止。

05

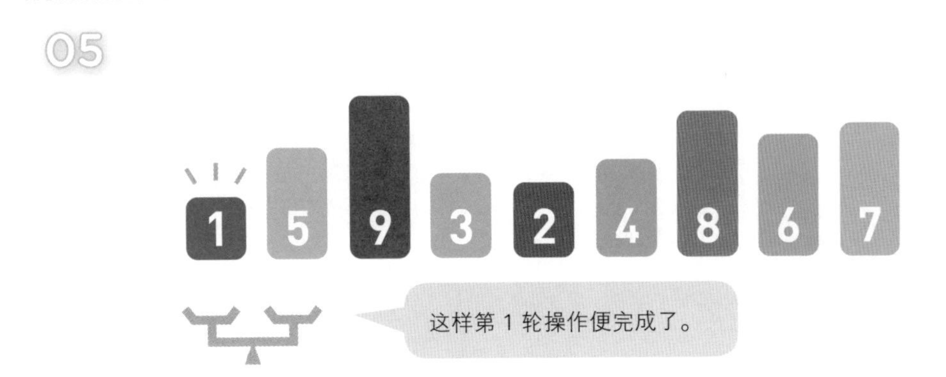

不断对数字进行交换，天平最终到达了最左边。通过这一系列操作，序列中最小的数字就会移动到最左边。

06

最左边的数字已经归位。

07

将天平移回最右边，然后重复之前的操作，直到天平到达左边第 2 个位置为止。

当天平到达左边第 2 个位置时，序列中第 2 小的数字也就到达了指定位置。

09

将天平再次移回最右边，重复同样的操作，直到所有数字都归位为止。

排序中……

排序中……

排序完成。

解说

在冒泡排序中，第 1 轮需要比较 $n-1$ 次，第 2 轮需要比较 $n-2$ 次……第 $n-1$ 轮需要比较 1 次。因此，总的比较次数为 $(n-1)+(n-2)+\cdots+1 \approx n^2/2$。这个比较次数恒定为该数值，和输入数据的排列顺序无关。

不过，交换数字的次数和输入数据的排列顺序有关。假设出现某种极端情况，如输入数据正好以从小到大的顺序排列，那么便不需要任何交换操作；反之，输入数据要是以从大到小的顺序排列，那么每次比较数字后便都要进行交换。因此，冒泡排序的时间复杂度为 $O(n^2)$。

No.
2-3 选择排序

选择排序就是重复“从待排序的数据中寻找最小值，将其与序列最左边的数字进行交换”这一操作的算法。在序列中寻找最小值时使用的是线性搜索。关于线性搜索的详细说明在3-1节。

▶参考：3-1 线性搜索

01

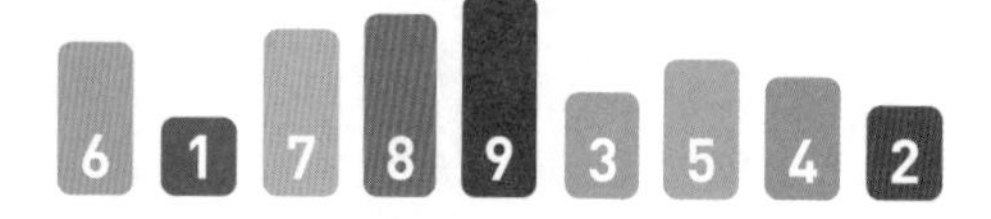

对数字 1~9 进行排序。

02

使用线性搜索在数据中寻找最小值，于是我们找到了最小值 1。

03

将最小值 1 与序列最左边的 6 进行交换，最小值 1 归位。不过，如果最小值已经在最左端，就不需要任何操作。

04

在余下的数据中继续寻找最小值。这次我们找到了最小值 2。

这样第 2 轮操作便完成了。

将数字 2 与左边第 2 个数字 6 进行交换，最小值 2 归位。

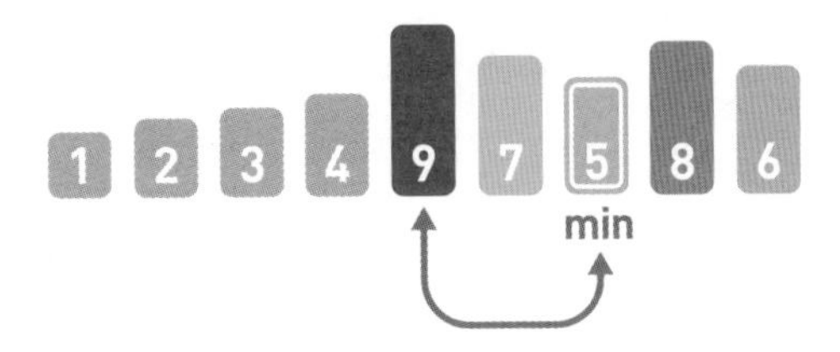

重复同样的操作，直到所有数字都归位为止。

07

排序完成。

解说

选择排序使用了线性搜索来寻找最小值，因此在第 1 轮中需要比较 $n-1$ 个数字，第 2 轮需要比较 $n-2$ 个数字……到第 $n-1$ 轮的时候就只需比较 1 个数字了。因此，总的比较次数与冒泡排序相同，都是 $(n-1)+(n-2)+\cdots+1 \approx n^2/2$ 次。

每轮中交换数字的次数最多为 1 次。如果输入数据就是按从小到大的顺序排列的，便不需要进行任何交换。选择排序的时间复杂度也和冒泡排序一样，都为 $O(n^2)$。

No.
2-4 插入排序

插入排序是一种从序列左端开始依次对数据进行排序的算法。在排序过程中，左侧的数据陆续归位，而右侧留下的就是还未被排序的数据。插入排序的思路就是从右侧的未排序区域内取出一个数据，然后将它插入到已排序区域内合适的位置。

01

此处同样对数字 1~9 进行排序。

02

第 1 轮操作就这样完成了，十分简单。

首先，我们假设最左边的数字 5 已经完成排序，所以此时只有 5 是已归位的数字。

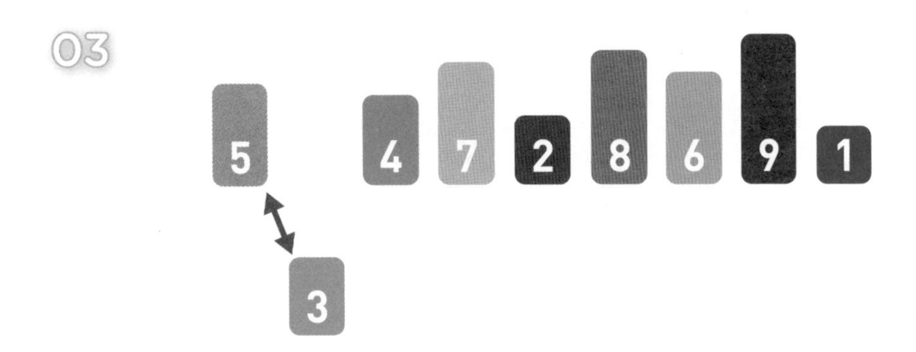

接下来，从待排数字（未排序区域）中取出最左边的数字 3，将它与左边已归位的数字进行比较。若左边的数字更大，就交换这两个数字。重复该操作，直到左边已归位的数字比取出的数字更小，或者取出的数字已经被移到整个序列的最左边为止。

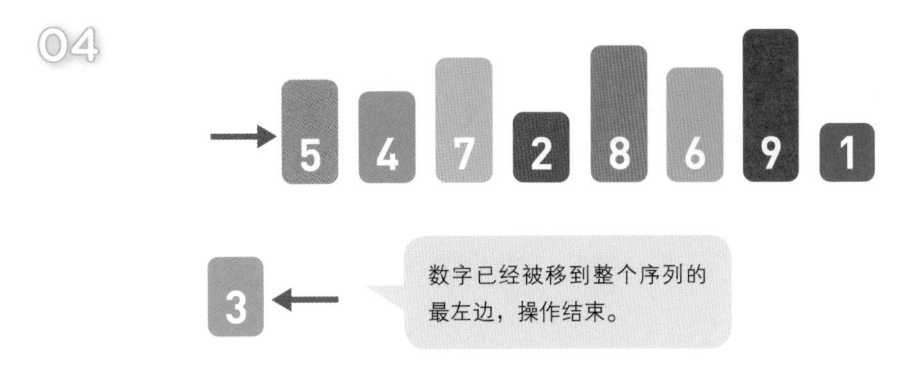

由于 5 > 3，所以交换这两个数字。

对数字 3 的操作到此结束。此时 3 和 5 已归位，还剩下右边 7 个数字尚未排序。

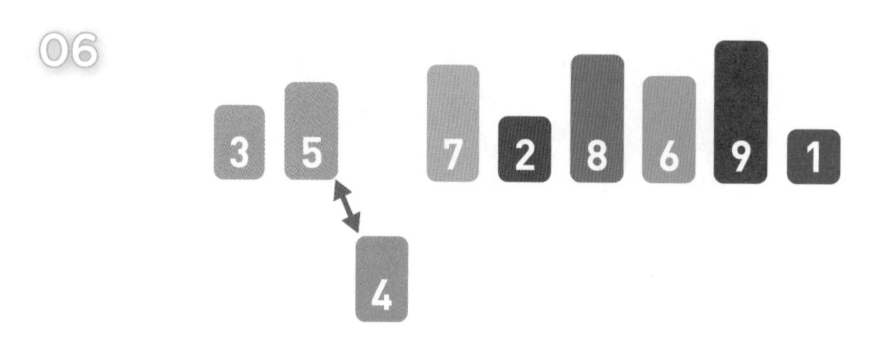

接下来是第 3 轮。和前面一样，取出未排序区域中最左边的数字 4，将它与左边的数字 5 进行比较。

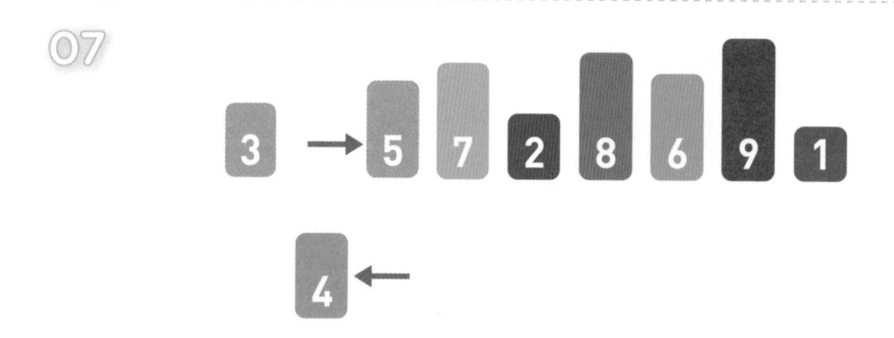

由于 5 ＞ 4，所以交换这两个数字。交换后再将 4 和左边的 3 进行比较，发现 3 ＜ 4，因为出现了比自己小的数字，所以操作结束。

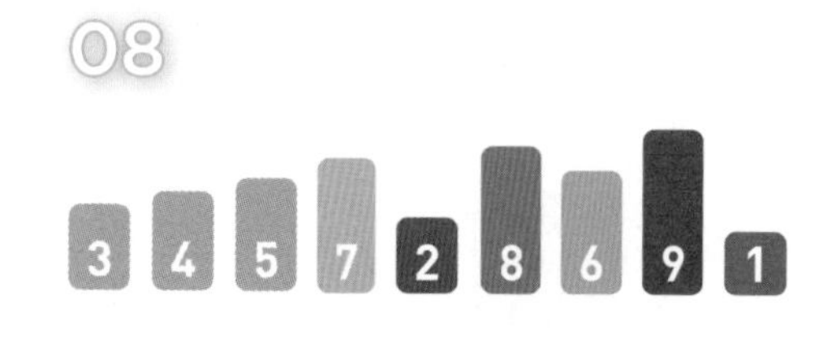

于是 4 也归位了。此时 3、4、5 都已归位，已排序区域也得到了扩大。

遇到左边的数字都比自己小的情况时……

10

不需要任何操作即可完成排序。

11

重复上述操作，直到所有数字都归位。

12

对所有数字的操作都结束时，排序也就完成了。

解说

在插入排序中，需要将取出的数据与其左边的数字进行比较。就跟前面讲的步骤一样，如果左边的数字更小，就不需要继续比较，本轮操作到此结束，自然也不需要交换数字的位置。

然而，如果取出的数字比左边已归位的数字都要小，就必须不停地比较大小，交换数字，直到它到达整个序列的最左边为止。具体来说，就是第 k 轮需要比较 $k-1$ 次。因此，在最糟糕的情况下，第 2 轮需要操作 1 次，第 3 轮操作 2 次……第 n 轮操作 $n-1$ 次，所以时间复杂度和冒泡排序、选择排序一样，都为 $O(n^2)$。

和前面讲的排序算法一样，输入数据按从大到小的顺序排列时就是最糟糕的情况。

No.

2-5 堆排序

堆排序的特点是利用了数据结构中的堆。关于堆的详细说明在 1-7 节。

参考：1-7 堆

01

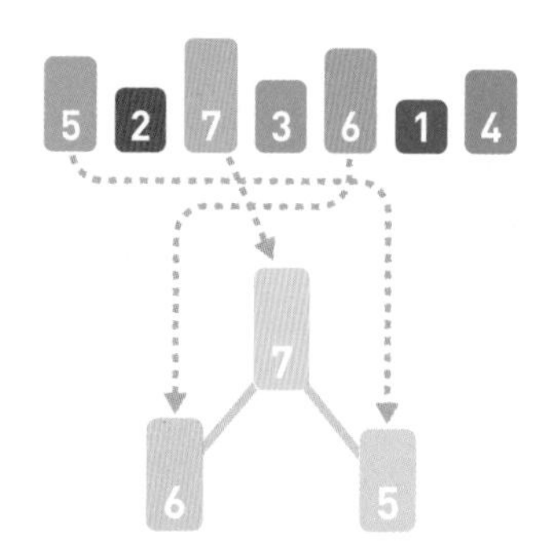

首先，在堆中存储所有的数据，并按降序来构建堆。

02

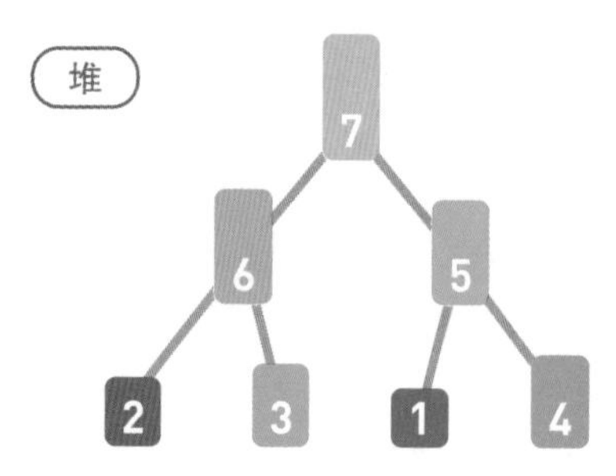

现在，所有数据都存进堆里了。为了排序，需要再从堆中把数据一个个取出来。

提示

从降序排列的堆中取出数据时会从最大的数据开始取，所以将取出的数据反序输出，排序就完成了。

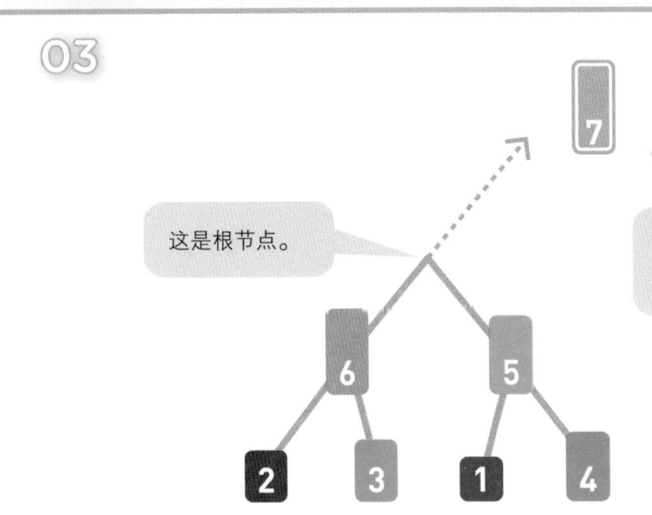

我们来试一试吧。首先取出根节点的数字 7。

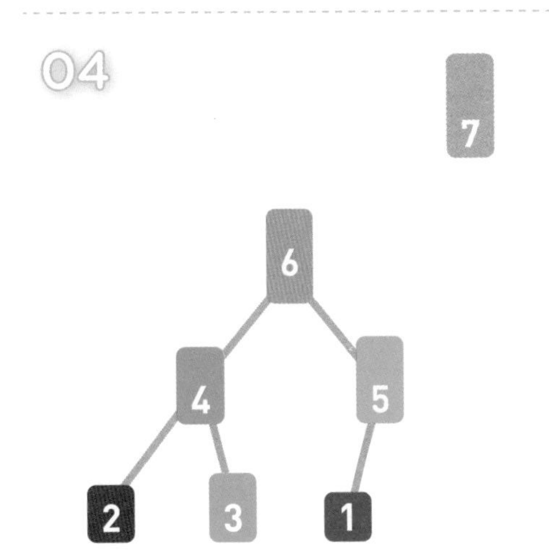

重新构造堆。重构的规则请参考 1-7 节的内容。

参考：1-7 堆

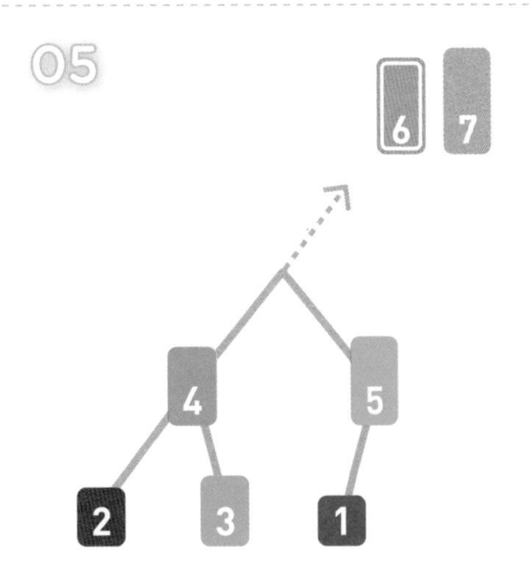

同样，取出根节点的数字 6，将它放在右数第 2 个位置上。

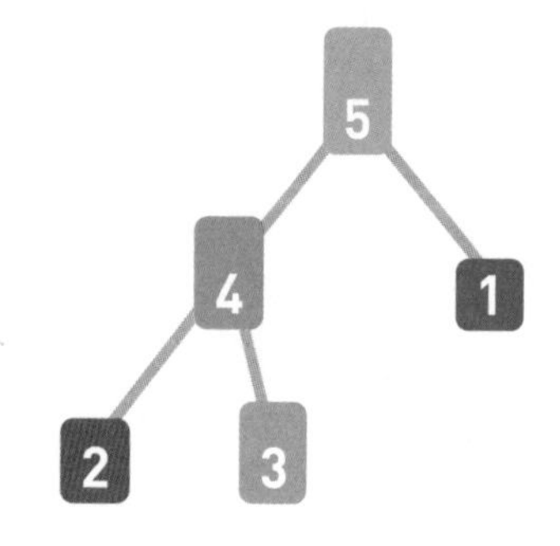

重新构造堆。

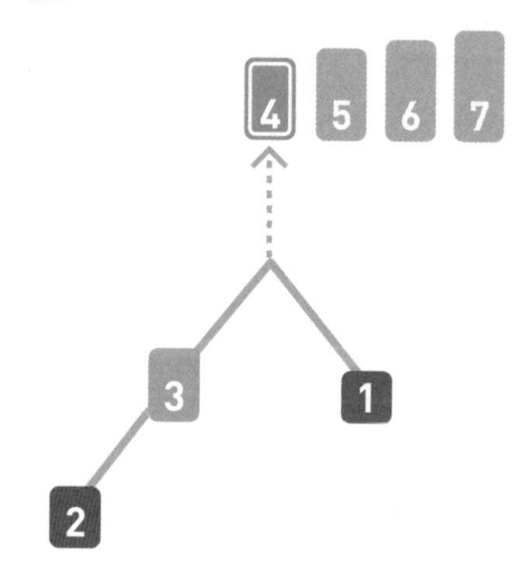

重复上述操作，直到堆变空为止。

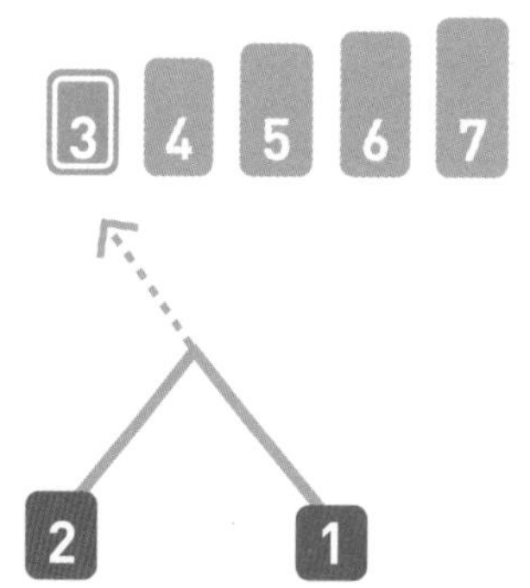

排序中……

从堆中取出了所有数字，排序完成。

解说

堆排序一开始需要将 n 个数据存进堆里，所需时间为 $O(n\log n)$。排序过程中，堆从空堆的状态开始，逐渐被数据填满。由于堆的高度小于 $\log_2 n$，所以插入 1 个数据所需要的时间为 $O(\log n)$。

每轮取出最大的数据并重构堆所需要的时间为 $O(\log n)$。由于总共有 n 轮，所以重构后排序的时间也是 $O(n\log n)$。因此，整体来看堆排序的时间复杂度为 $O(n\log n)$。

这样来看，堆排序的运行时间比之前讲到的冒泡排序、选择排序、插入排序的时间 $O(n^2)$ 都要短，但由于要使用堆这个相对复杂的数据结构，所以实现起来也较为困难。

补充说明

一般来说，需要排序的数据都存储在数组中。这次我们使用了堆这种数据结构，但实际上，这也相当于将堆嵌入到包含了序列的数组中，然后在数组中通过交换数据来进行排序。具体来说，就是让堆中的各节点和数组像下图这样呈对应关系。正如大家所见，这可以说是强行在数组中使用了堆结构。

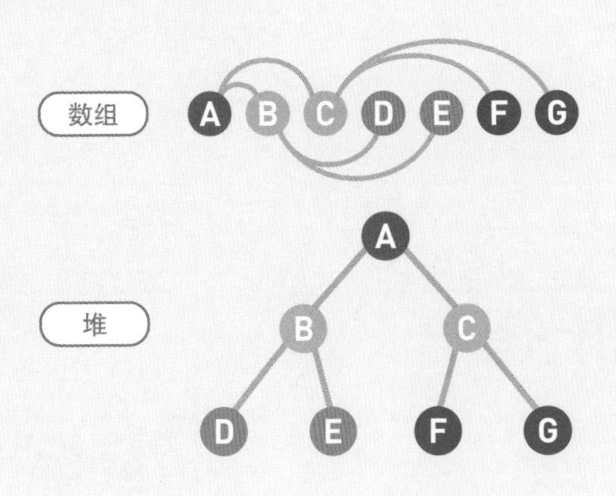

No.

2-6 归并排序

归并排序算法会把序列分成长度相同的两个子序列，当无法继续往下分时（也就是每个子序列中只有一个数据时），就对子序列进行归并。归并指的是把两个排好序的子序列合并成一个有序序列。该操作会一直重复执行，直到所有子序列都归并为一个整体为止。

01

首先，要把序列对半分割。

02

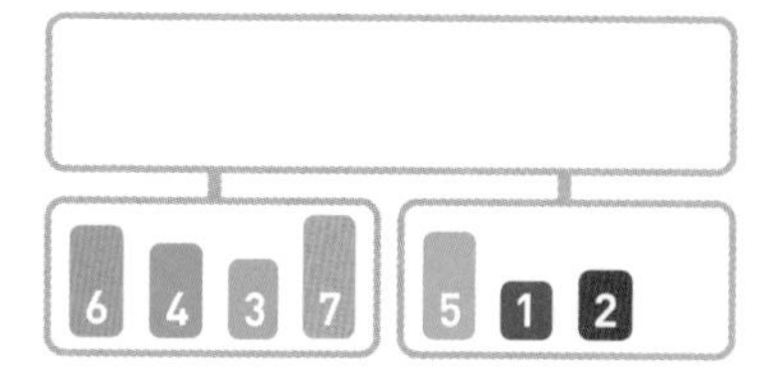

先分成两段……

03

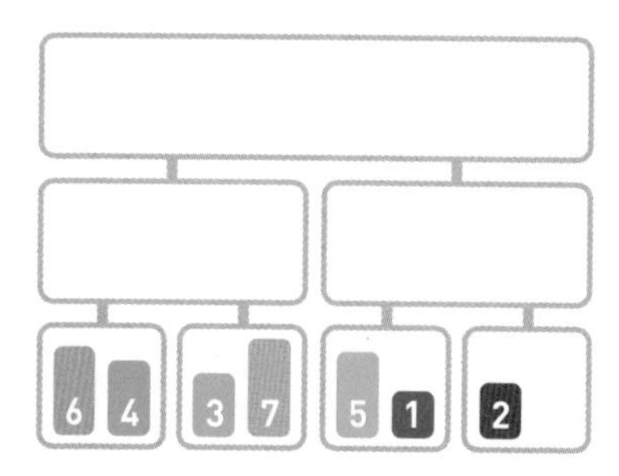

再继续往下分……

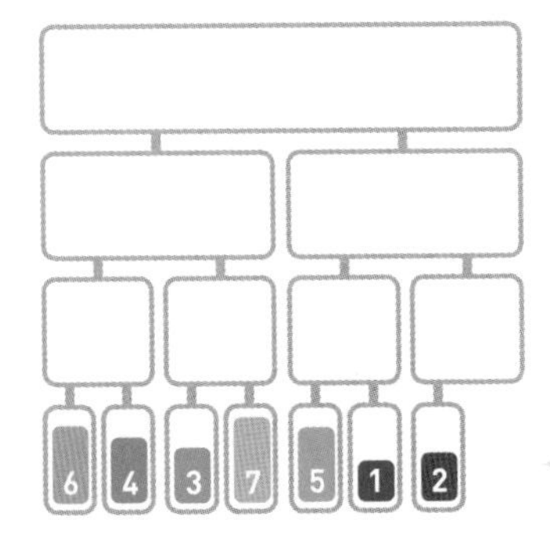

合并时需要将数字按从小到大的顺序排列。

分割完毕。接下来对分割后的元素进行合并。

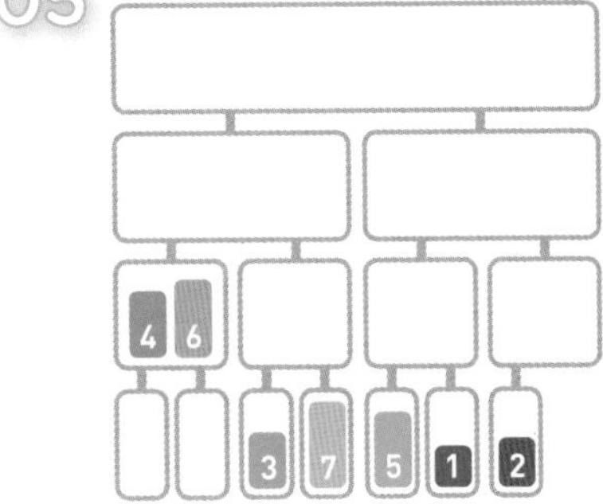

把 6 和 4 合并，合并后的顺序为 [4, 6]。

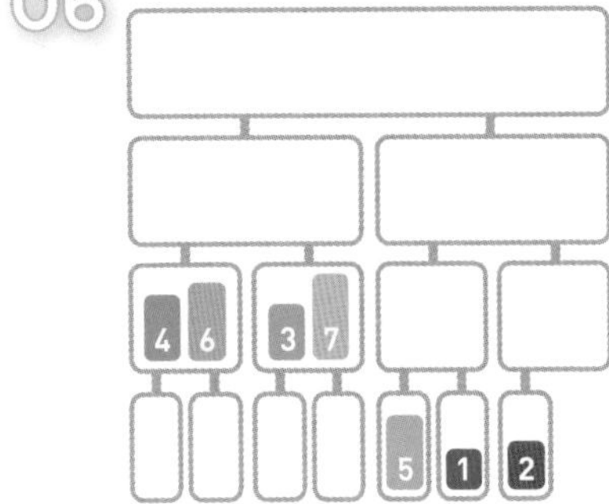

接下来把 3 和 7 合并，合并后的顺序为 [3, 7]。

07

此时要比较两个子序列的首位数字 4 和 3。

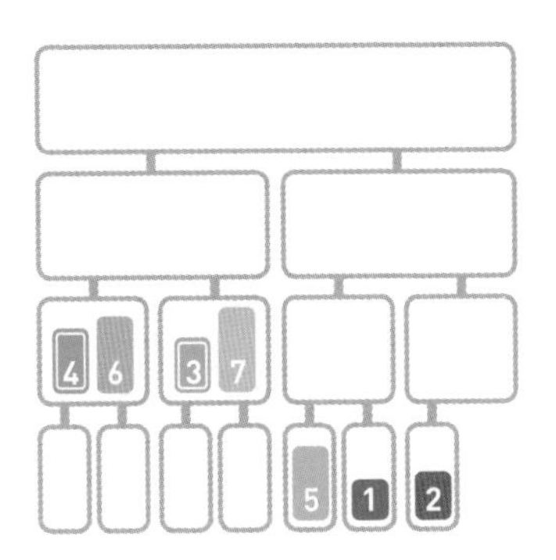

下面，我们来看看怎么合并 [4, 6] 和 [3, 7]。合并这种含有多个数字的子序列时，要先比较首位数字，再移动较小的数字。

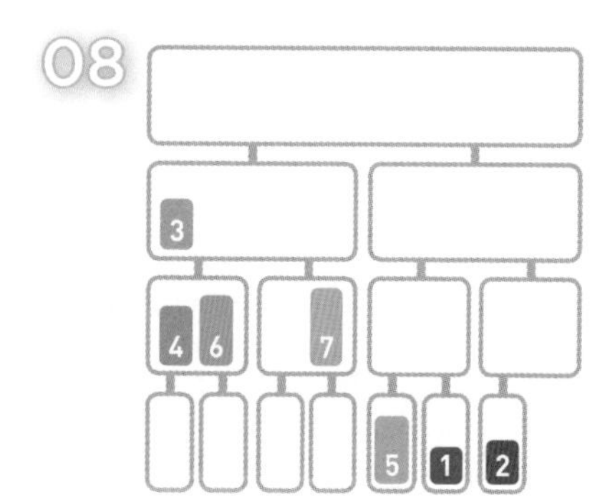

由于 4 > 3，所以移动 3。

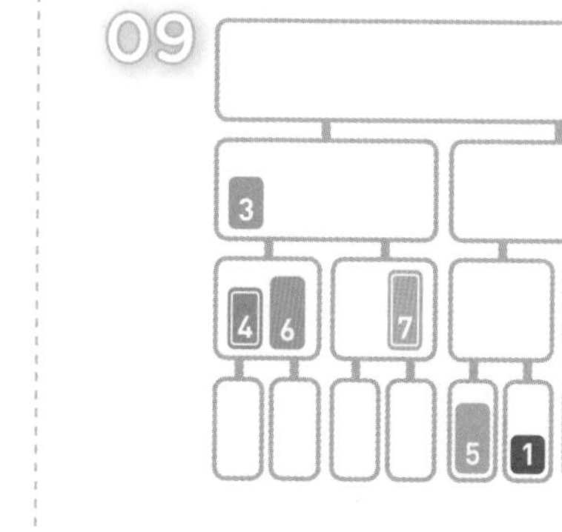

同样，再次比较序列中剩下的首位数字。

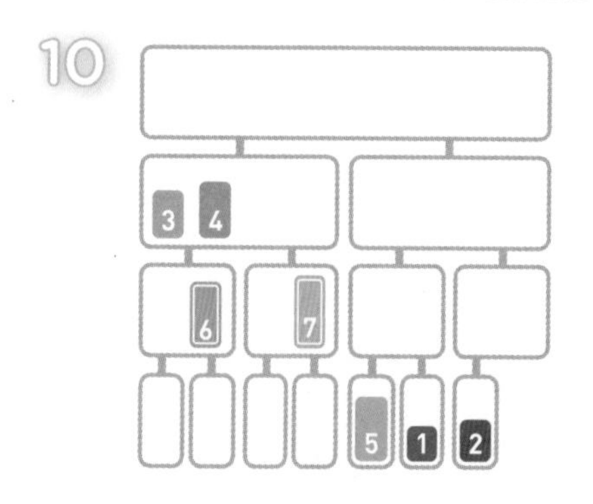

由于 4 < 7，所以移动 4。

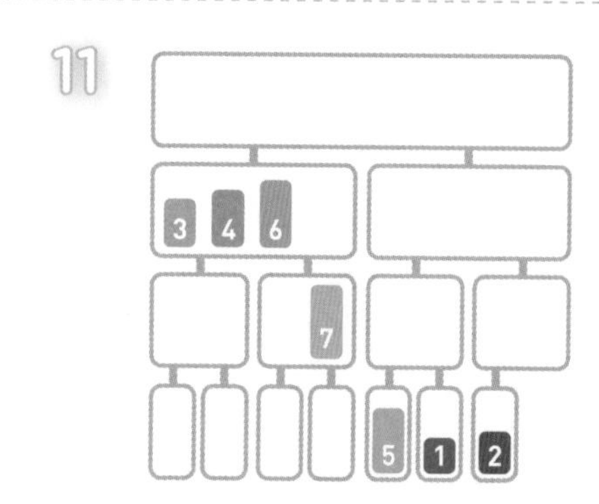

由于 6 < 7，所以移动 6。

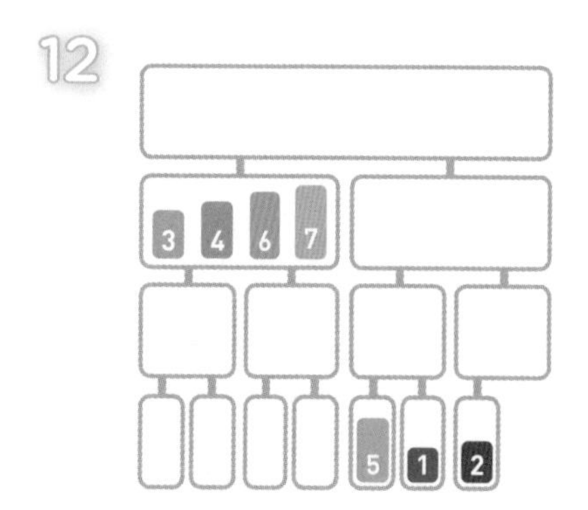

最后移动剩下的 7。

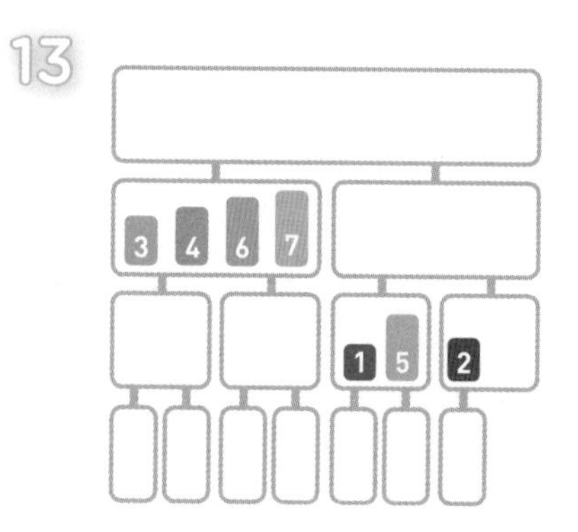

递归执行上面的操作，直到所有的数字都合为一个整体为止。

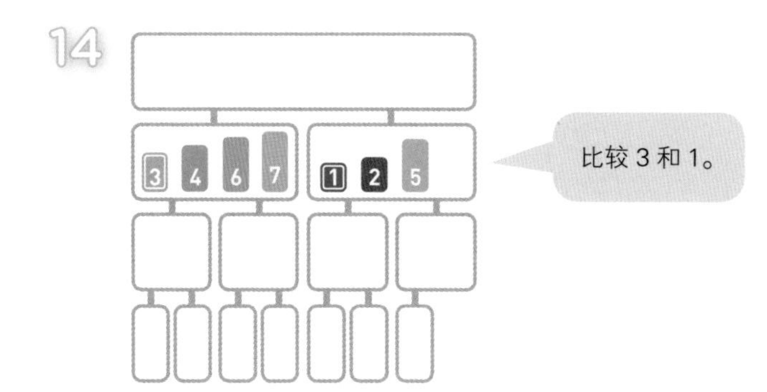

这里也要比较两个子序列中的首位数字。

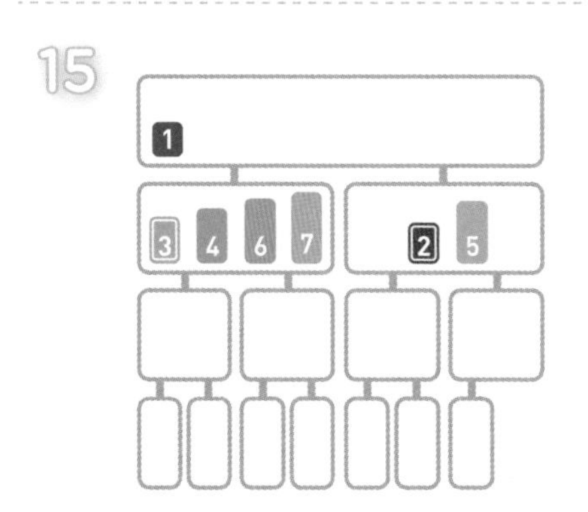

由于 3 > 1，所以移动 1。继续操作……

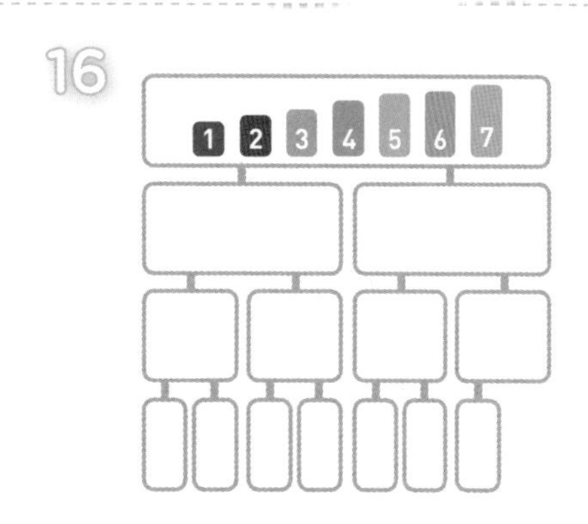

合并完成，序列的排序也就完成了。

解说

归并排序中，分割序列所花费的时间不算在运行时间内（可以当作序列本来就是分割好的）。在合并两个已排好序的子序列时，只需重复比较首位数据的大小，然后移动较小的数据，因此只需花费和两个子序列的长度相对应的运行时间。也就是说，完成一行归并所需的运行时间取决于这一行的数据量。

看一下上面的图便能得知，无论哪一行都是 n 个数据，所以每行的运行时间都为 $O(n)$。而将长度为 n 的序列对半分割直到只有一个数据为止时，可以分成 $\log_2 n$ 行，因此，总共有 $\log_2 n$ 行。也就是说，总的运行时间为 $O(n\log n)$，这与前面讲到的堆排序相同。

No.
2-7 快速排序

快速排序算法首先会在序列中随机选择一个基准值（pivot），然后将除了基准值以外的数分为“比基准值小的数”和“比基准值大的数”这两个类别，再将其排列成以下形式。

[比基准值小的数]　基准值　[比基准值大的数]

接着，对两个“[ ]”中的数据进行排序之后，整体的排序便完成了。对“[ ]”中的数据进行排序时同样也会使用快速排序。

01

下面我们就来看看快速排序的步骤。

02

在序列中随机选择一个基准值。这里选择了 4。

03

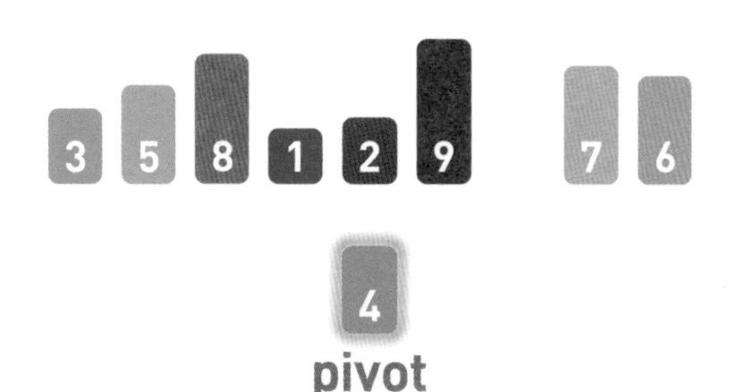

将其他数字和基准值进行比较。小于基准值的往左移，大于基准值的往右移。

04

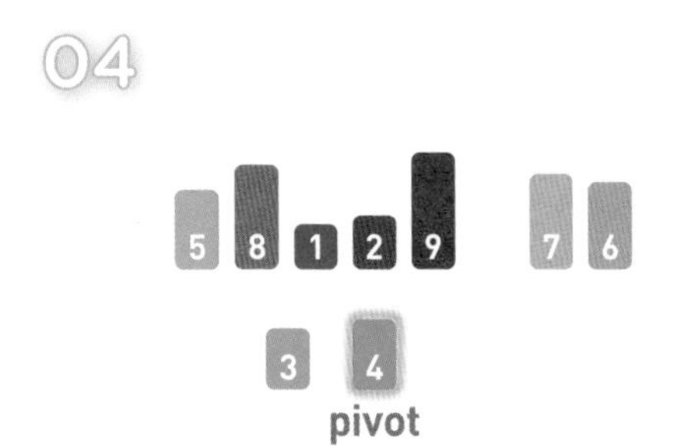

首先，比较 3 和基准值 4。

05

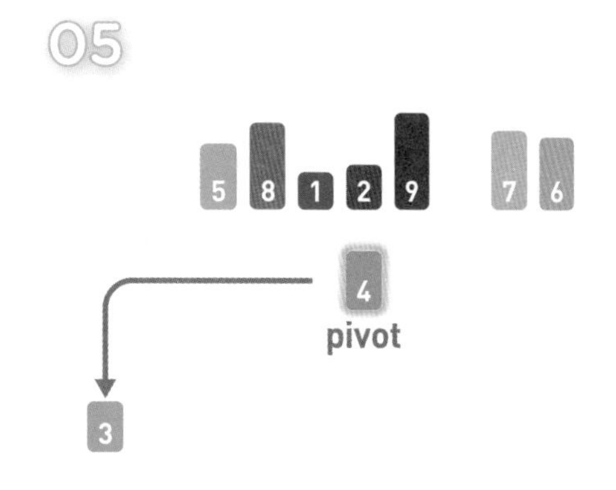

因为 3 < 4，所以将 3 往左移。

06

接下来，比较 5 和基准值 4。

07

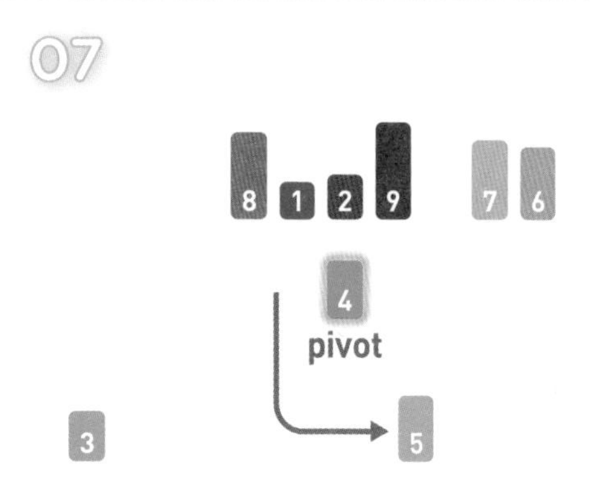

因为 5 > 4，所以将 5 往右移。

08

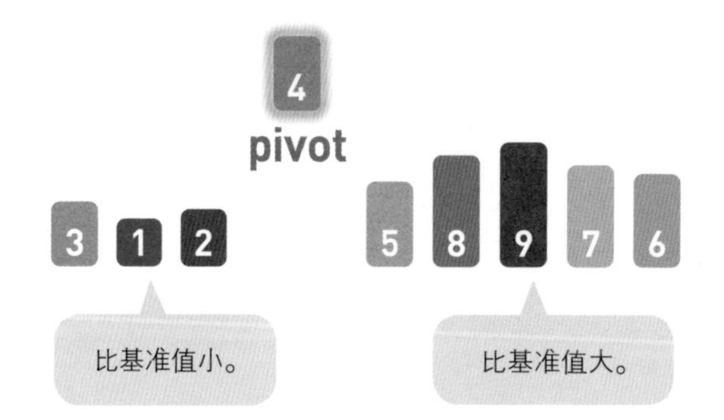

对其他数字也进行同样的操作，最终结果如上图所示。

09

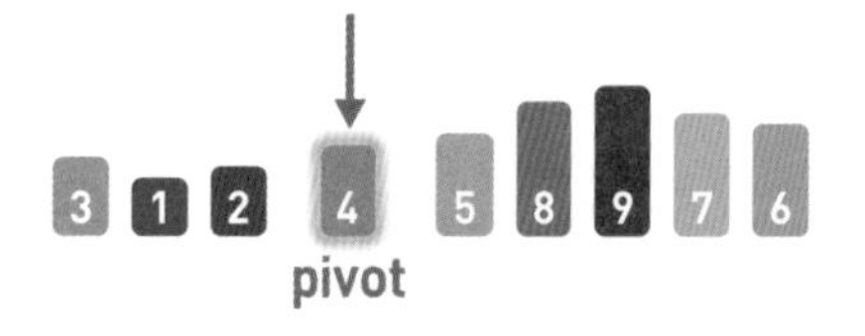

把基准值 4 插入序列。这样，4 左边就是比它小的数字，右边就是比它大的数字。

10

分别对左边和右边的数据进行排序后，就能完成整体的排序。

11

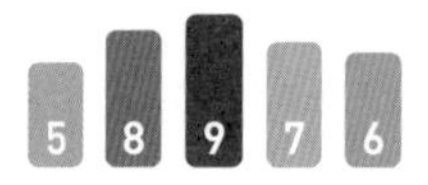

两边的排序操作也和前面的一样。首先来看看如何对右边的数据进行排序吧。

12

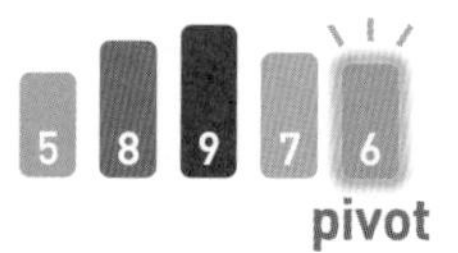

随机选择一个基准值。这次选择 6。

将其余数字分别和基准值 6 进行比较，小于基准值的就往左移，大于的就往右移。

完成了大小比较和位置移动。

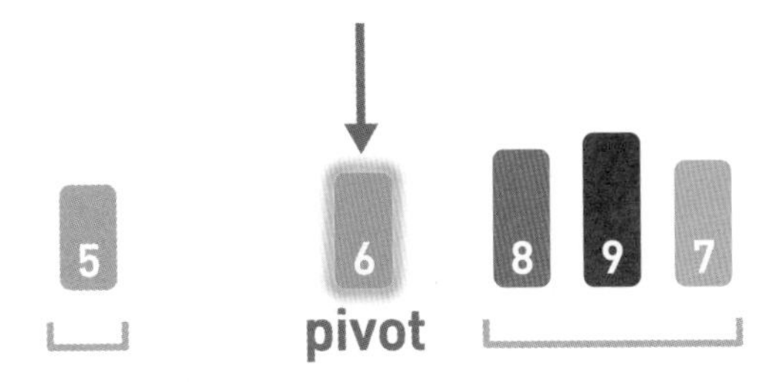

和前面一样，再次对左右两边分别进行排序，进而完成整体排序。但是此时左边只有 5，所以已经是排序完成的状态，不需要任何操作。而右边就和前面一样，先选出基准值。

选择 8 作为基准值。

将 9 和 7 分别与基准值 8 进行比较后，两个数字的位置便分好了。8 的两边都只有一个数据，因此不需要任何操作。这样 7、8、9 便完成排序了。

18

回到上一行，由于 7、8、9 完成了排序，所以 5、6、7、8、9 也完成了排序。

19

于是，最初选择的基准值 4 的右边排序完毕。

20

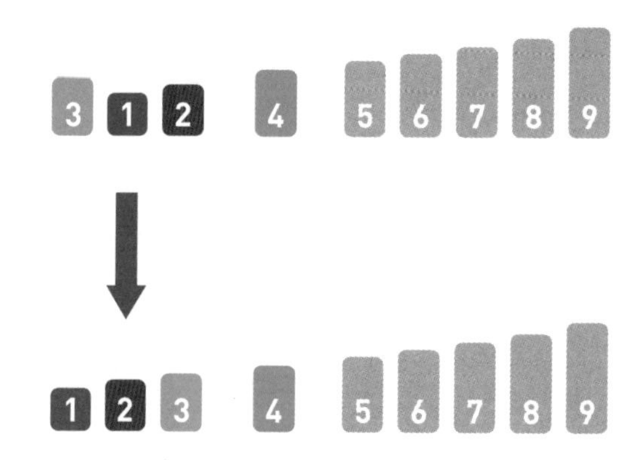

左边也以相同的操作进行排序，整体的排序工作也就完成了。

补充说明

快速排序是一种“分治法”。它将原本的问题分成两个子问题（比基准值小的数和比基准值大的数），然后再分别解决这两个问题。子问题，也就是子序列完成排序后，再像一开始说明的那样，把它们合并成一个序列，那么对原始序列的排序也就完成了。

不过，解决子问题的时候会再次使用快速排序，甚至在这个快速排序里仍然要使用快速排序。只有在子问题里只剩一个数字的时候，排序才算完成。

像这样，在算法内部继续使用该算法的现象被称为“递归”。关于递归的详细说明在 **8-6** 节。实际上前一节中讲到的归并排序也可看作一种递归的分治法。

▶参考：8-6 汉诺塔

解说

分割子序列时需要选择基准值，如果每次选择的基准值都能使得两个子序列的长度为原本的一半，那么快速排序的运行时间和归并排序一样，都为 $O(n\log n)$。和归并排序类似，将序列对半分割 $\log_2 n$ 次之后，子序列里便只剩下一个数据，这时子序列的排序也就完成了。因此，如果像下图这样一行行地展现根据基准值分割序列的过程，那么总共会有 $\log_2 n$ 行。

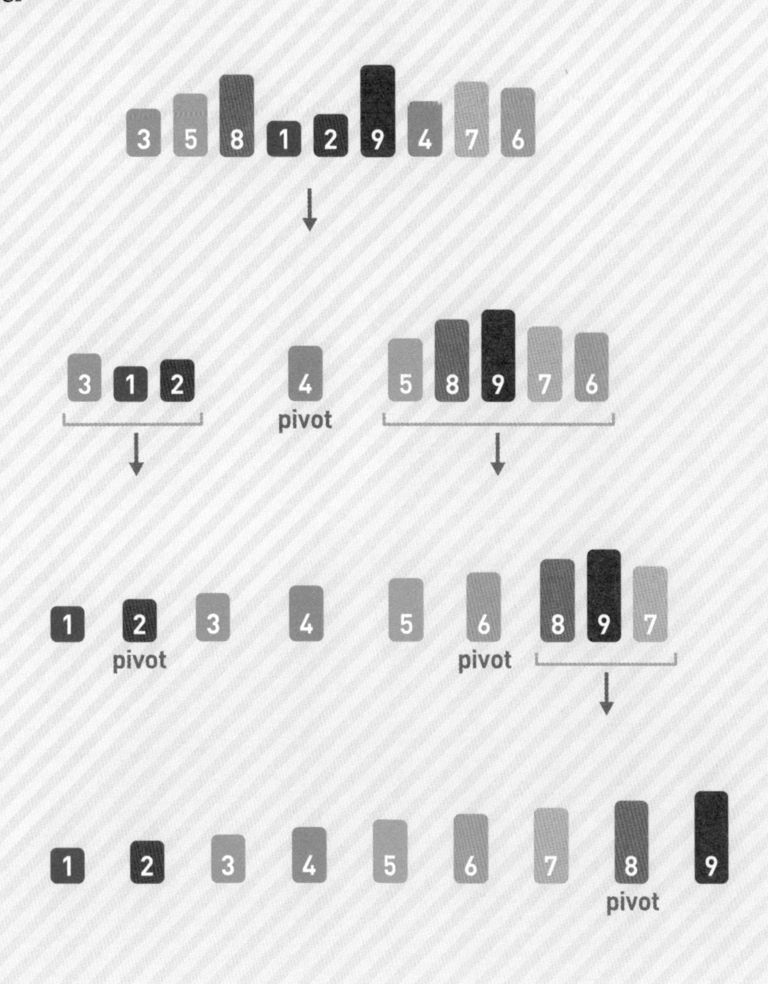

每行中每个数字都需要和基准值比较大小，因此每行所需的运行时间为 $O(n)$。由此可知，整体的时间复杂度为 $O(n\log n)$。

如果运气不好，每次都选择最小值作为基准值，那么每次都需要把其他数据移到基准值的右边，递归执行 n 行，运行时间也就成了 $O(n^2)$。这就相当于每次都选出最小值并把它移到了最左边，这个操作也就和选择排序一样了。此外，如果数据中的每个数字被选为基准值的概率都相等，那么需要的平均运行时间为 $O(n\log n)$。

第3章

数组的查找

No.
3-1 线性搜索

线性搜索是一种在数组中查找数据的算法（关于数组的详细讲解在 1-3 节）。与 3-2 节中讲解的二分搜索不同，即便数据没有按顺序存储，也可以应用线性搜索。线性搜索的操作很简单，只要在数组中从头开始依次往下查找即可。虽然存储的数据类型没有限制，但为了便于理解，这里我们假设存储的是整数。

参考：1-3 数组

参考：3-2 二分搜索

01

来试试查找数字 6 吧。

02

首先，检查数组中最左边的数字，将其与 6 进行比较。如果结果一致，查找便结束，不一致则向右检查下一个数字。

03

此处不一致，所以向右检查下一个数字。

04

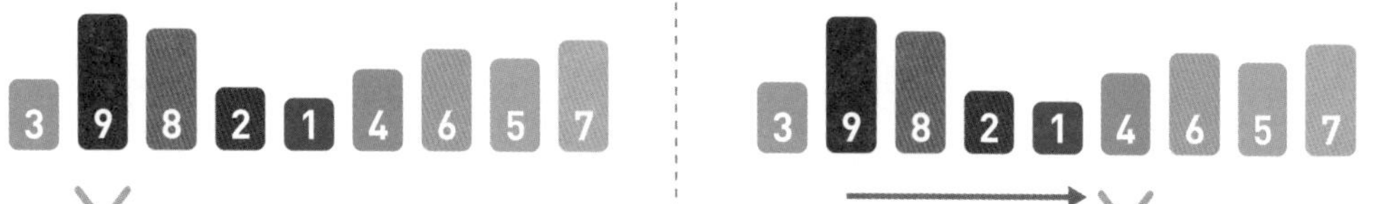

重复上面的操作，直到找到数字 6 为止。

05

找到 6 了，查找结束。

解说

线性搜索需要从头开始不断地按顺序检查数据，因此在数据量大且目标数据靠后，或者目标数据不存在时，比较的次数就会更多，也更为耗时。若数据量为 n，线性搜索的时间复杂度便为 $O(n)$。

No.
3-2 二分搜索

二分搜索也是一种在数组中查找数据的算法。和 3-1 节讲到的线性搜索不同，二分搜索只能查找已经排好序的数据。二分搜索通过比较数组中间的数据与目标数据的大小，可以得知目标数据是在数组的左边还是右边。因此，比较一次就可以把查找范围缩小一半。重复执行该操作就可以找到目标数据，或得出目标数据不存在的结论。

01

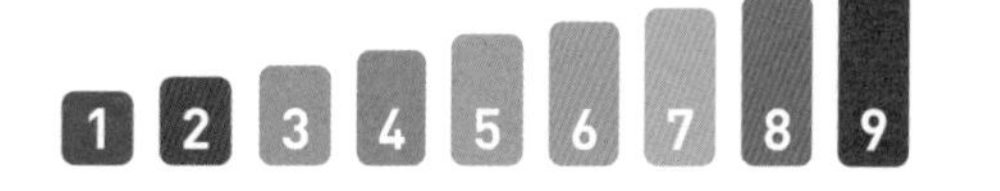

还是来试试查找数字 6 吧。

02

首先找到数组中间的数字，此处为 5。

03

根据 5 < 6，可以得知 6 在 5 的右边。

将 5 和要查找的数字 6 进行比较。

把不需要的数字移出查找范围。

05

在剩下的数组中找到中间的数字，此处为 7。

06

根据 6 < 7，可以得知 6 在 7 的左边。

比较 7 和 6。

07

把不需要的数字移出查找范围。

08

在剩下的数组中找到中间的数字，此处为 6。

6=6，所以成功找到目标数字。

解说

二分搜索利用已排好序的数组，每一次查找都可以将查找范围减半。查找范围内只剩一个数据时查找结束。

数据量为 n 的数组，将其长度减半 $\log_2 n$ 次后，其中便只剩一个数据了。也就是说，在二分搜索中重复执行“将目标数据和数组中间的数据进行比较后将查找范围减半”的操作 $\log_2 n$ 次后，就能找到目标数据（若没找到，则可以得出数据不存在的结论），因此它的时间复杂度为 $O(\log n)$。

补充说明

二分搜索的时间复杂度为 $O(\log n)$，与线性搜索的 $O(n)$ 相比，速度提高了指数倍（$x=\log_2 n$，则 $n=2^x$）。

但是，二分搜索必须建立在数据已经排好序的基础上才能使用，因此添加数据时必须加到合适的位置，这就需要额外耗费维护数组的时间。

而使用线性搜索时，数组中的数据可以是无序的，因此添加数据时也无须顾虑位置，直接把它加在末尾即可，不需要耗费时间。

综上，具体使用哪种查找方法，可以根据查找和添加两个操作哪个更为频繁来决定。

第 4 章

图算法

No.

4-1 什么是图

离散数学中的图

说到“图”，可能大部分人想到的是饼状图、柱状图，或者数学中 $y=f(x)$ 所呈现的图，而计算机科学或离散数学中说的“图”却是下面这样的。

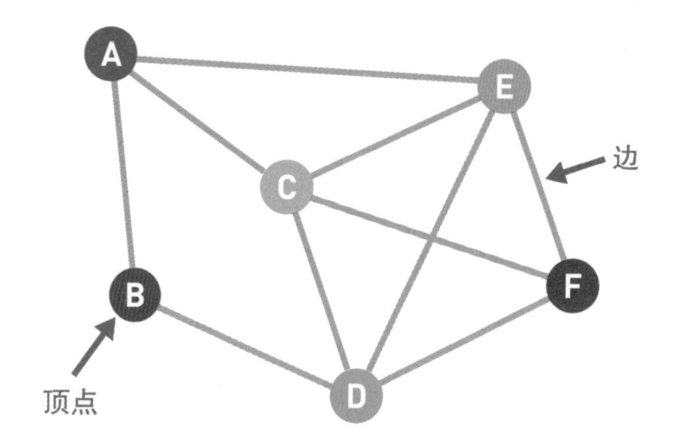

上图中的圆圈叫作“顶点”（也叫“节点”），连接顶点的线叫作“边”。也就是说，由顶点和连接每对顶点的边所构成的图形就是图。

图可以表现各种关系

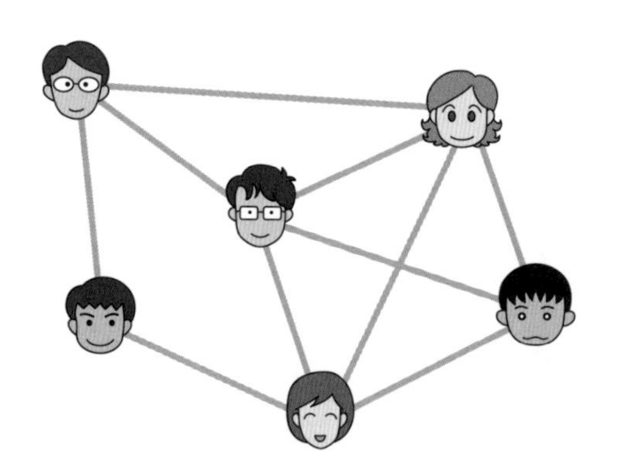

图可以表现社会中的各种关系，使用起来非常方便。假设我们要开一个派对，将参加人员作为顶点，把互相认识的人用边连接，就能用图来表现参加人员之间的人际关系了。

再举个例子，若将车站作为顶点，将相邻两站用边连接，就能用图来表现地铁的路线了。

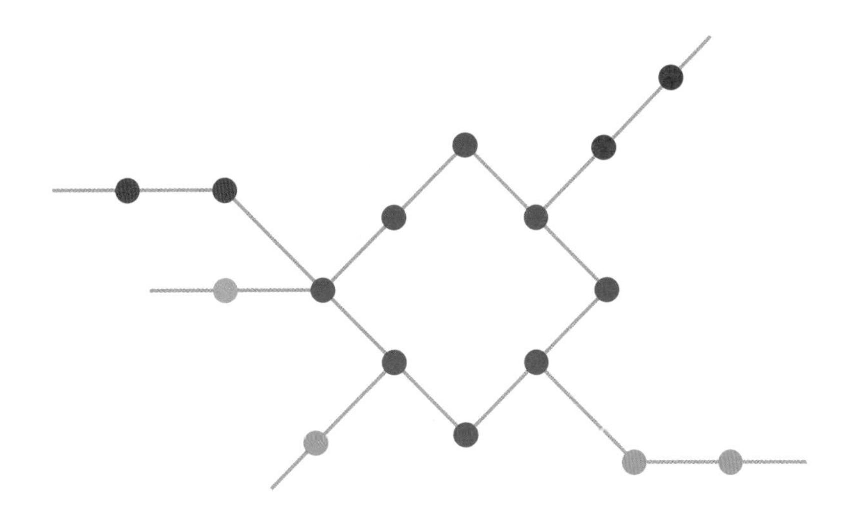

另外，还可以在计算机网络中把路由器作为顶点，将相互连接的两个路由器用边连接，这样就能用图来表现网络的连接关系了。

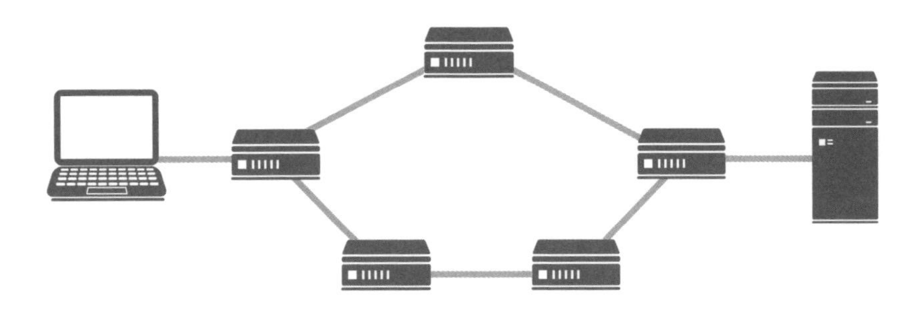

加权图

上面讲到的都是由顶点和边构成的图，而我们还可以给边加上一个值。这个值叫作边的“权重”或者“权”，加了权的图被称为“加权图”。没有权的边只能表示两个顶点的连接状态，而有权的边就可以表示顶点之间的“连接程度”。

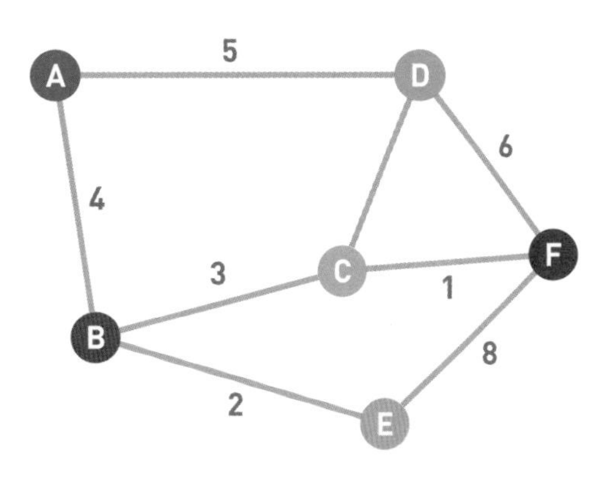

这个“程度”是什么意思呢？根据图的内容不同，“程度”表示的意思也不同。比如在计算机网络中，给两台路由器之间的边加上传输数据所需要的时间，这张图就能表示网络之间的通信时间了。

而在路线图中，如果把地铁在两个车站间行驶的时间加在边上，这张图就能表现整条路线的移动时间；如果把两个车站间的票价加在边上，就能表现乘车费了。虽然在一些情况下顶点也可以有权重，但本书中并不涉及这类情况，故此处忽略。

有向图

当我们想在路线图中表示该路线只能单向行驶时，就可以给边加上箭头，而这样的图就叫作“有向图”。比如网页里的链接是有方向性的，用有向图来表示就会很方便。

与此相对，边上没有箭头的图便是“无向图”。

右图中我们可以从顶点 A 到顶点 B，但不能直接从 B 到 A，而 B 和 C 之间有两条边分别指向两个方向，因此可以双向移动。

和无向图一样，有向图的边也可以加上权重。

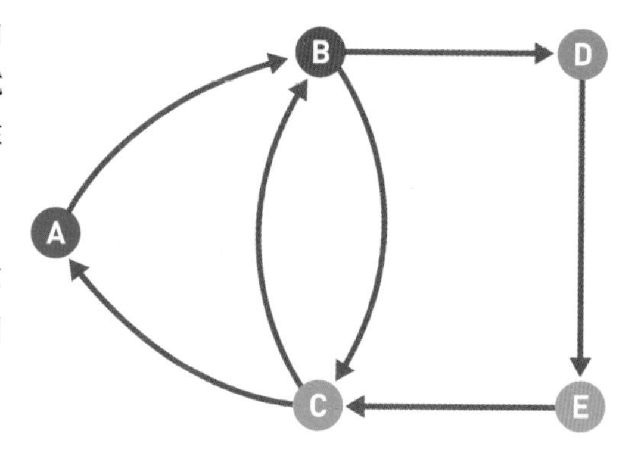

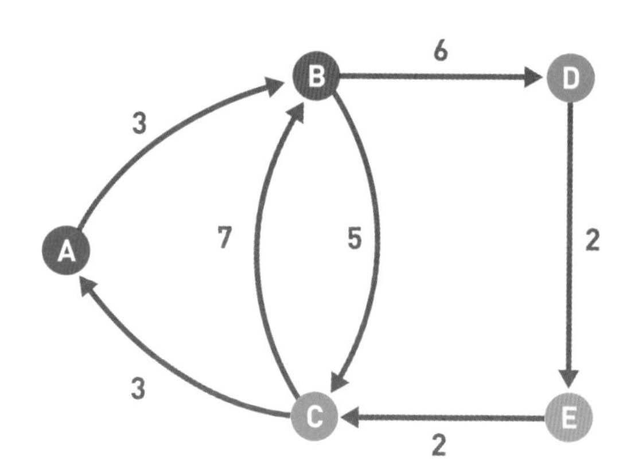

在上图中，从顶点 B 到顶点 C 的权重为 5，而从 C 到 B 的权重为 7。如果做的是一个表示移动时间的图，而从 B 到 C 是下坡路，就有可能出现这样的情况。就像这样，使用有向图还可以设置非对称的权重。

图能给我们带来哪些便利

想一想图能给我们带来的好处吧。假设图中有两个顶点 s 和 t，而我们设计出了一种算法，可以找到“从 s 到 t 的权重之和最小”的那条路径。那么，这种算法就可以应用到这些问题上：寻找计算机网络中通信时间最短的路径，寻找路线图中耗时最短的路径，寻找路线图中最省乘车费的路径，等等[①]。

就像这样，只要能用图来表示这些关系，我们就可以用解决图问题的算法来解决这些看似不一样的问题。

本章的知识点

本章将要学习的是图的搜索算法，以及可以解决图的基本问题——最短路径问题的算法。

图的搜索指的就是从图的某一顶点开始，通过边到达不同的顶点，最终找到目标顶点的过程。根据搜索的顺序不同，图的搜索算法可分为“广度优先搜索”和“深度优先搜索”这两种。

最短路径问题和前文提到的一样，就是要在从 s 到 t 的路径中，找到一条所经过的边的权重总和最小的路径。

① 现实中的情况会稍有不同，因为换乘地铁也需要一定的时间，而且乘车费也不是按各站之间票价的总和来计算的。

No.

4-2 广度优先搜索

广度优先搜索是一种对图进行搜索的算法。假设一开始我们位于某个顶点（即起点），此时并不知道图的整体结构，而我们的目的是从起点开始顺着边搜索，直到到达指定顶点（即终点）。在此过程中每走到一个顶点，就会判断一次它是否为终点。广度优先搜索会优先从离起点近的顶点开始搜索。

01

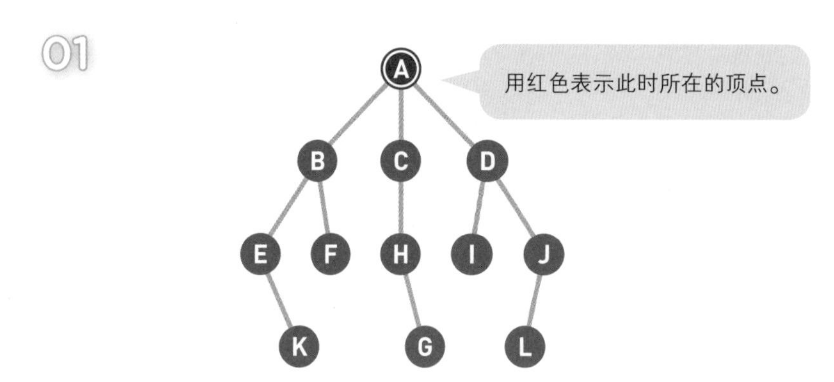

A 为起点，G 为终点。一开始我们在起点 A 上，此时并不知道 G 在哪里。

02

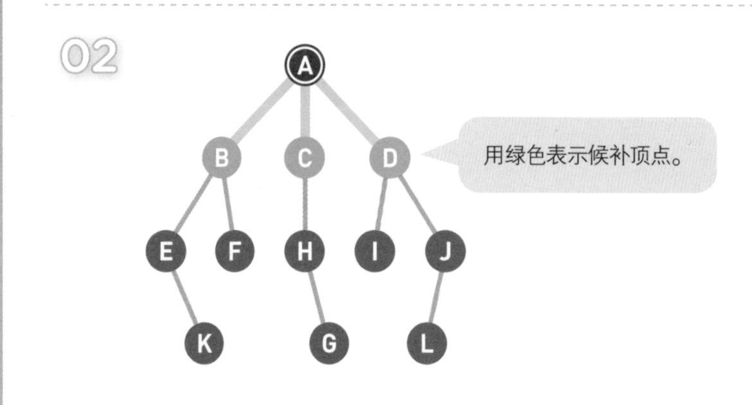

将从 A 可以直达的三个顶点 B、C、D 设为下一步的候补顶点。

03

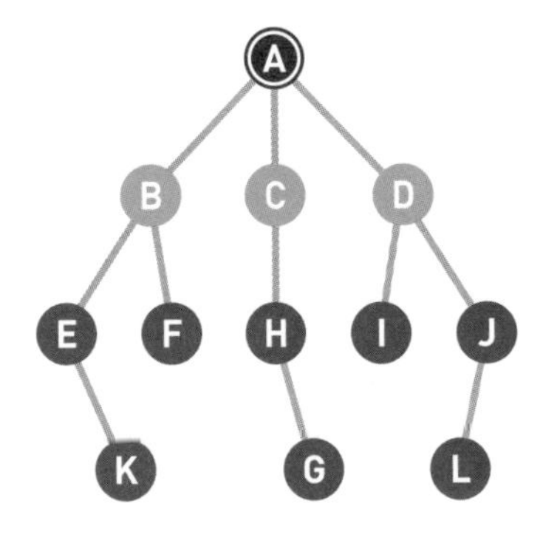

从候补顶点中选出一个顶点。优先选择最早成为候补的那个顶点，如果多个顶点同时成为候补，那么可以随意选择其中一个。

04

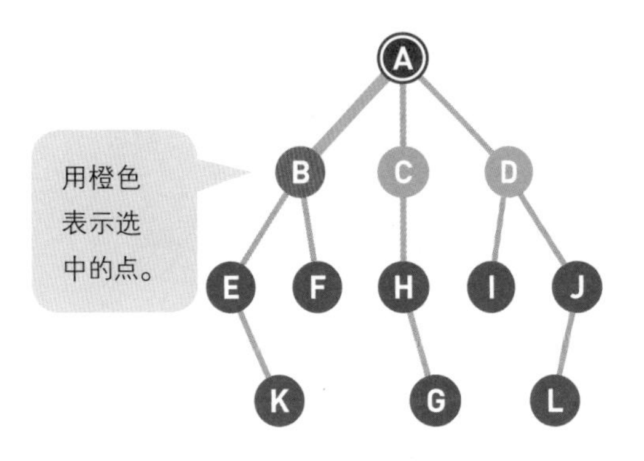

此处 B、C、D 同时成为候补，所以我们随机选择了最左边的顶点 B。

05

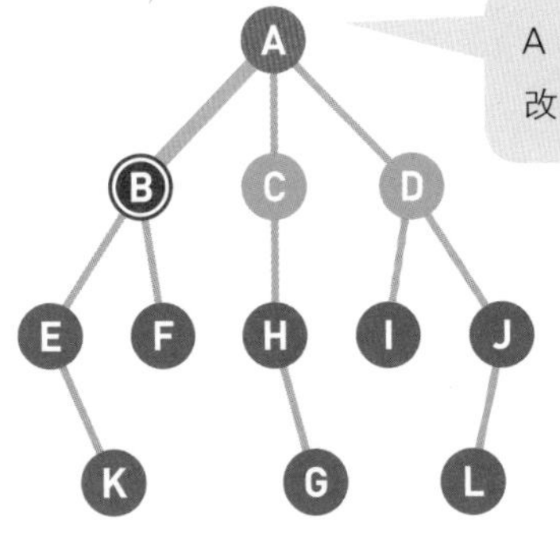

A 已经搜索完毕，改用橙色表示。

移动到选中的顶点 B 上。此时我们在 B 上，所以 B 变为红色，同时将已经搜索过的顶点变为橙色。

提示

此处，候补顶点是用“先入先出”（FIFO）的方式来管理的，因此可以使用队列这个数据结构。

参考：1-5 队列

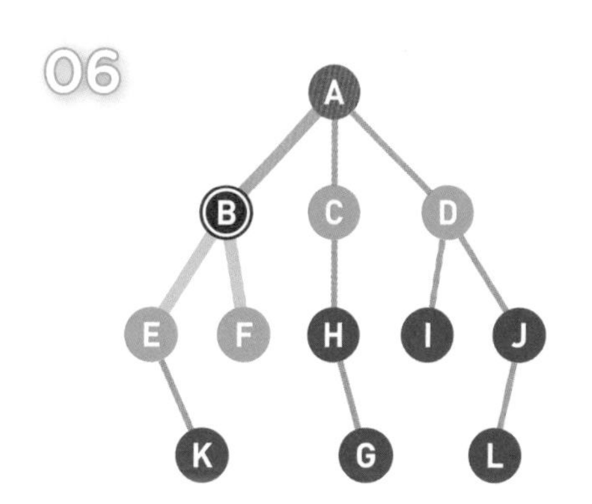

将从 B 可以直达的两个顶点 E 和 F 设为候补顶点。

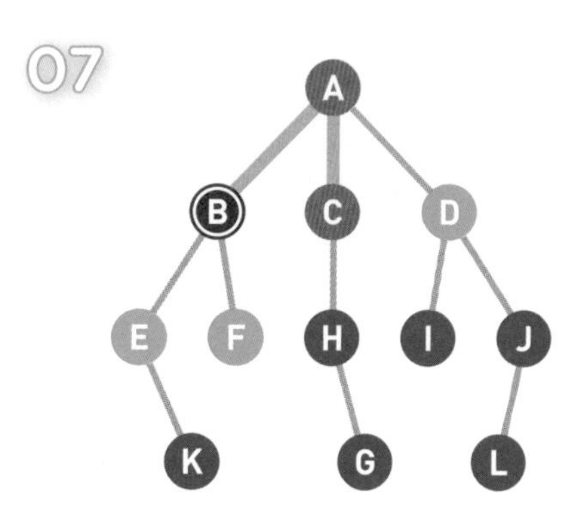

此时，最早成为候补顶点的是 C 和 D，我们选择了左边的顶点 C。

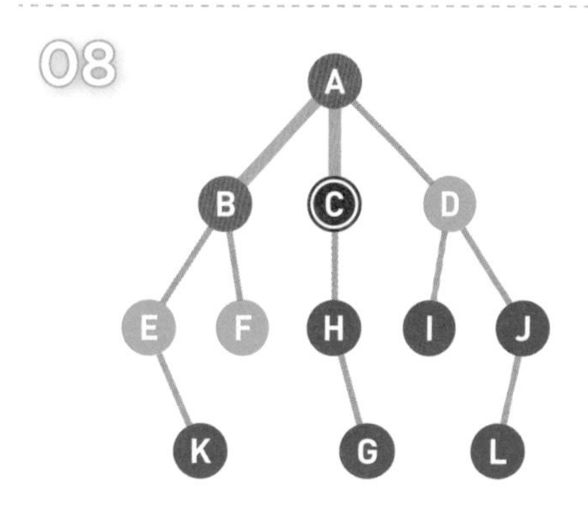

移动到选中的顶点 C 上。

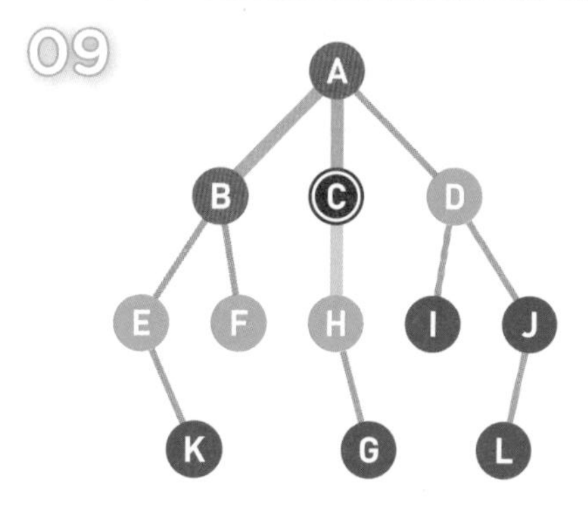

将从 C 可以直达的顶点 H 设为候补顶点。

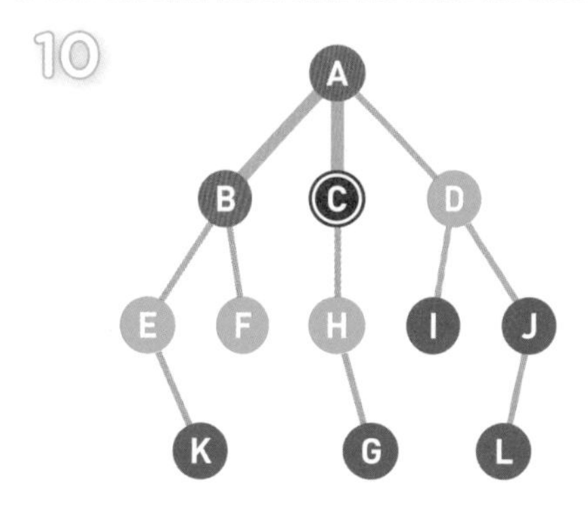

重复上述操作直到到达终点，或者所有的顶点都被遍历为止。

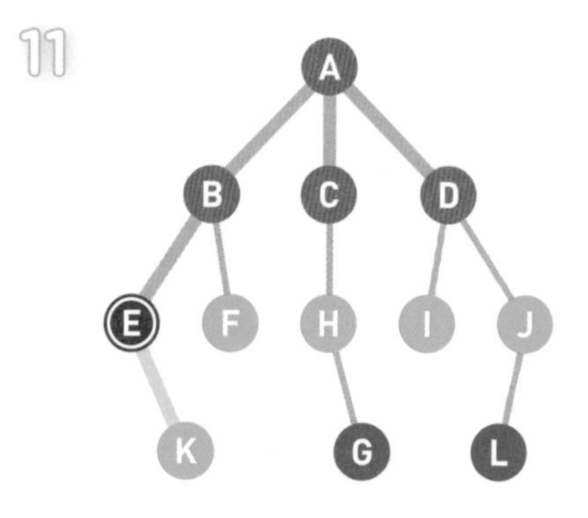

这个示例的搜索顺序为 A、B、C、D、E、F、H、I、J、K……

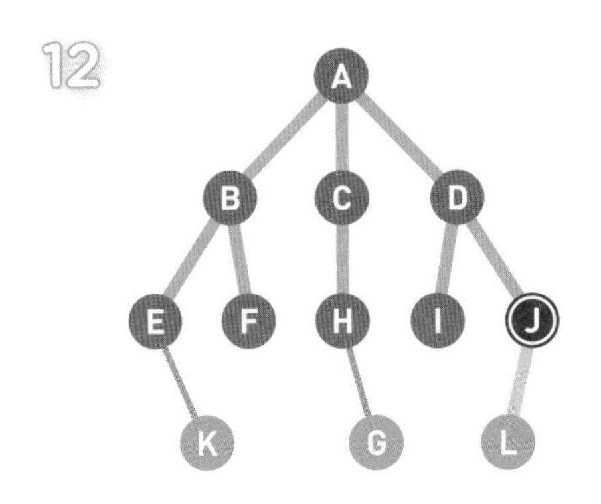

完成了从 A 到 I 的搜索，现在在顶点 J 处。

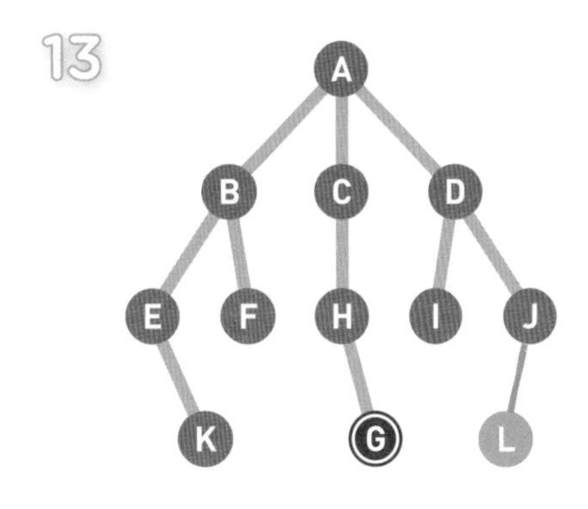

到达终点 G，搜索结束。

解说

广度优先搜索的特征为从起点开始，由近及远进行广泛的搜索。因此，目标顶点离起点越近，搜索结束得就越快。

补充说明

为了方便说明，这次讲解用的是没有环的图，如下图所示。不过，如果图中有环，其搜索步骤也是一样的。像示例那样，没有环的图叫作“树”。

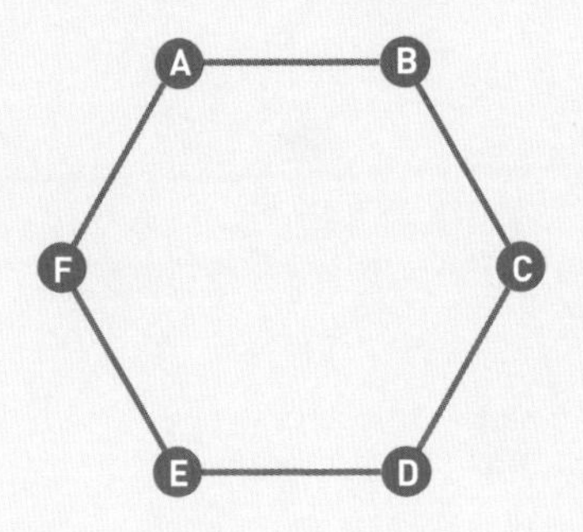

No.
4-3 深度优先搜索

深度优先搜索和广度优先搜索一样，都是对图进行搜索的算法，目的也都是从起点开始搜索，直到到达指定顶点（终点）。深度优先搜索会沿着一条路径不断往下搜索，直到不能继续为止，然后折返，开始搜索下一条候补路径。

01

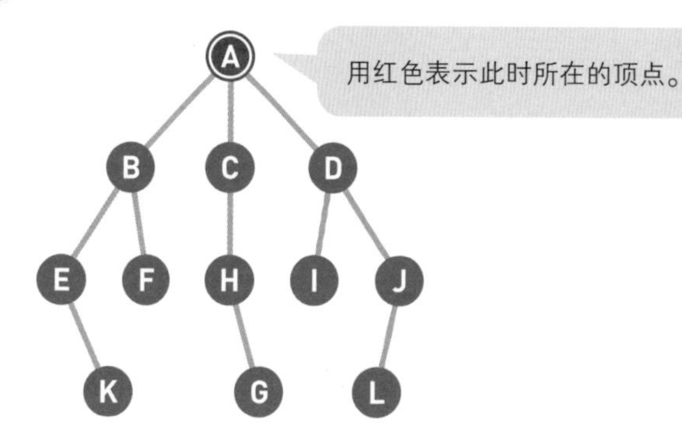

A 为起点，G 为终点。一开始我们在起点 A 上。

02

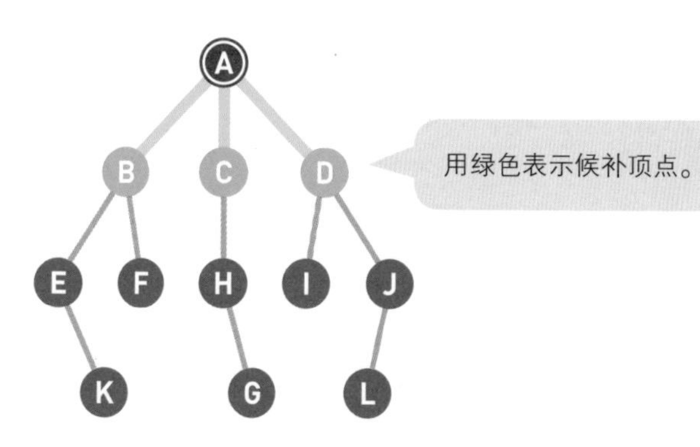

将从 A 可以直达的三个顶点 B、C、D 设为下一步的候补顶点。

03

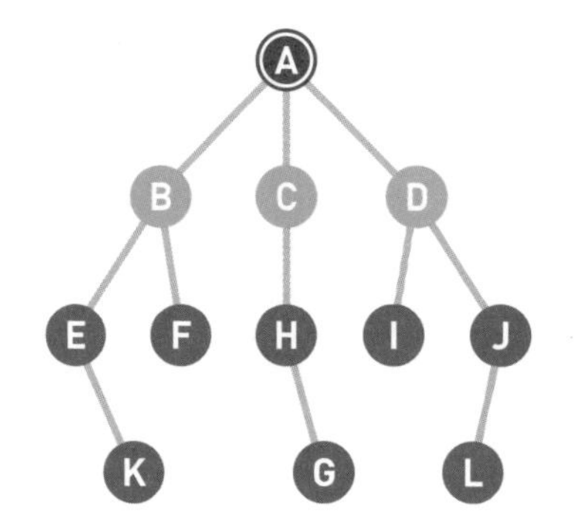

从候补顶点中选出一个顶点。优先选择最新成为候补的顶点，如果几个顶点同时成为候补，那么可以从中随意选择一个。

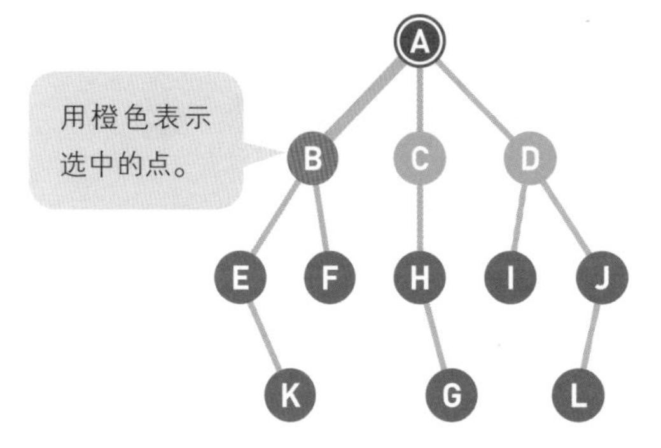

此处 B、C、D 同时成为候补，所以我们随机选择了最左边的顶点 B。

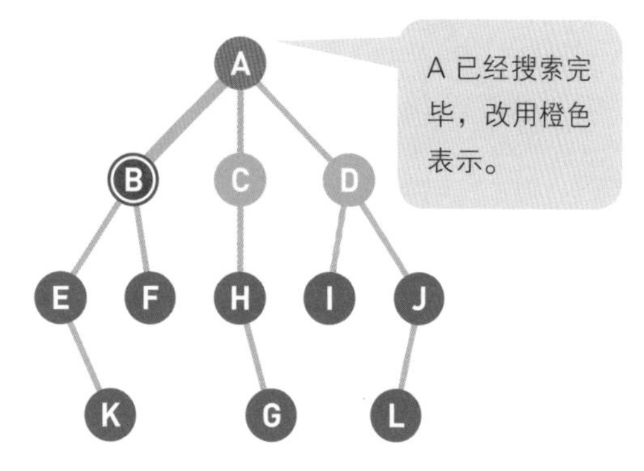

移动到选中的顶点 B 上。此时我们在 B 上，所以 B 变为红色，同时将已经搜索过的顶点变为橙色。

提示

此处，候补顶点是用“后入先出”（LIFO）的方式来管理的，因此可以使用栈这个数据结构。

▶参考：1-4 栈

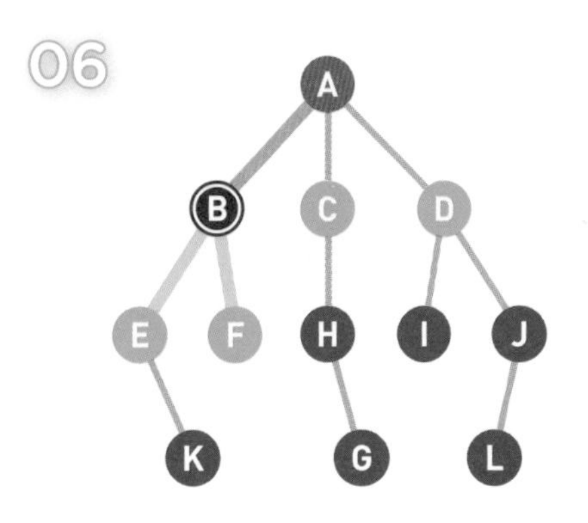

将从 B 可以直达的两个顶点 E 和 F 设为候补顶点。

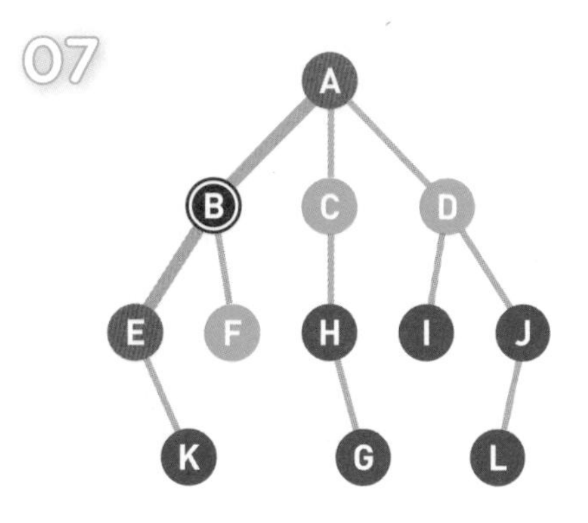

此时，最新成为候补顶点的是 E 和 F，我们选择了左边的顶点 E。

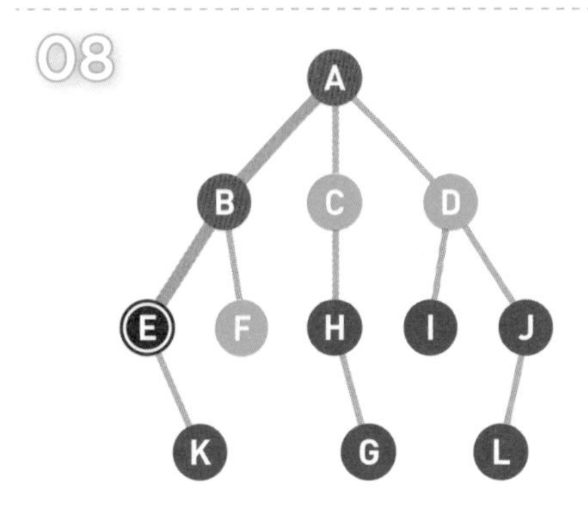

移动到选中的顶点 E 上。

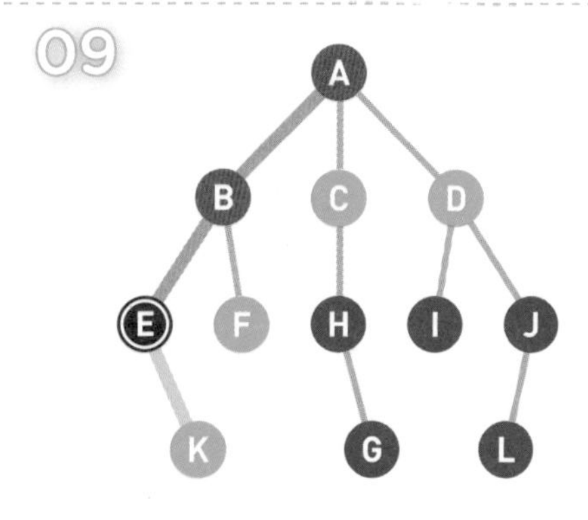

将从 E 可以直达的顶点 K 设为候补顶点。

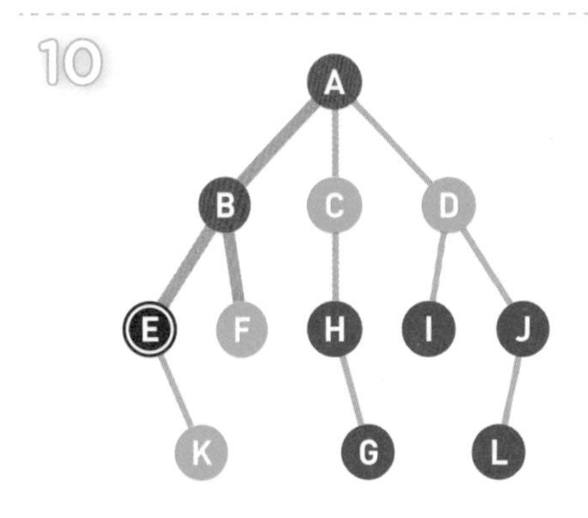

重复上述操作直到到达终点，或者所有顶点都被遍历为止。

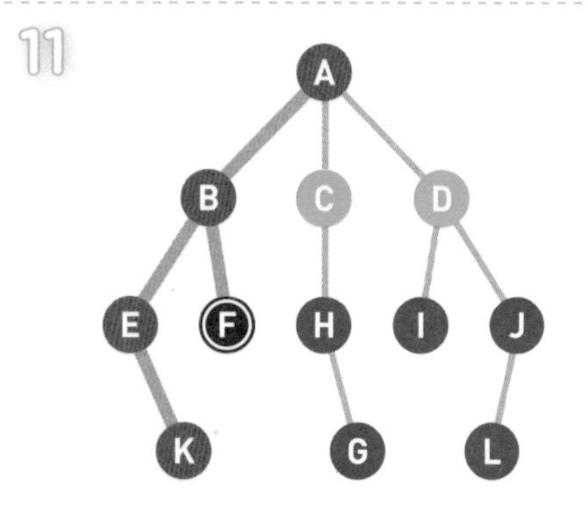

这个示例的搜索顺序为 A、B、E、K、F、C、H……

12

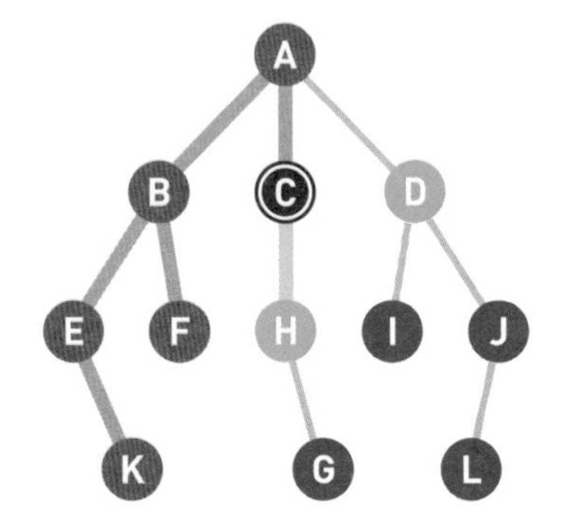

现在我们搜索到了顶点 C。

13

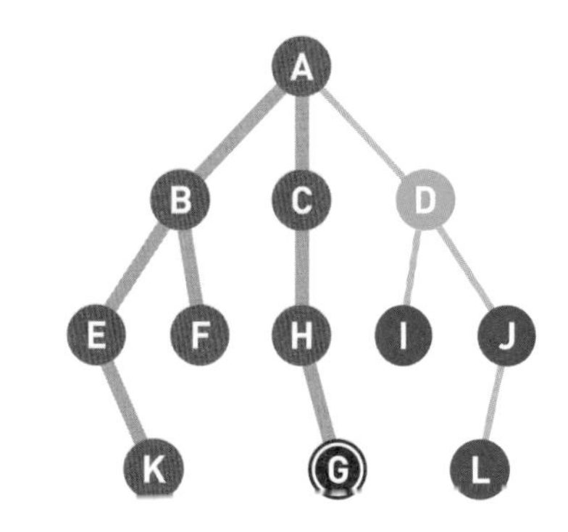

到达终点 G，搜索结束。

解说

深度优先搜索的特征为沿着一条路径不断往下，进行深度搜索。虽然广度优先搜索和深度优先搜索在搜索顺序上有很大的差异，但是在操作步骤上却只有一点不同，那就是选择哪一个候补顶点作为下一个顶点的基准。

广度优先搜索选择的是最早成为候补的顶点，因为顶点离起点越近，就越早成为候补，所以会从离起点近的地方开始按顺序搜索；而深度优先搜索选择的则是最新成为候补的顶点，所以会一路往下，沿着新发现的路径不断深入搜索。

No.
4-4 贝尔曼 – 福特算法

贝尔曼 – 福特（Bellman-Ford）算法是一种在图中求解最短路径问题的算法。最短路径问题就是在加权图指定了起点和终点的前提下，寻找从起点到终点的路径中权重总和最小的那条路径。

01

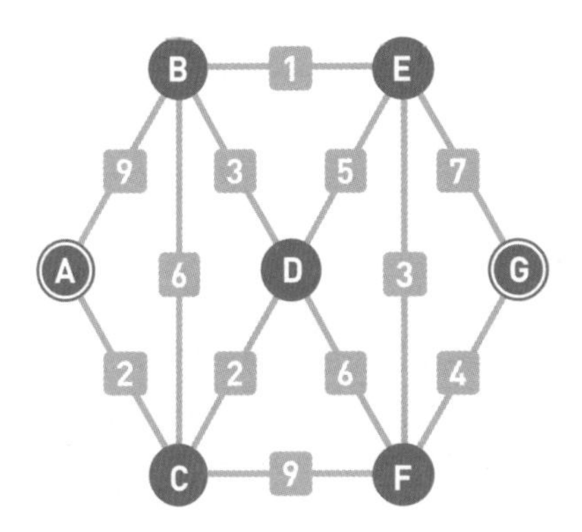

这里我们设 A 为起点、G 为终点，讲解贝尔曼 – 福特算法。

02

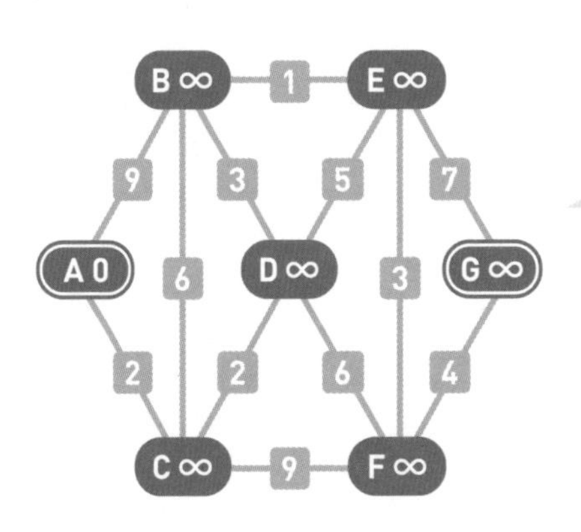

最初并不知道要走多远才能到达其他顶点（甚至不知道能否到达），因此将起点以外的顶点权重设为无穷大。

首先设置各个顶点的初始权重：起点为 0，其他顶点为无穷大（∞）。这个权重表示的是从 A 到该顶点的最短路径的暂定距离。随着计算往下进行，这个值会变得越来越小，最终收敛到正确的数值。

03

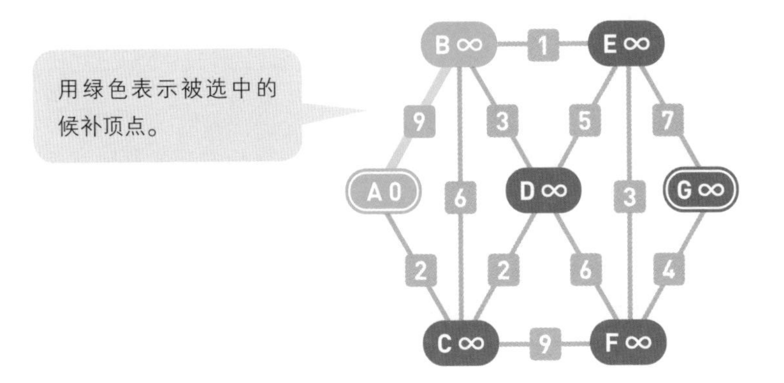

从所有的边中选出一条边，此处选择了连接 A、B 的边，记为边（A，B）。然后，分别计算这条边从一端到另一端的权重，计算方法是“顶点原本的权重 + 边的权重”。只要按顺序分别计算两个方向的权重即可，从哪一端开始都没有问题。此处我们选择按顶点权重从小到大的方向开始计算。

04

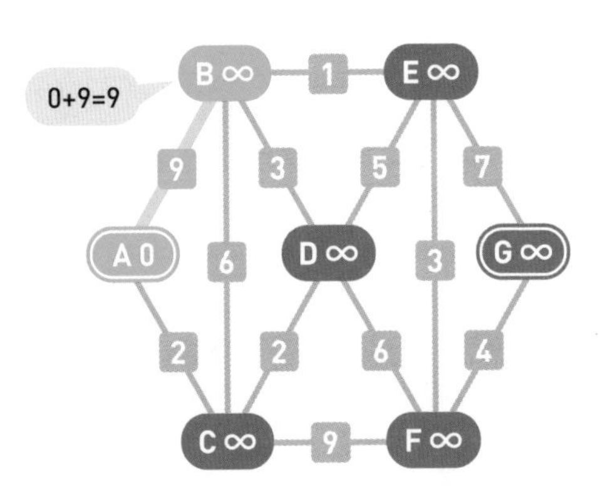

A 的权重小于 B，因此先计算从 A 到 B 的权重。A 的权重是 0，边 (A, B) 的权重是 9，因此 A 到 B 的权重是 0+9=9。

05

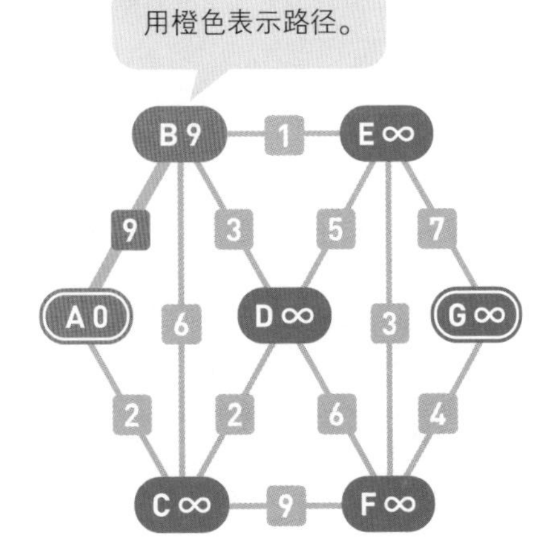

如果计算结果小于顶点的值，就更新这个值。顶点 B 的权重是无穷大，比 9 大，所以把它更新为 9。更新时需要记录计算的是从哪个顶点到该顶点的路径。

06

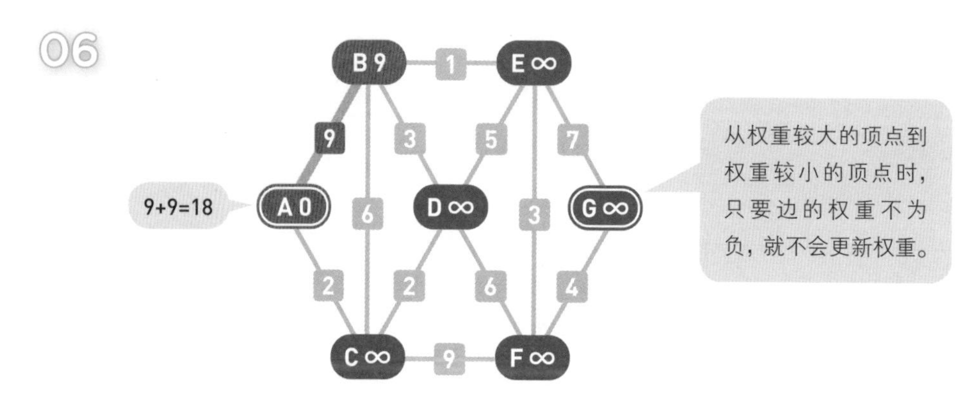

接下来计算从 B 到 A 的权重。B 的权重为 9，从 B 到 A 的权重便为 9+9=18。与顶点 A 现在的权重 0 进行比较，因为现在的值更小，所以不更新。

07

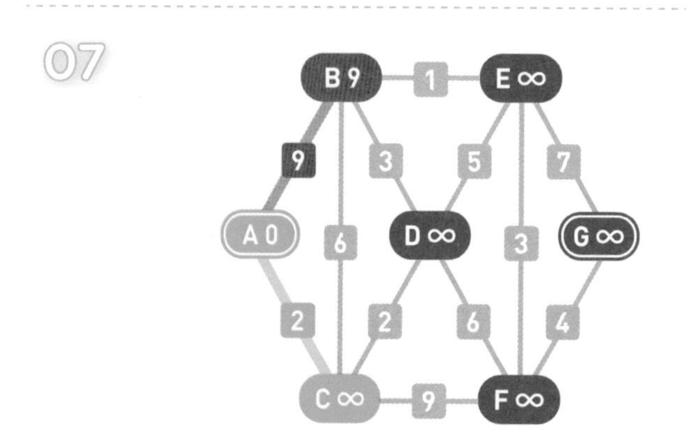

对所有的边都执行同样的操作。在执行顺序上没有特定要求，此处我们选择从靠近左侧的边开始计算。先选出一条边……

08

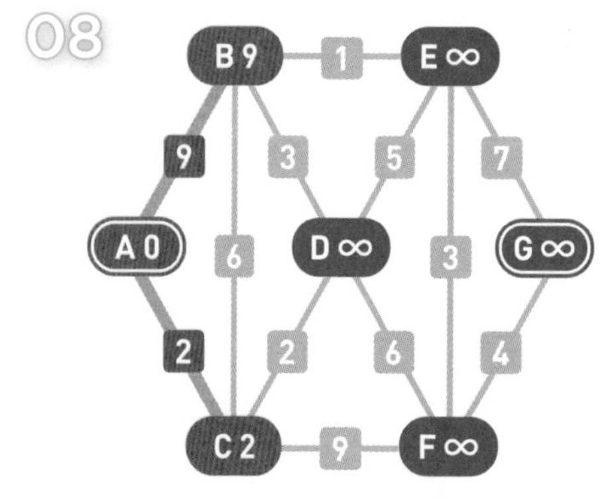

数值更新了，顶点 C 的权重变成了 2。

09

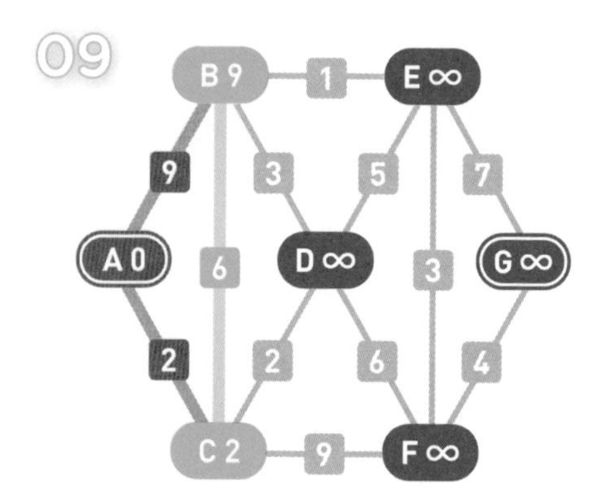

同样地，再选出一条边……

10

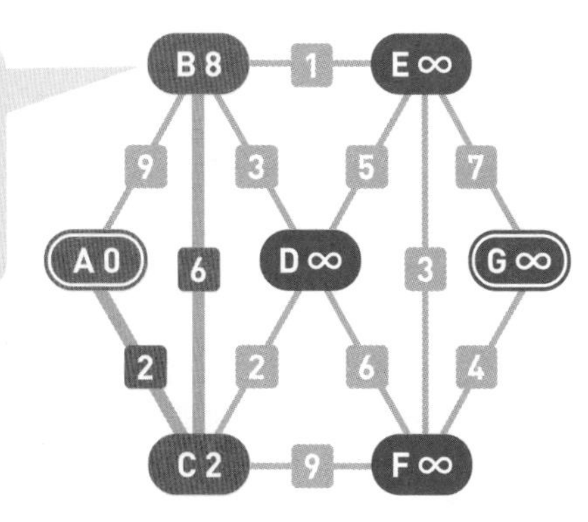

权重又更新了。此时就能看出，从顶点A前往顶点B时，比起从A直达B，在C中转一次的权重更小。

11

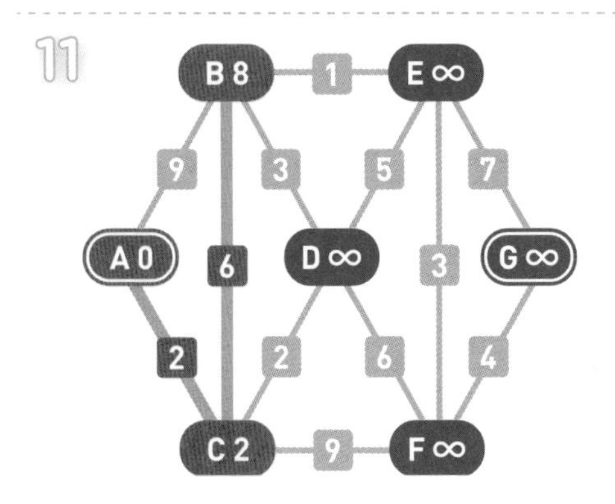

接着对所有的边进行更新操作。

12

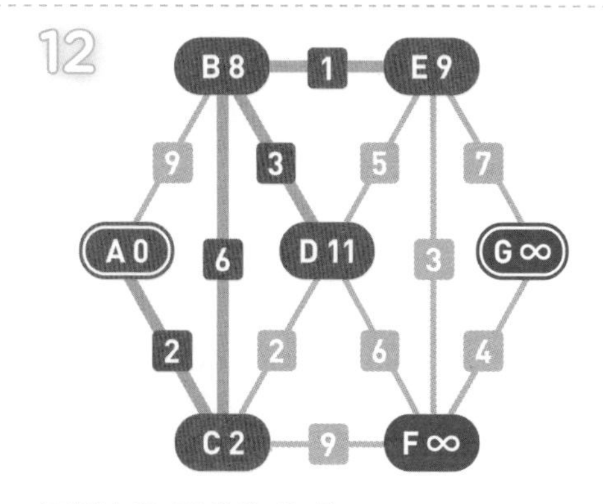

更新边(B, D)和边(B, E)。

13

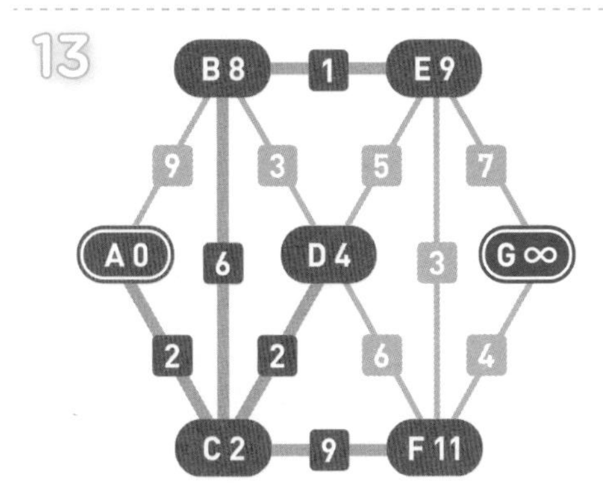

更新边(C, D)和边(C, F)。

14

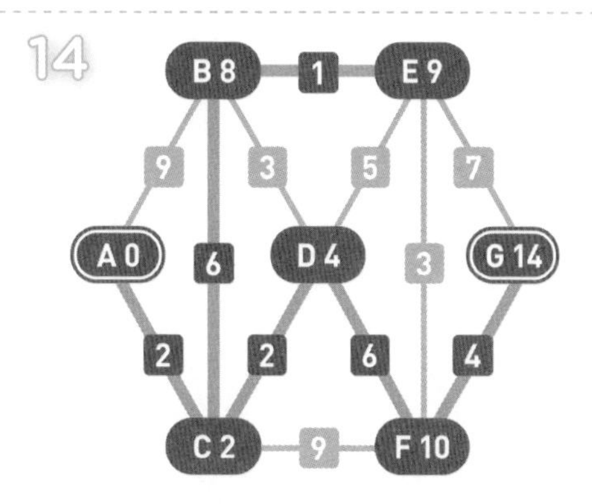

更新完所有的边后，第1轮更新就结束了。接着，重复对所有边的更新操作，直到权重不能被更新为止。

15

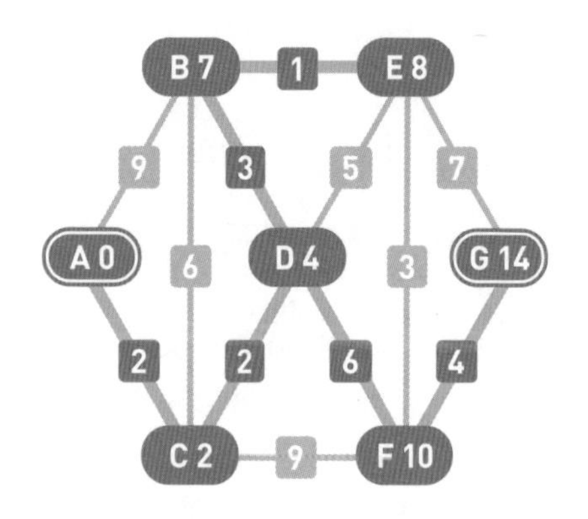

第 2 轮更新也结束了。顶点 B 的权重从 8 变成了 7，顶点 E 的权重从 9 变成了 8。接着，再执行一次更新操作。

16

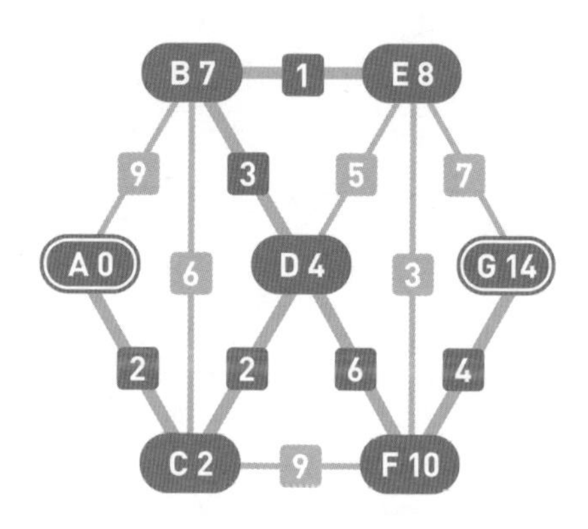

第 3 轮更新结束，所有顶点的权重都不再更新，操作到此为止。算法的搜索流程也就此结束，我们找到了从起点到其余各个顶点的最短路径。

17

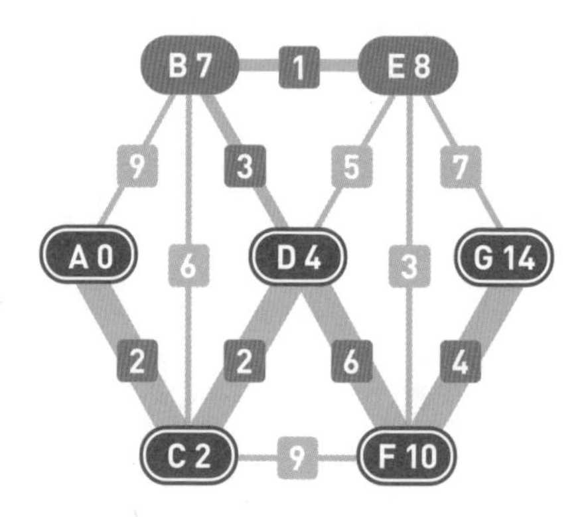

根据搜索结果可知，从起点 A 到终点 G 的最短路径是 A-C-D-F-G，权重为 14。

解说

将图的顶点数设为 n，边数设为 m，我们来思考一下贝尔曼 – 福特算法的时间复杂度是多少。该算法经过 n 轮更新操作后就会停止，而在每轮更新操作中都需要对各条边进行 1 次确认，因此 1 轮更新所花费的时间就是 $O(m)$，整体的时间复杂度就是 $O(nm)$。

为了便于说明，前面的讲解以无向图为例，但在有向图中同样可以求解最短路径问题。选出一条边并计算顶点的权重时，无向图中的计算如前文步骤 03~06 所示，两个方向都要计算，而在有向图中只按照边所指向的那个方向来计算就可以了。

补充说明

计算最短路径时，边的权重代表的通常都是时间、距离或者路费等，因此基本都是非负数。不过，即便权重为负，贝尔曼 – 福特算法也可以正常运行。

但是，如果在一个环中边的权重总和是负数，那么只要不断遍历这个环，路径的权重就能不断减小，也就是说，根本不存在最短路径。遇到这种对顶点进行 n 次更新操作后仍能继续更新的情况，就可以直接认定它“不存在最短路径”。

另外，如果使用 4-5 节将会介绍的狄杰斯特拉算法，那么当输入的权重为负时，还有可能无法得出正确的答案。

▶参考：4-5 狄杰斯特拉算法

小知识

贝尔曼 – 福特算法的名称取自其创始人理查德 · 贝尔曼和莱斯特 · 福特的名字。贝尔曼也因为提出了算法中的一个重要分类“动态规划”而被世人所熟知。

No.
4-5 狄杰斯特拉算法

与前面提到的贝尔曼 – 福特算法类似，狄杰斯特拉（Dijkstra）算法也是求解最短路径问题的算法，使用它可以求得从起点到终点的路径中权重总和最小的那条路径。

01

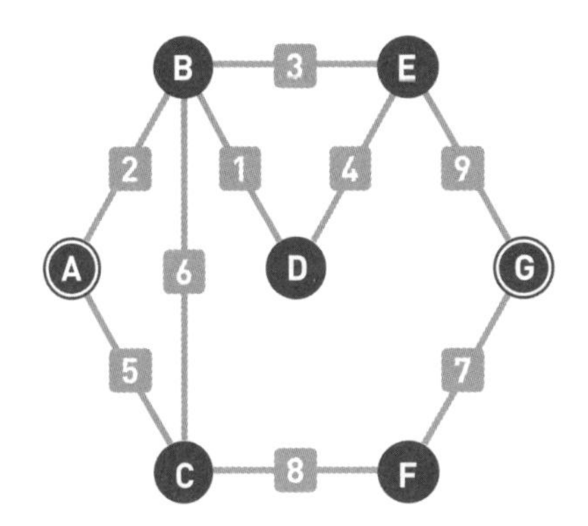

这里我们设 A 为起点，G 为终点，讲解狄杰斯特拉算法。

02

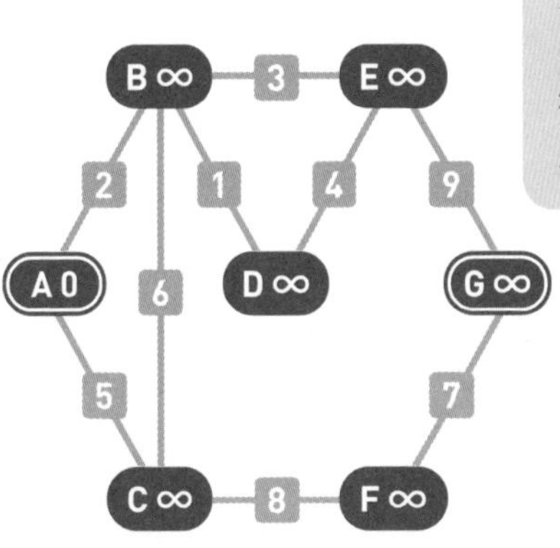

这个权重和贝尔曼 – 福特算法中顶点的权重所代表的意思一样，都是从起点到该顶点最短路径的暂定距离。

首先设置各个顶点的初始权重：起点为 0，其他顶点为无穷大（∞）。

03

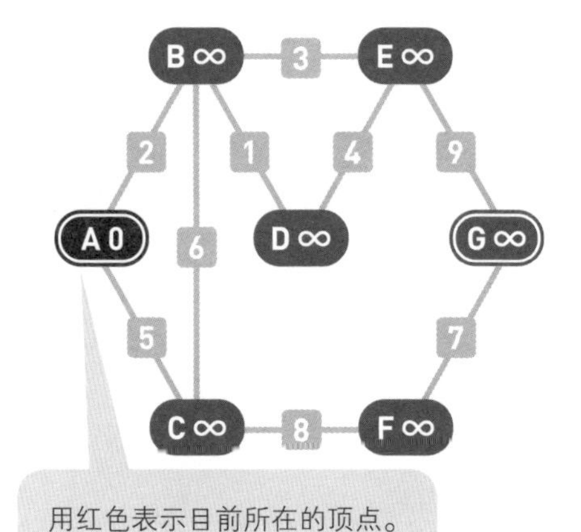

从起点出发。

04

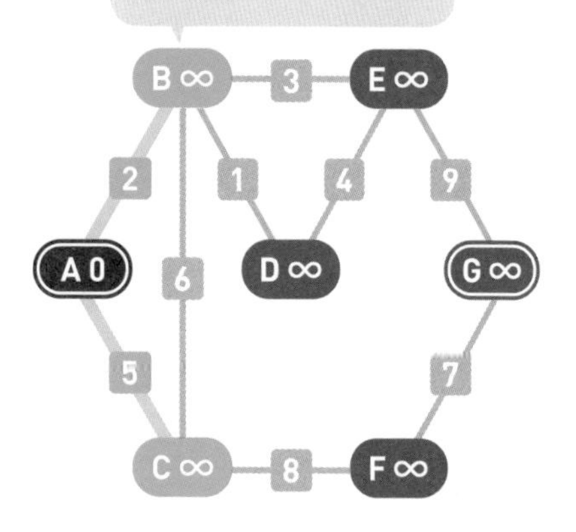

寻找从目前所在的顶点可以直达且尚未被搜索过的顶点，此处为顶点 B 和顶点 C，将它们设为下一步的候补顶点。

05

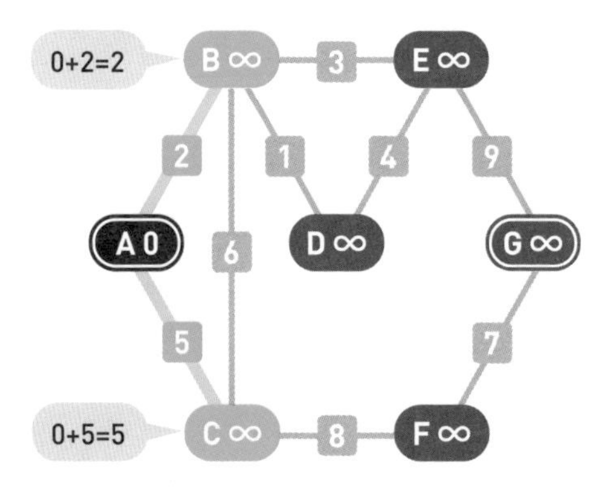

计算各个候补顶点的权重。计算方法是“目前所在顶点的权重 + 目前所在顶点到候补顶点的边的权重”。比如起点 A 的权重是 0，那么顶点 B 的权重就是 0+2=2。用同样的方法计算顶点 C 的权重，结果就是 0+5=5。

06

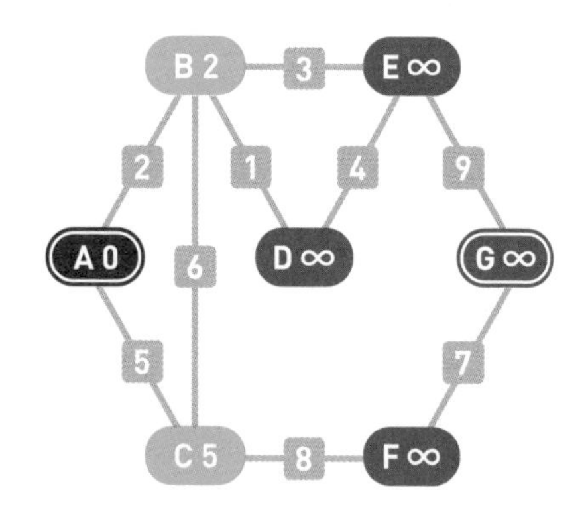

如果计算结果小于候补顶点的权重，就更新这个值。顶点 B 和顶点 C 现在的权重都是无穷大，大于计算结果，所以更新这两个顶点的值。

07

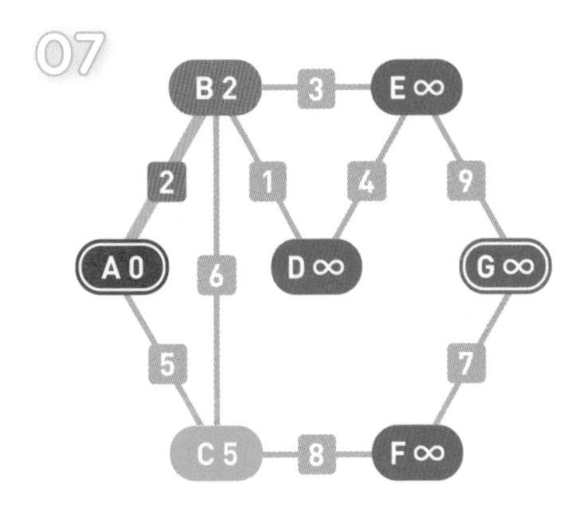

从候补顶点中选出权重最小的顶点。此处 B 的权重最小，那么路径 A-B 就是从起点 A 到顶点 B 的最短路径。因为如果要走别的路径，那么必定会经过顶点 C，其权重也就必定会高于 A-B 这条路径。

08

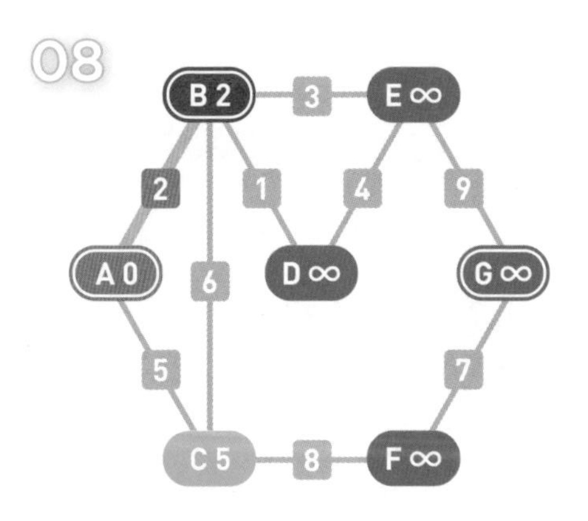

确定了最短路径，移动到顶点 B。

09

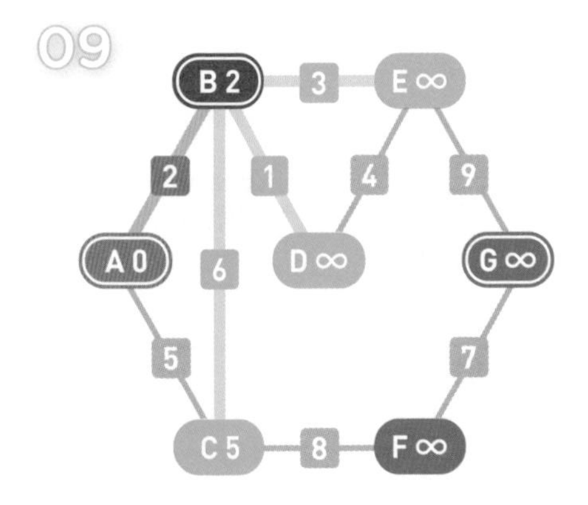

将从顶点 B 可以直达的顶点设为新的候补顶点，于是顶点 D 和顶点 E 也成为候补。目前有三个候补顶点 C、D、E。

10

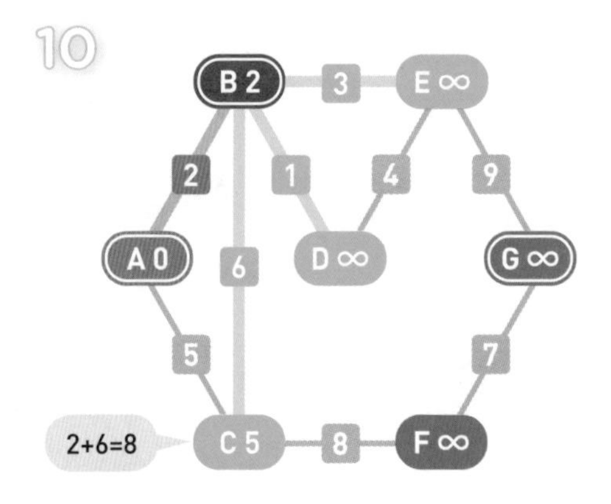

用相同的方法计算各个候补顶点的权重。从 B 到 C 的权重为 2+6=8，比 C 当前的权重 5 大，因此不更新这个值。

小知识

狄杰斯特拉算法的名称取自该算法的创始人埃德斯加·狄杰斯特拉的姓，他在 1972 年获得了图灵奖。

11

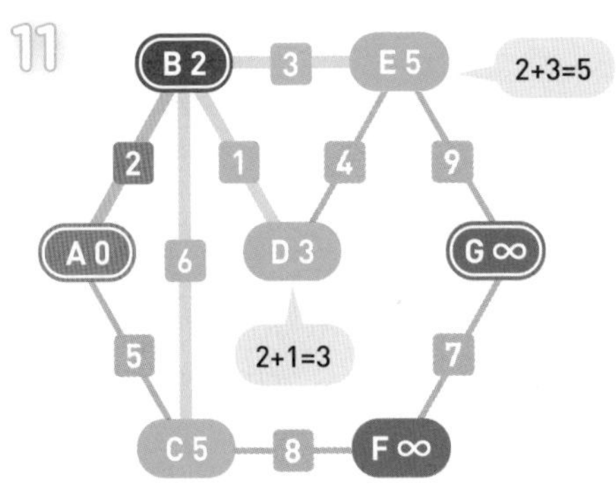

更新了剩下的顶点 D 和 E。

12

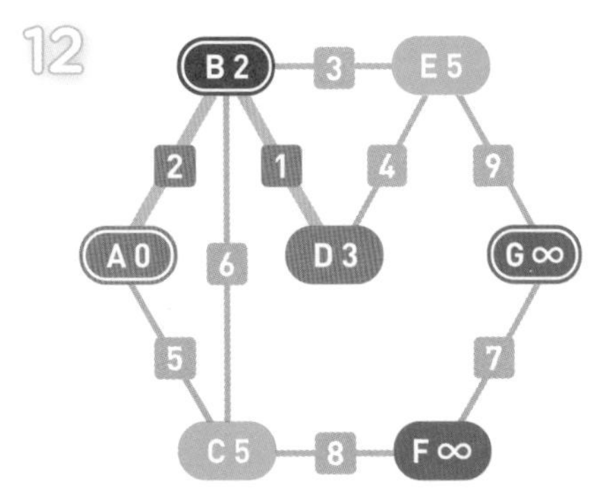

从候补顶点中选出权重最小的顶点。此处 D 的权重最小，那么路径 A B D 就是从起点 A 到顶点 D 的最短路径。

13

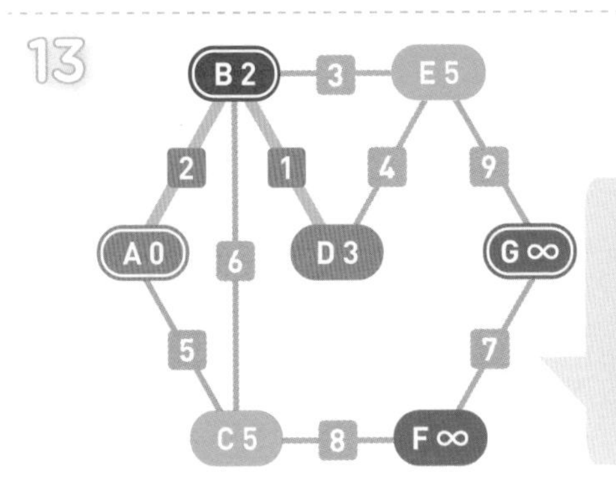

就像这样，狄杰斯特拉算法一边逐一确定起点到各个顶点的最短路径，一边对图进行搜索。

A-B-D 这条路径是通过逐步从候补顶点中选择权重最小的顶点来得到的，所以如果经过其他顶点到达 D，其权重必定会大于这条路径。

14

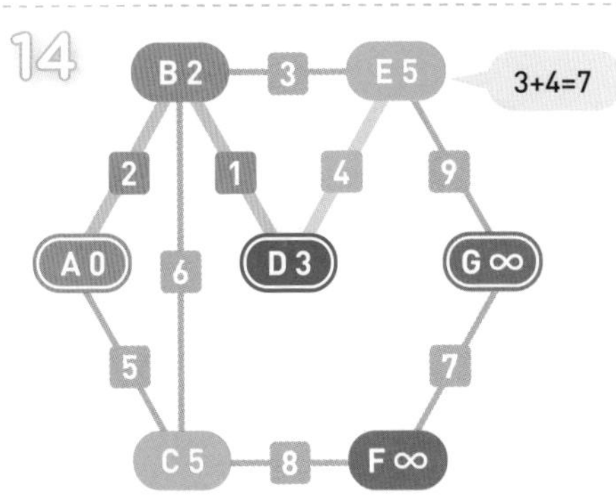

重复执行同样的操作直到到达终点 G 为止。移动到顶点 D 后计算出了 E 的权重，然而并不需要更新它（因为 3+4=7>5）。现在，两个候补顶点 C 和 E 的权重都为 5，所以选择哪一个都可以。

15

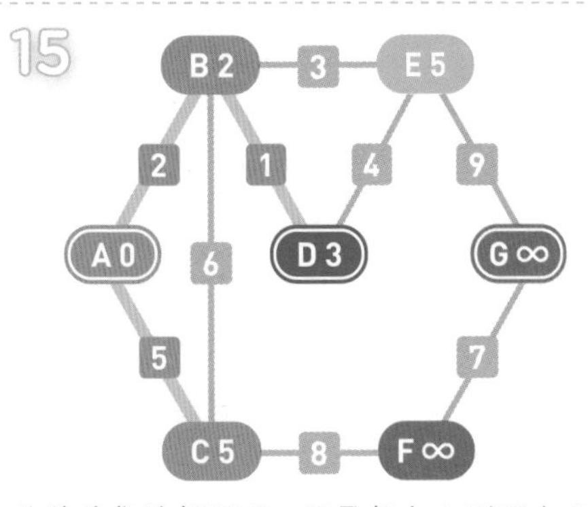

此处我们选择了 C，于是起点 A 到顶点 C 的最短路径便确定了。

16

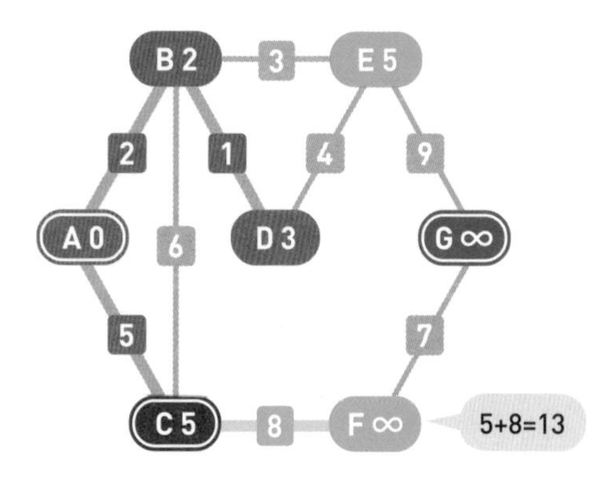

移动到 C 后，顶点 F 成为新的候补顶点，且 F 的权重被更新为 13。此时的候补顶点中，E 为 5，F 为 13，所以……

17

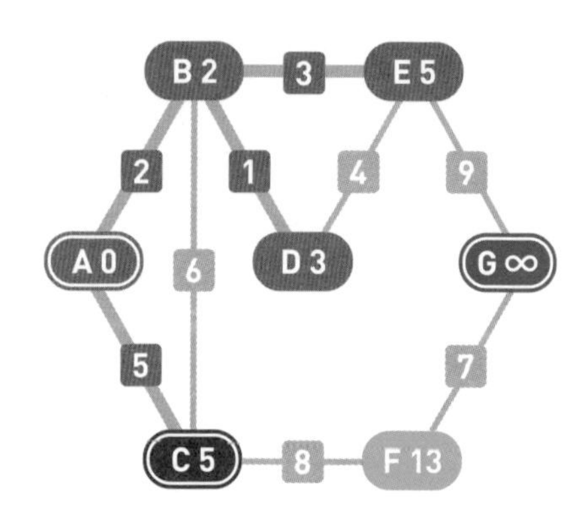

我们选择了权重更小的 E，起点 A 到顶点 E 的最短路径也就确定了下来。

18

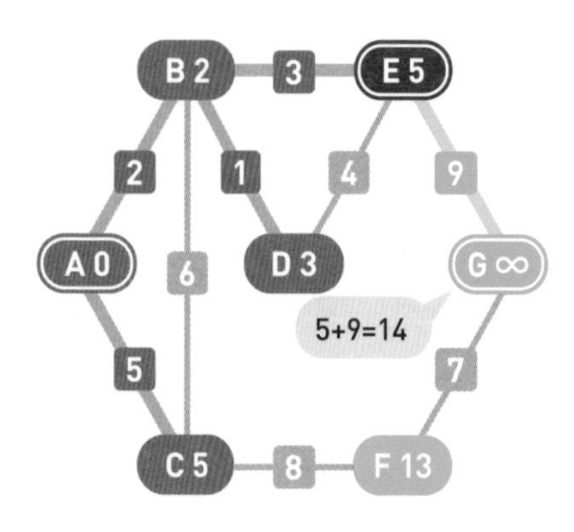

移动到 E。G 成了新的候补顶点，其权重也被更新为 14。此时的候补顶点中，F 为 13，G 为 14，所以选择了 F。由此，起点 A 到顶点 F 的最短路径也就确定了下来。

19

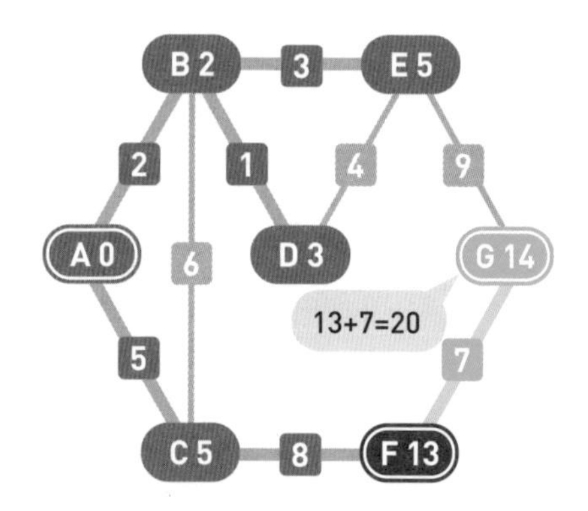

移动到 F。顶点 G 的权重计算结果为 13+7=20，比现在的值 14 要大，因此不更新它。由于候补顶点只剩 G 了，所以选择 G，并确定了起点 A 到顶点 G 的最短路径。

20

最终得到的这颗橙色的树就是最短路径树，它表示了起点到达各个顶点的最短路径。

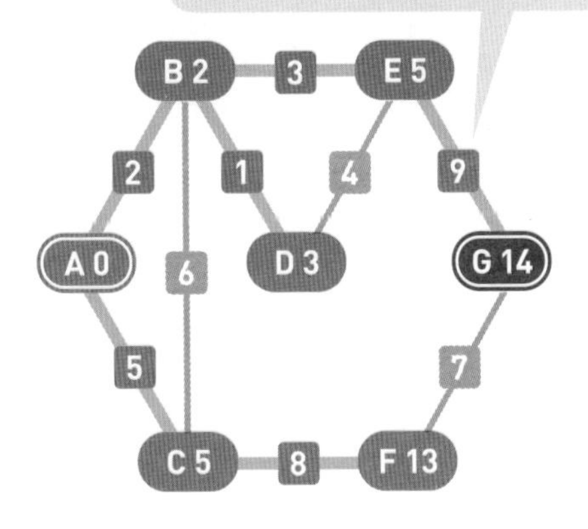

到达终点 G，搜索结束。

21

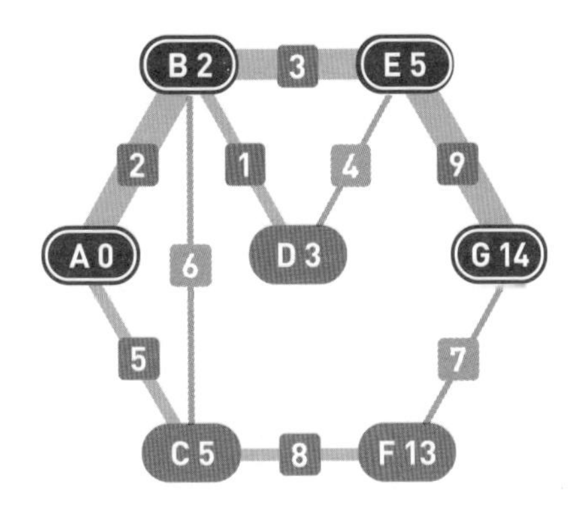

用粗线条标注的就是从起点 A 到终点 G 的最短路径。

解说

比起需要对所有的边都重复计算权重和更新权重的贝尔曼 - 福特算法，狄杰斯特拉算法多了一步选择顶点的操作，这使得它在求最短路径上更为高效。

将图的顶点数设为 n，边数设为 m，那么如果事先不进行任何处理，该算法的时间复杂度就是 $O(n^2)$。不过，如果对数据结构进行优化，那么时间复杂度就会变为 $O(m+n\log n)$。

补充说明

狄杰斯特拉算法和贝尔曼－福特算法一样，也能在有向图中求解最短路径问题。但是，如果图中含有负数权重，狄杰斯特拉算法可能会无法得出正确答案，这一点和贝尔曼－福特算法有所不同。比如右边这个图中，A-C-B-G 为正确的最短路径，权重为 4+(−3)+1=2。

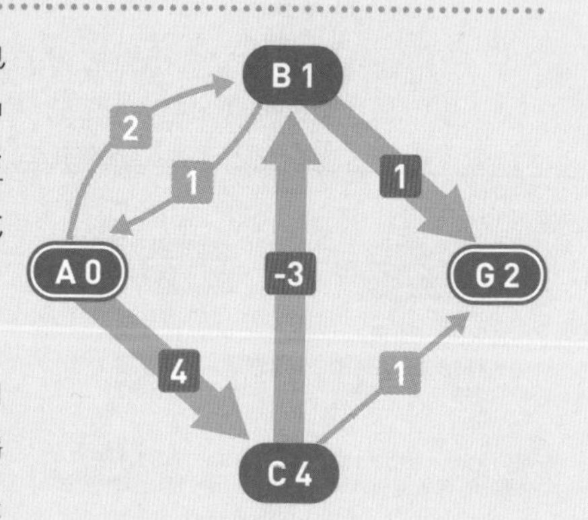

然而，如果用狄杰斯特拉算法来求解，得到的却是下面这样的最短路径树。从起点 A 到终点 G 的最短路径为 A-B-G，权重为 3。这个答案显然是错误的。

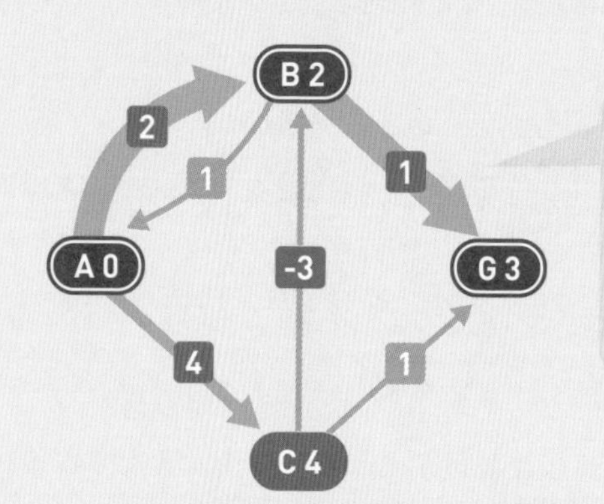

最初 B 和 C 成为候补顶点时，B 的权重更小，因此确定了 A-B 路径。但是，因为有负数权重，所以实际上 A-C-B 路径的整体权重更小。只是狄杰斯特拉算法一开始还不知道 C-B 路径的存在，导致出现了错误。

4-4 节中讲过，如果环中有负数权重，就不存在最短路径。贝尔曼－福特算法可以直接认定不存在最短路径，但在狄杰斯特拉算法中，即便不存在最短路径，它也会算出一个错误的最短路径来。因此，有负数权重时不能使用狄杰斯特拉算法。

总的来说，在不存在负数权重时，更适合使用效率较高的狄杰斯特拉算法，而存在负数权重时，即便较为耗时，也应该使用可以得到正确答案的贝尔曼－福特算法。

▶参考：4-4 贝尔曼－福特算法

No. 4-6 A* 算法

A*（A-Star）算法也是一种在图中求解最短路径问题的算法，由狄杰斯特拉算法发展而来。狄杰斯特拉算法会从离起点近的顶点开始，按顺序求出起点到各个顶点的最短路径。也就是说，一些离终点较远的顶点的最短路径也会被计算出来，但这部分其实是无用的。与之不同，A* 会预先估算一个值，并利用这个值来省去一些无用的计算。

01

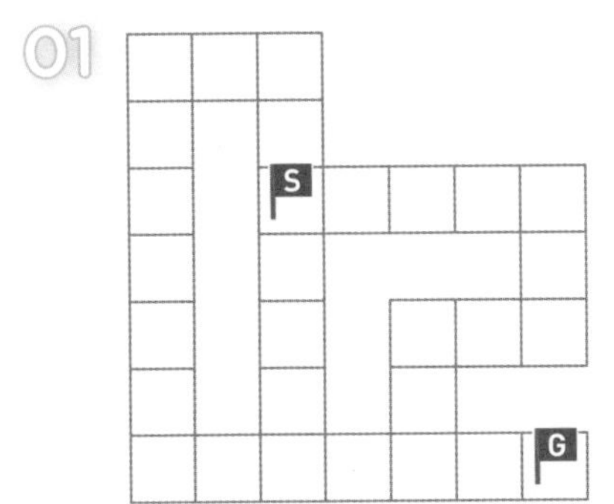

首先，试着用狄杰斯特拉算法来求该迷宫中的最短路径吧。

02

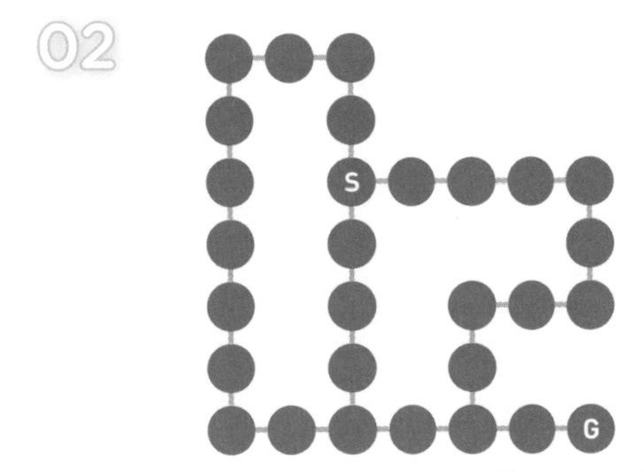

将迷宫看作一个图，其中每个方块都是一个顶点，各顶点间的距离（权重）都为 1。

03

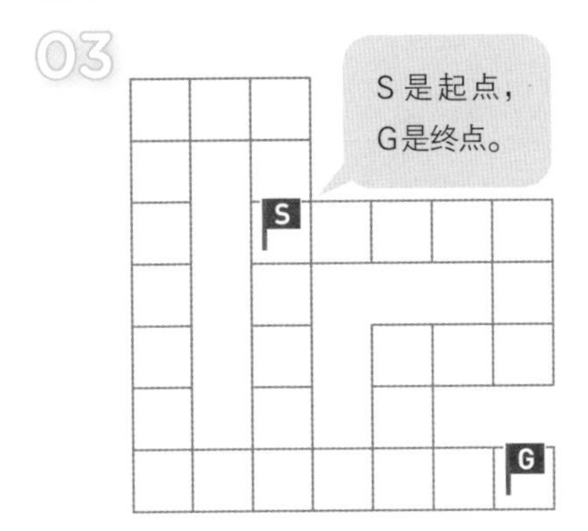

以这个设定为前提，用狄杰斯特拉算法求最短路径。

04

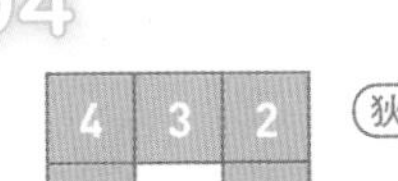

用狄杰斯特拉算法求最短路径的结果如上图所示，方块中的数字表示从起点到该顶点的距离（权重），蓝色和橙色的方块表示搜索过的区域，橙色方块同时还表示从 S 到 G 的最短路径。

05

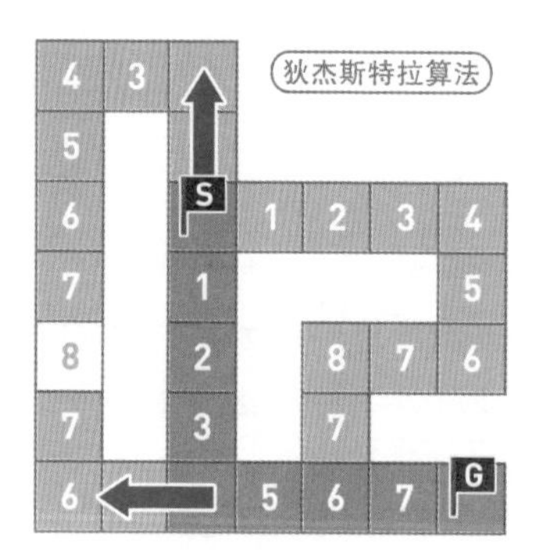

狄杰斯特拉算法只根据起点到候补顶点的距离来决定下一个顶点。因此，它无法发现蓝色箭头所指的这两条路径其实离终点越来越远，同样会继续搜索。

06

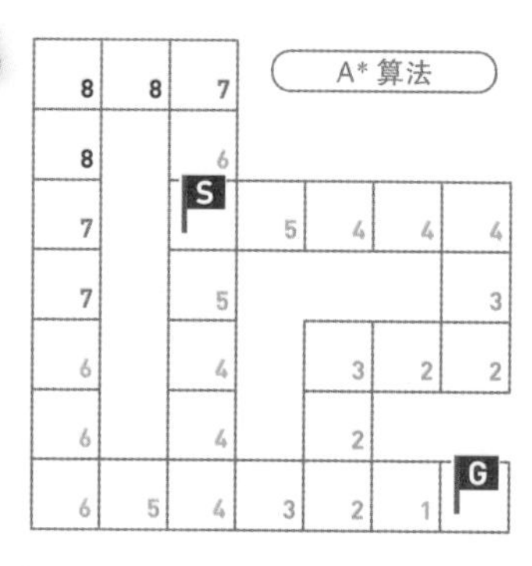

而 A* 算法不仅会考虑从起点到候补顶点的距离，还会考虑从当前所在顶点到终点的估算距离。这个估算距离可以自由设定，此处我们使用的是将顶点到终点的直线距离四舍五入后的值。

07

A* 算法

接下来，就试着用 A* 算法来求解吧。首先把起点设为搜索完毕状态。搜索完的点都用蓝色表示。

08

A* 算法

所在顶点到起点的实际距离，再加上该顶点到终点的距离估算值，就是从起点到终点的估算距离。

分别计算起点周围每个顶点的权重。计算方法是“从起点到该顶点的距离（方块左下）+ 从该顶点到终点的距离估算值（方块右下）”。

提示

如步骤 06 中方块右下角的数字所示，由人工预先设定的估算距离被称为“距离估算值”。如果事先根据已知信息设定合适的距离估算值，再将它作为启发信息辅助计算，搜索就会变得更加高效①。这里我们只知道终点所在位置，不知道该如何通往终点，所以使用了直线距离。

① 因此，这样的算法也被称为启发式算法。——编者注

09

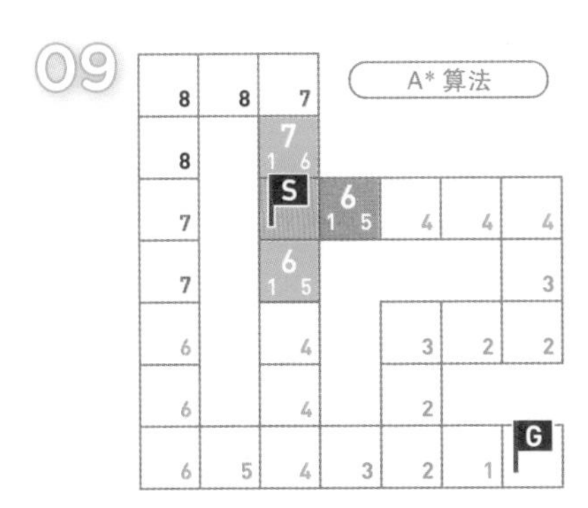

选择一个权重最小的顶点，用橙色表示。

10

A* 算法

将选择的顶点设为搜索完毕状态。

11

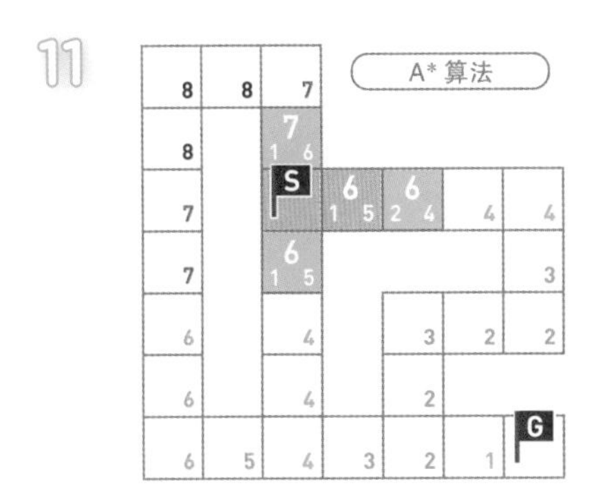

计算搜索完毕的顶点到下一个顶点的权重。

12

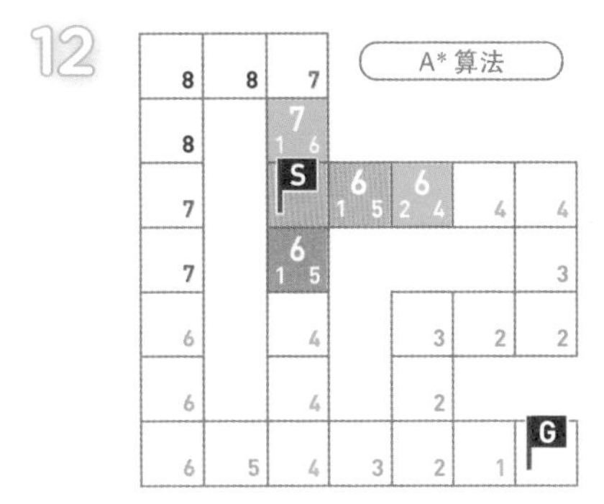

选择权重最小的一个顶点。

13

A* 算法

将选好的顶点设为搜索完毕状态。之后重复上述操作，直到到达终点为止。

14

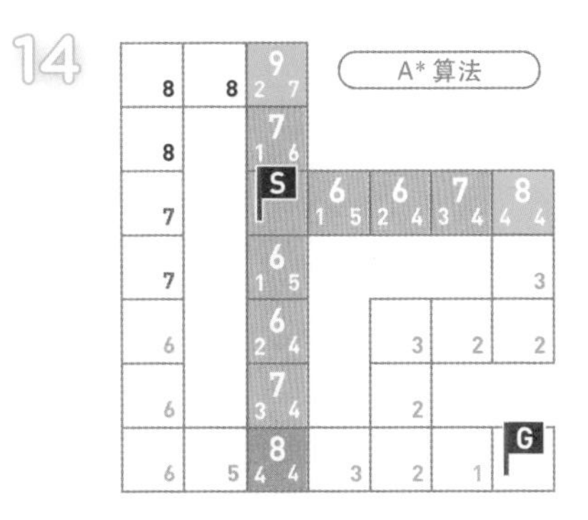

搜索中……

15

可以看出，基本不会去计算离终点太远的区域。

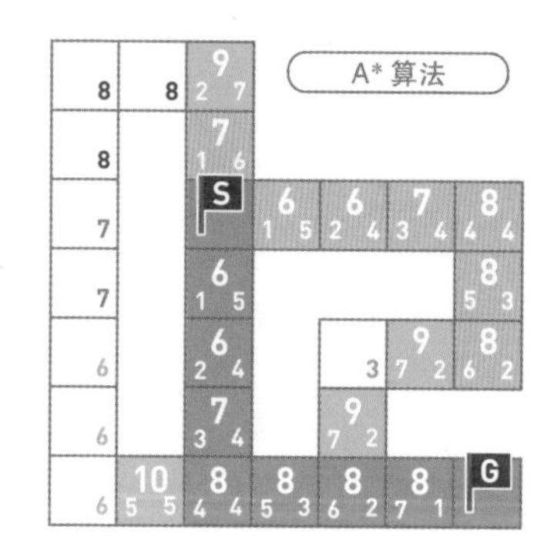

搜索完毕。该算法的效率比狄杰斯特拉算法高了很多。

解说

如果我们能得到一些启发信息，即各个顶点到终点的大致距离（这个距离不需要是准确的值），我们就能使用 A* 算法。当然，有时这类信息是完全无法估算的，这时就不能使用 A* 算法。

距离估算值越接近当前顶点到终点的实际值，A* 算法的搜索效率就越高；反之，如果距离估算值与实际值相差较大，那么该算法的效率可能会比狄杰斯特拉算法还要低。如果差距再大一些，甚至可能无法得到正确答案。

不过，当距离估算值小于实际距离时，是一定可以得到正确答案的（只是如果没有设定合适的距离估算值，效率会变低）。

应用示例

A* 算法在游戏编程中经常被用于计算敌人追赶玩家时的行动路线等，但由于该算法的计算量较大，所以可能会使游戏整体的运行速度变慢。因此在实际编程时，需要考虑结合其他算法，或者根据具体的应用场景做出相应调整。

No.

4-7 克鲁斯卡尔算法

克鲁斯卡尔（Kruskal）算法是一种用在图上，求最小生成树的算法。其思想是，当给定一个边被赋予了权重的加权图时，从图中选择边，并且只用选定的边连接所有顶点，同时要确保所选边的权重之和为最小。

参考：4-1 什么是图

01

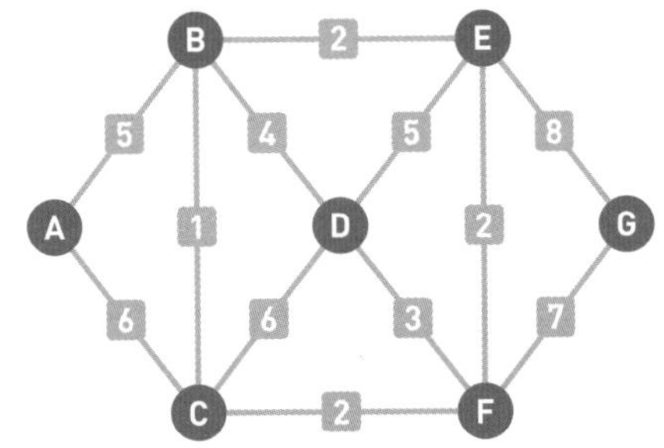

请看上方，已经输入了一个图。未被选中的边以灰色表示。一开始没有任何一条边被选中。

02

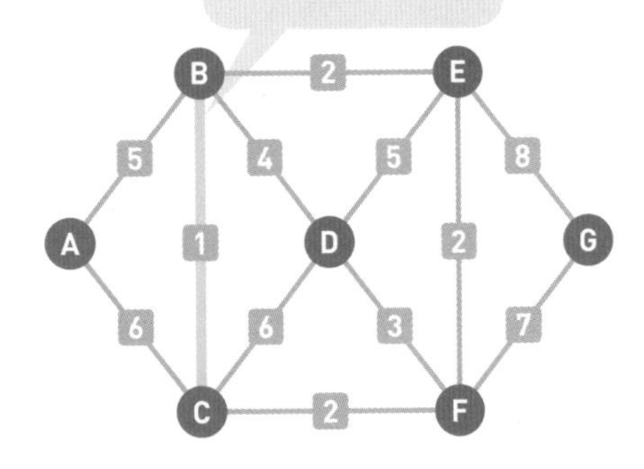

选择权重最小的边 (B, C) 作为候补。

03

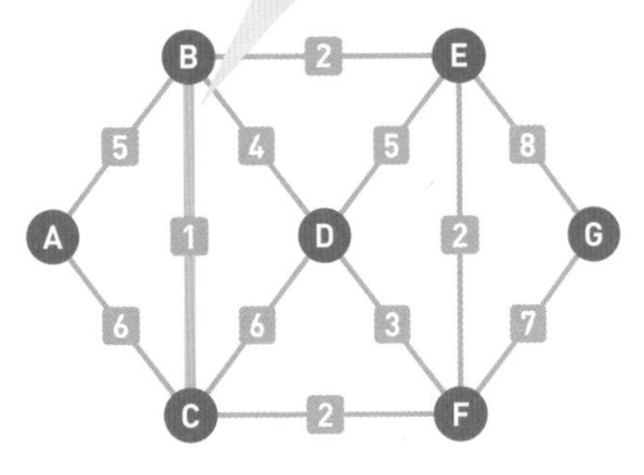

选择这条边可以使顶点 B 与顶点 C 相连。这样选择也不会产生环，所以确定当前选择（关于环，请参考 4-2 节的内容）。

参考：4-2 广度优先搜索

04

在余下的边中，选择权重最小的边 (E, F) 作为候补。注意，如果存在多条边权重相同的情况，任意一条均可作为候补。

05

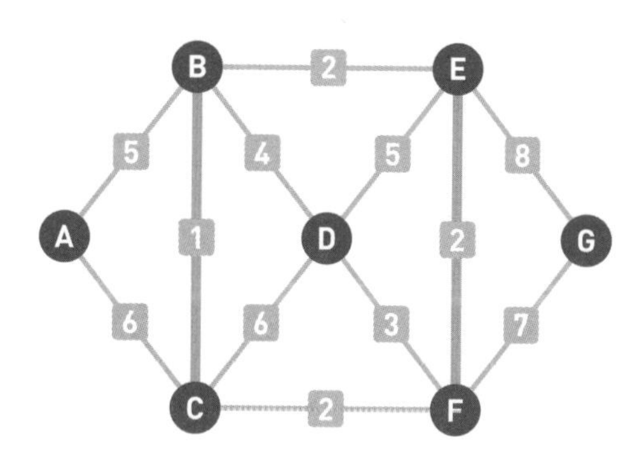

选择边 (E, F) 也不会产生环，所以确定当前选择。

06

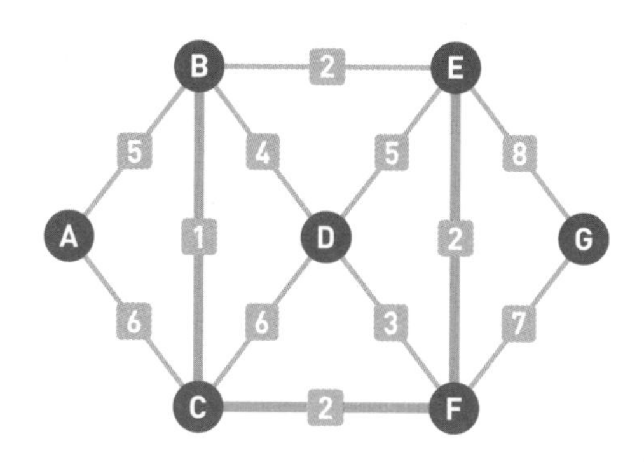

同样，也选择边 (C, F)。

07

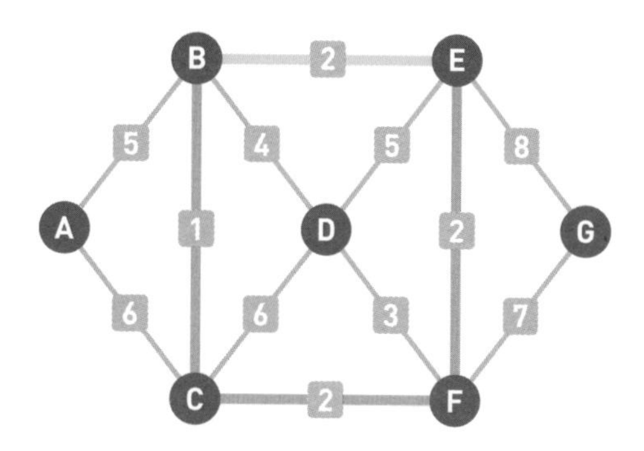

接下来，边 (B, E) 成为候补。

08

确定不选的边以淡蓝色表示。

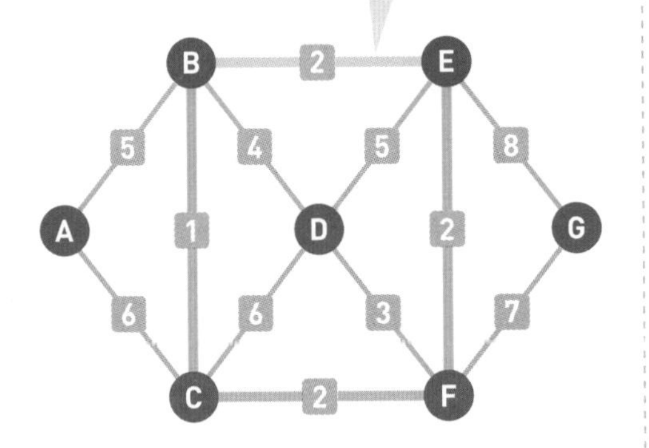

这样选择会产生环，所以不选。

09

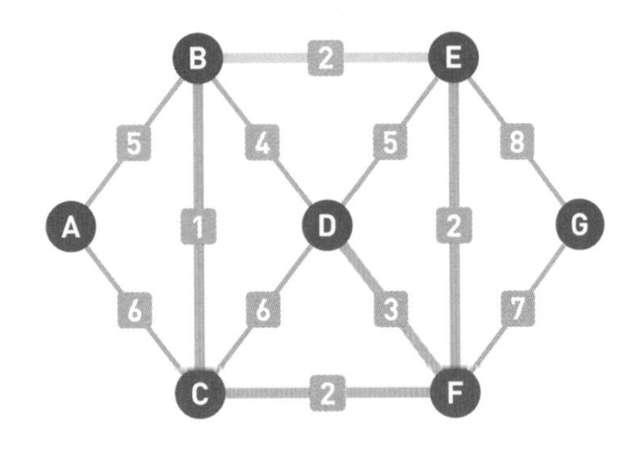

以同样的方式继续，选择边 (D, F)。

10

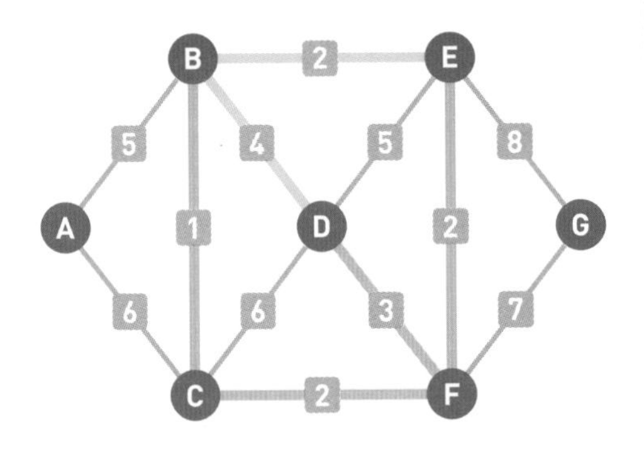

下一步，选择边 (B, D) 会产生环，所以不选。

11

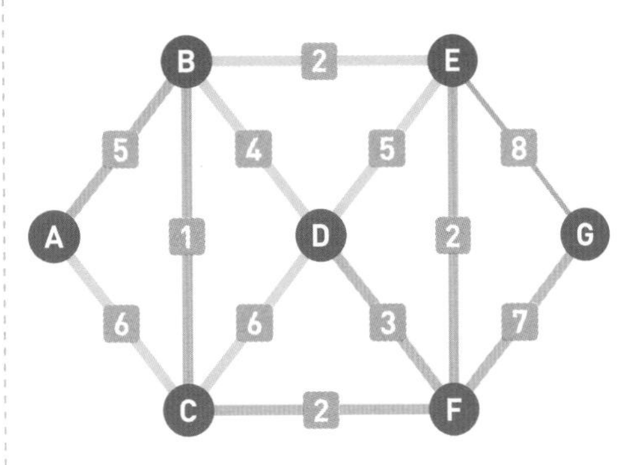

继续以同样的方式不断操作，到边 (F, G) 被选中的步骤时，所有的顶点都已经相连。在当前步骤，被选中的橙色边就是解。

小知识 该算法的名称，取自其创始人约瑟夫·克鲁斯卡尔的姓。

解说

由于问题的条件是“连接所有顶点”，所以即便所选的边构成了环也没关系。不过，要是所选的边构成了环，即使从中拿掉一条，顶点在整体上仍旧是连在一起的，那就说明被拿掉的边完全是多余的。最后，剩下的边就构成了一颗“树”。

连接所有顶点的边的集合称作“生成树”。求出的解是权重最小的生成树，所以被称为“最小生成树”。

最小生成树不一定是唯一的。正如 04 的说明，当候补边存在多条时，具体求出的是哪一棵树，取决于所选的是哪一条边。比如在 04 中，我们没有选择边 (E, F)，而选择了边 (B, E) 的话，最终会求出一个与 11 的图完全不同的最小生成树。

克鲁斯卡尔算法在没有多余（即不产生环）的限定下，从权重最小的边依次向上选择。由于算法的特性是选择当前最优，因此也被称为“贪婪算法”或“贪心算法”。在最小生成树问题中，贪心算法可以求出最优解，但在其他问题中就不见得能够如此了。

设输入图的顶点数为 n，边数为 m。算法会依次查看每一条边，所以会重复 m 次操作。据此，考虑时间复杂度为 $O(m)$，但事实并非如此。首先，由于是按权重从小到大的顺序查看边，所以必须按权重从小到大的顺序对边进行排序。因此，作为预处理，需要 $O(m\log m)$ 的计算时间。

同时，在决定候补边的时候，还必须确认选择该边是否会导致环产生。每次都检查环的产生与否，会耗费更多的时间，不过通过使用一种被称为“并查集”的高级数据结构及操作该数据结构的并查集算法，就可以在 $O(m\log n)$ 时间内完成整个过程。由于 $m \geqslant n$，故整体的时间复杂度为 $O(m\log m)$。

应用示例

最小生成树被用在互联网环境下的路由器确认转发路径的算法中。

No.

4-8 普里姆算法

普里姆（Prim）算法与克鲁斯卡尔算法类似，也是用于求解图的最小生成树的一种算法。

01

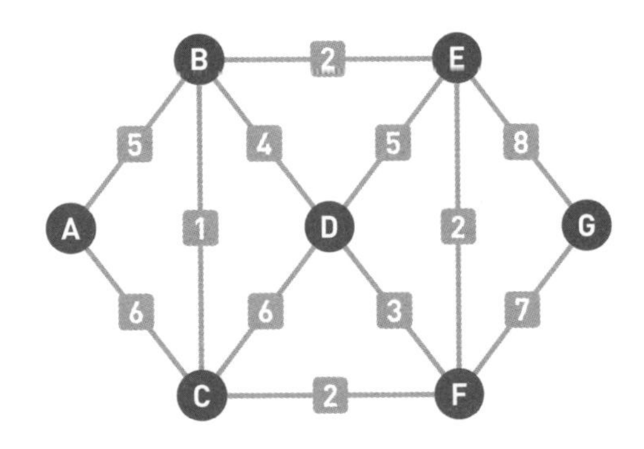

让我们来看看，与 4-7 节同样的输入图，普里姆算法是怎样求解的。未被选中的边以灰色表示。一开始没有任何一条边被选中。

02

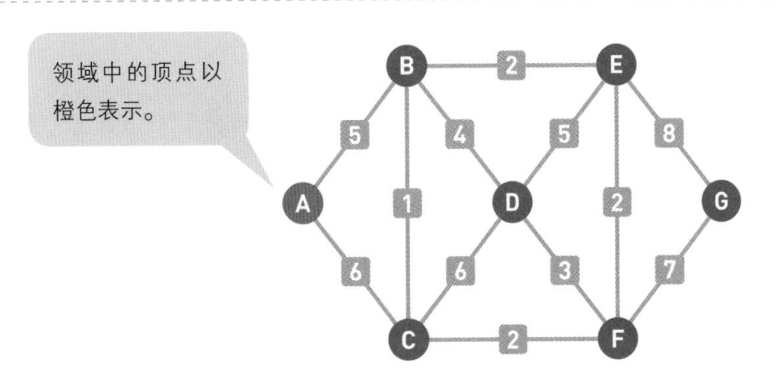

这种算法考虑了一种“领域”。首先选择一个顶点，并将其加到领域中。这里，我们假设顶点 A 已被加进领域。

03

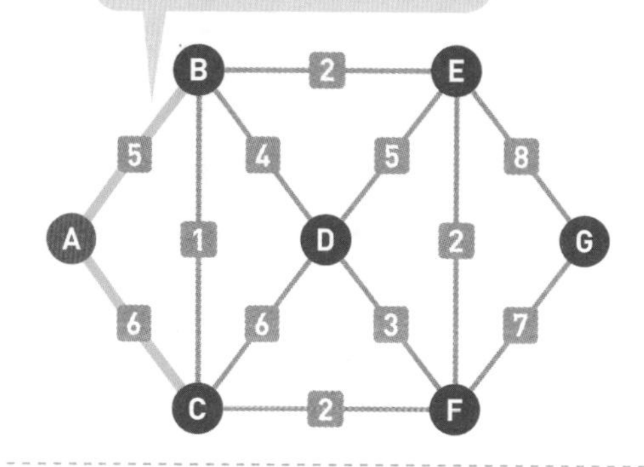

下一步，将连接领域与其外部的所有边作为候补。这里，作为候补的是边 (A, B) 和边 (A, C)。

04

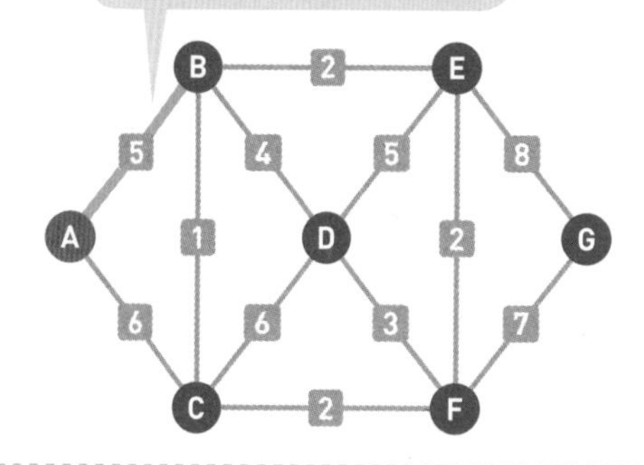

在候补之中，选择权重最小的边。这里，我们选择了边 (A, B)。另外，如果存在多条权重最小的边，任选一条即可。

05

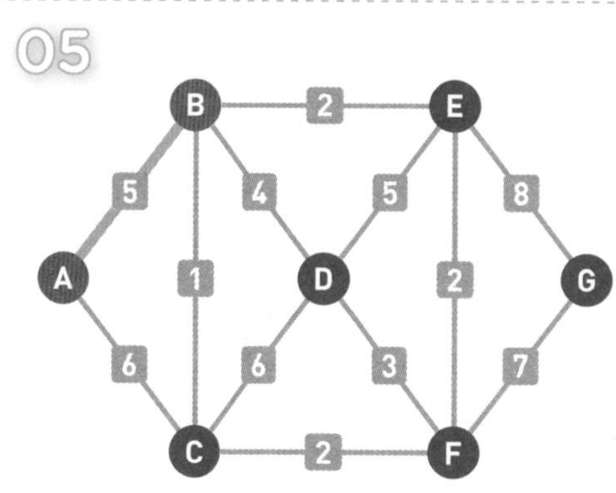

领域外的顶点 B 已和领域内的顶点 A 相连，所以将顶点 B 纳入领域。

06

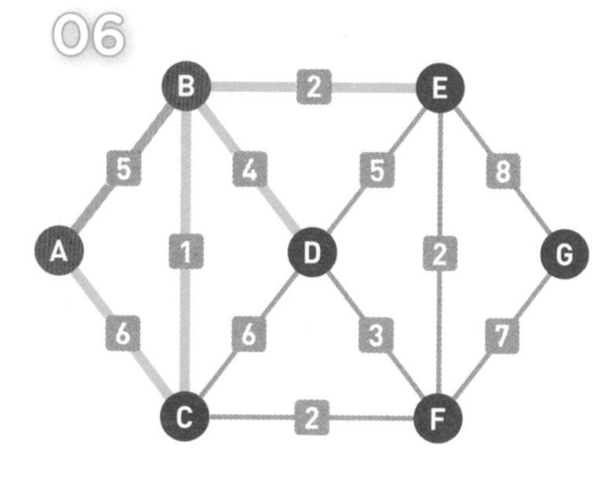

同样，将连接领域内外的边作为候补选出……

07

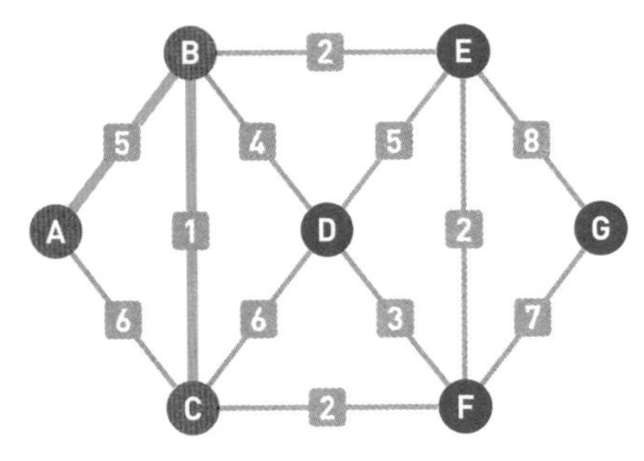

选择当中权重最小的边 (B, C)。将顶点 C 纳入领域。

08

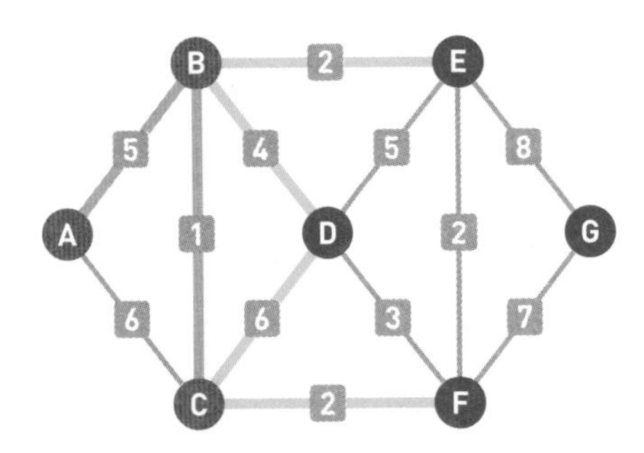

以相同的方式，将连接领域内外的边作为候补选出……

09

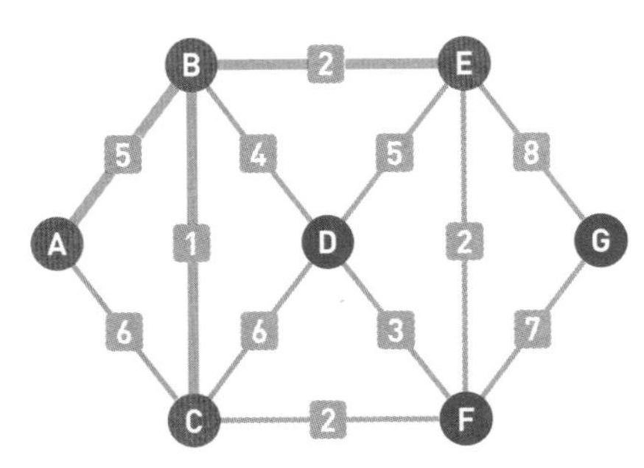

选择权重最小的边 (B, E)，将顶点 E 纳入领域（存在多条权重最小的边时，任选一条即可）。

小知识

该算法的名称，取自其创始人罗伯特·普里姆的姓。

10

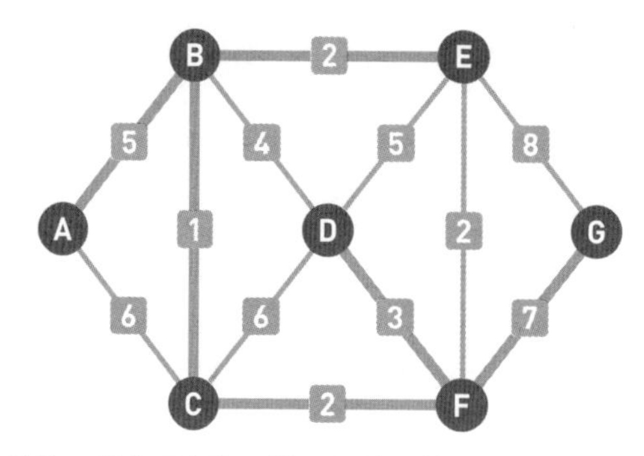

以同样的方式继续下去，最终，所有顶点均已纳入领域。算法到此执行完毕。当前步骤，被选中的橙色边就是解。

解说

普里姆算法与克鲁斯卡尔算法一样，即使是同一个输入图，也会求出不同的最小生成树。正如 04 所说，当候补边存在多条时，具体求出的是哪一棵树，取决于所选的是哪一条边。比如在 09 的状态中，接下来的候补有边（C, F）与边（E, F），我们在这里选择了边（C, F），但如果选择的是边（E, F），会求出一个与 10 完全不同的最小生成树。

无论是克鲁斯卡尔算法还是普里姆算法，所有顶点在最初时都是散乱的，通过不断地选择边，顶点逐渐互连起来。克鲁斯卡尔算法是从一个顶点开始，逐渐连通图中的所有顶点，就像一个小块（称作“连通分量”）慢慢长成大块。而普里姆算法是从“领域”中的初始顶点开始，逐一将其他顶点纳入领域，使连通分量不断变大。

普里姆算法在选边时，是选择连接领域与其外部的最优（权重最小）边，所以普里姆算法也是一种贪心算法。

设输入图的顶点数为 n，边数为 m。普里姆算法的时间复杂度，取决于连接领域内与领域外的边的管理方法，以及从这些边中选择最小权重边的方法。对于一个简单的实现，时间复杂度为 $O(nm)$；对于使用了精心设计的数据结构的实现，时间复杂度为 $O(m \log n)$。

▶参考：4-7 克鲁斯卡尔算法

No.
4-9 匹配算法

没有公共顶点的边的集合称作“匹配”。匹配意味着为顶点配对。本节我们以二分图为例，看看其中两组不同顶点之间关系中的匹配。

01

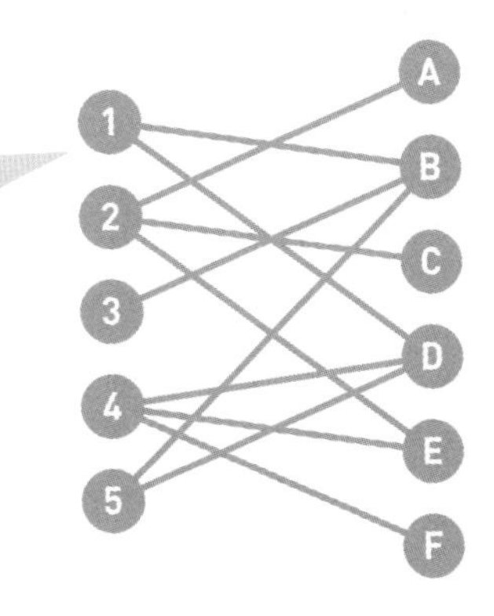

如图所示，顶点被分为左、右两组，不管哪条边均与左、右两侧的顶点相连，这样的图就是“二分图”。

02

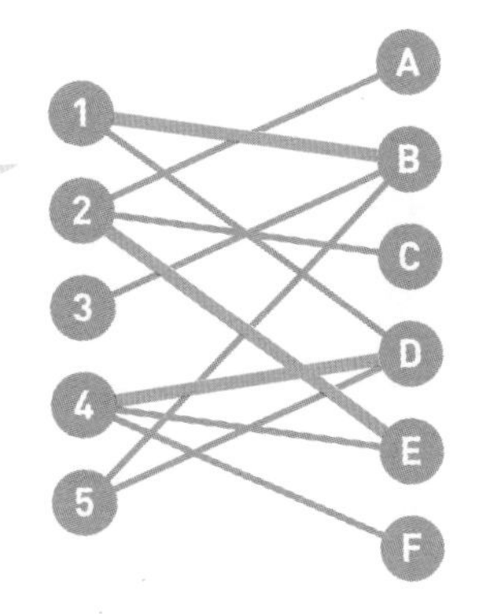

没有公共顶点的边的集合称作“匹配”。图中橙色边的集合就是匹配。

03

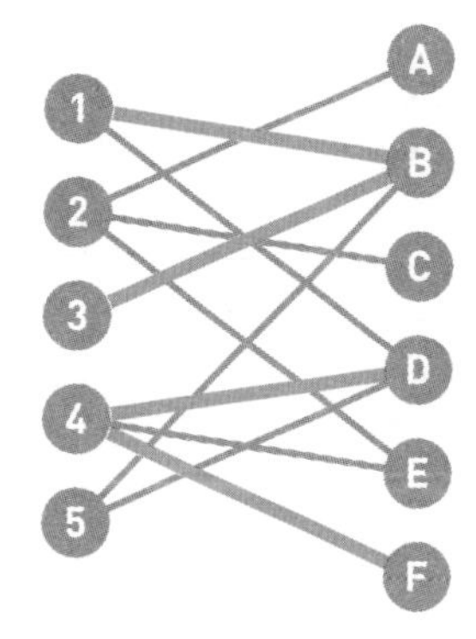

这个图中橙色边的集合不是匹配。因为有多条边共享了顶点 B 与顶点 4。

04

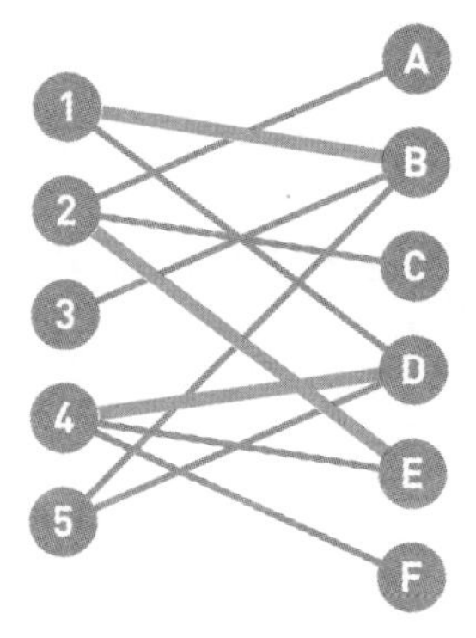

匹配里的边所包含的顶点（这里有 1、2、4、B、D、E）称为“已匹配的”，未包含的顶点（这里有 3、5、A、C、F）称为“未匹配的”。

05

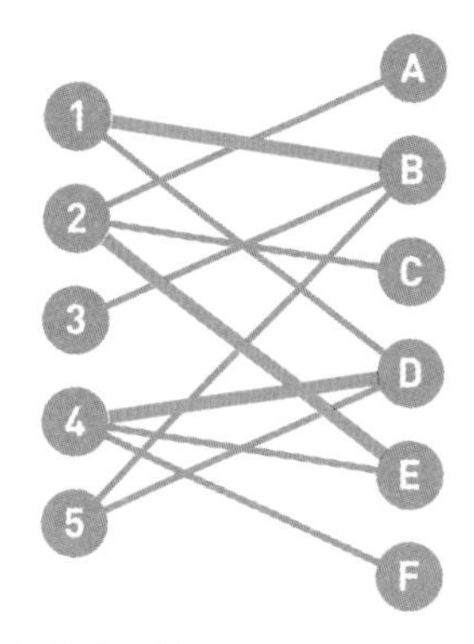

匹配里包含的边的数量称作匹配的“大小”。这个匹配的大小为 3。匹配越大，能够分配的工作就越多，所以接下来我们来看看求最大匹配的算法。

06

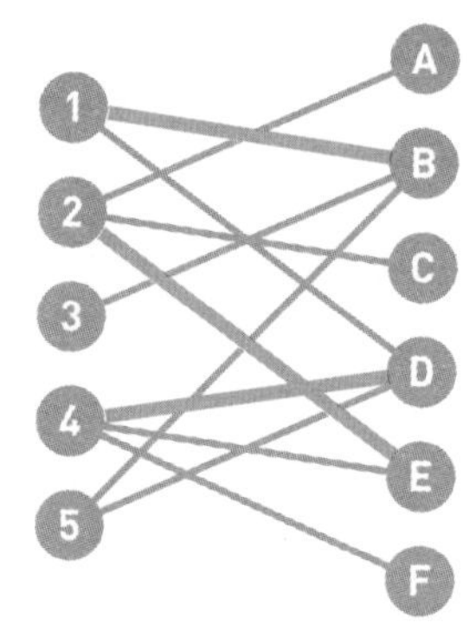

首先让我们来思考一下，如何增加这个匹配的大小。无论给顶点附加任何一条未选择的边，都会导致公共顶点的出现。也就是说，通过追加边并不能增加匹配的大小。

提示

从 03 的说明就已得出，匹配可以解释为“无论给谁都只能分配 1 个工作，无论哪个工作都只能分配给 1 个人”。

07

在增广路中，未被匹配使用的边以淡蓝色表示。

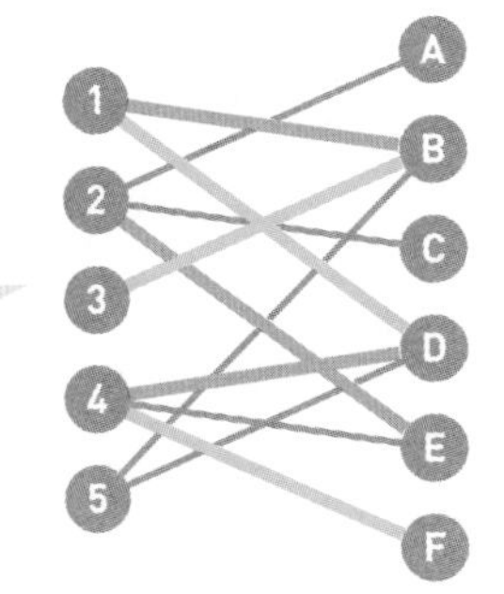

从未匹配的顶点出发，交替通过未被匹配使用的边与已被使用的边向前查找，直到走到未匹配的顶点，最终形成一条路。比如这里就形成了一条从顶点3出发，经过边(3, B)、(B, 1)、(1, D)、(D, 4)、(4, F)到达顶点F的路。这样的路称作“增广路”（请注意，增广路中不包含边(2, E)。在增广路中，未被匹配使用的边比已被匹配使用的边多一条）。

08

不删除边(2, E)，因为它不包含在增广路中。

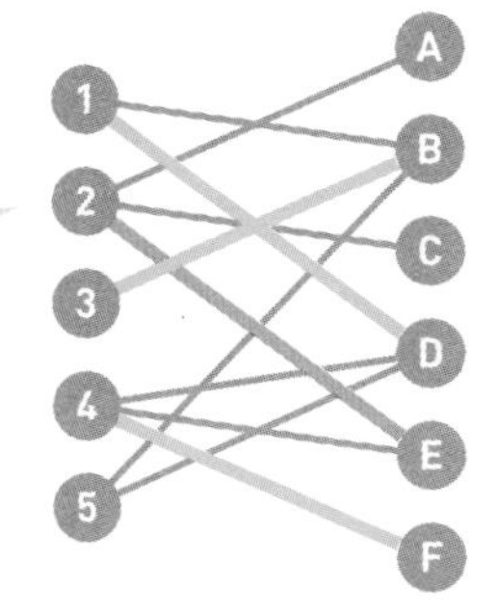

将增广路中已被匹配使用的边(B, 1)、(D, 4)，从匹配里删除。

09

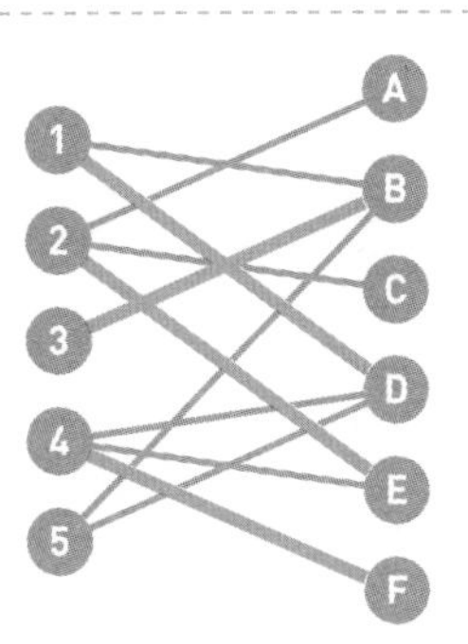

向匹配里追加未被使用的淡蓝色的边(3, B)、(1, D)、(4, F)，就能得到一个大小加1的匹配。就像这样，从某个匹配开始，不断反复进行增广路查找、大小加1，使匹配逐渐变大。当找不到增广路时，结束操作。没了增广路，就表明匹配已是最大，也就是说，算法终止时的匹配为最大。

10

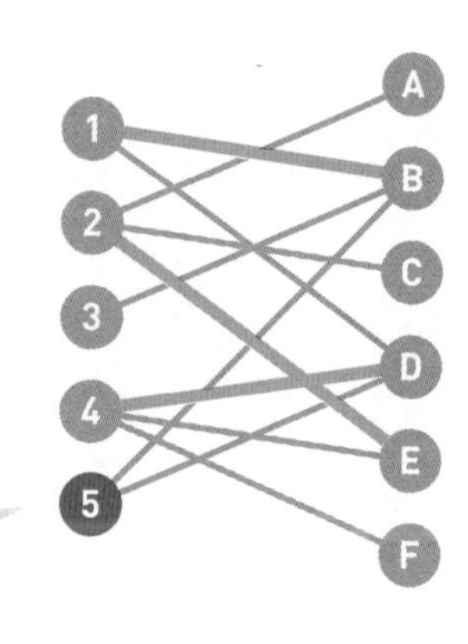

接下来详细说明查找增广路的方法。首先，在左侧选择一个未匹配的顶点。这里我们选择了顶点 5。

11

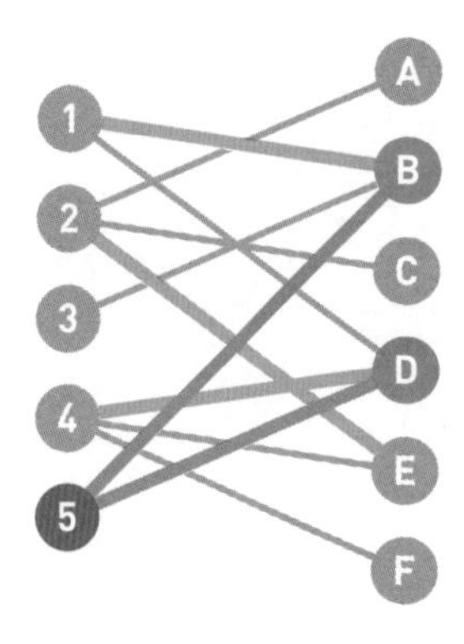

标记与顶点 5 相连的右侧顶点。这里标记了顶点 B 和 D。B 和 D 均是已匹配的，所以我们进入下一个步骤。

提示

在 11 中，如果顶点 B 或者 D 是未匹配的，那么就找到了增广路（一条两端顶点都是未匹配的边，被看作只有一条边的特殊增广路）。此时，将这条边追加进匹配，就能得到大小加 1 的匹配。

12

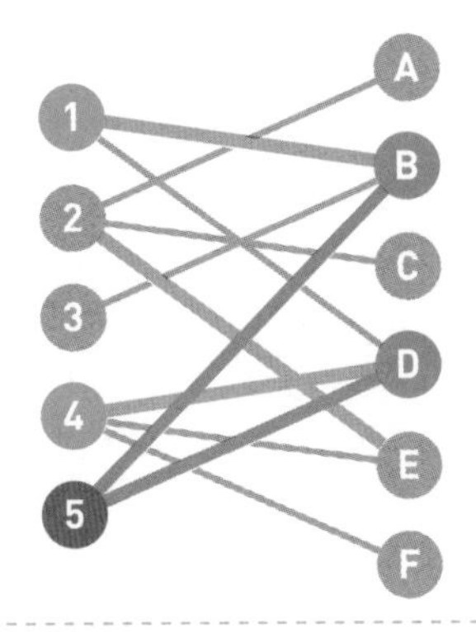

找到通过匹配的边与 11 中被标记的顶点 B、D 相连的左侧顶点，将其标记。这里我们标记了顶点 1 和 4。

13

就像这样，自左向右时沿着未被匹配使用的边向前查找，自右向左时沿着已被匹配使用的边向前查找，使得搜索得以前进。

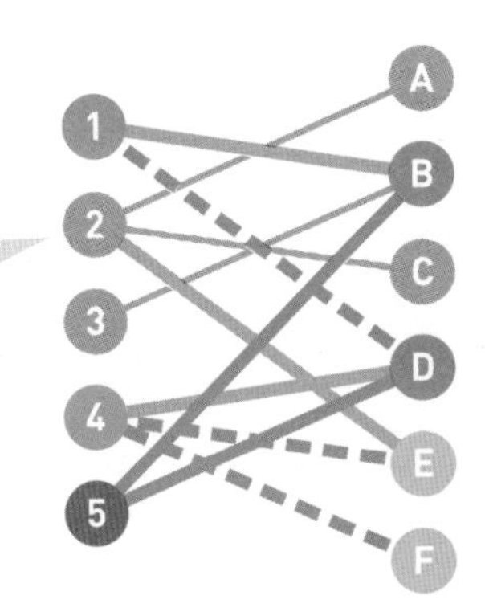

找到通过未被匹配使用的边与 12 中被标记的顶点 1、4 相连的右侧顶点，这里我们找到了顶点 D、E、F，将其中仍旧未被标记的顶点标记。这里新标记了顶点 E 和 F。

14

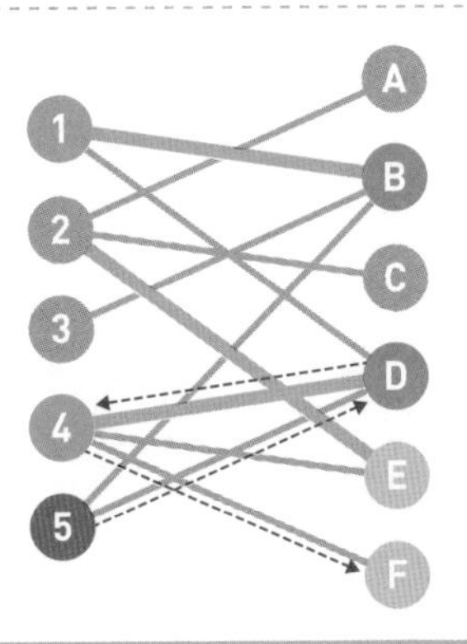

由于顶点 F 是未匹配的，所以自顶点 5 开始到 F 的搜索中，所途经的边就形成了增广路。这里的路是边 (5, D)、(D, 4)、(4, F)。

提示

如果持续搜索下去，直到可标记的顶点数为 0，仍旧无法得到增广路，就代表不存在从顶点 5 开始的增广路。此时，就需要从别的未匹配的顶点（顶点 3）开始，以同样的方式进行搜索。如果从左侧未匹配的所有顶点开始搜索，都得不到增广路，那就证明不存在增广路。

15

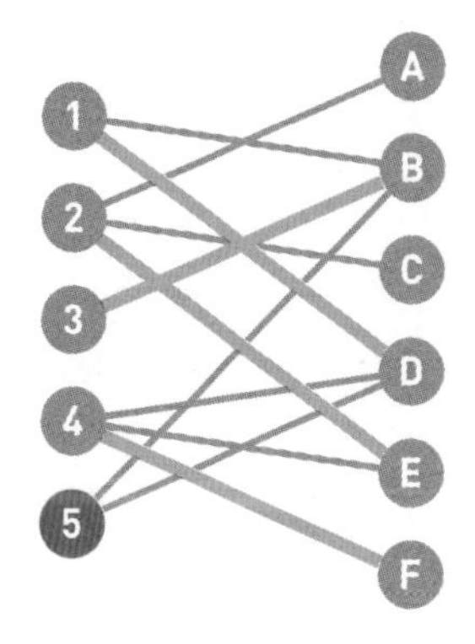

这次我们从 09 的图的匹配开始寻找增广路。首先，选择左侧未匹配的顶点 5。

16

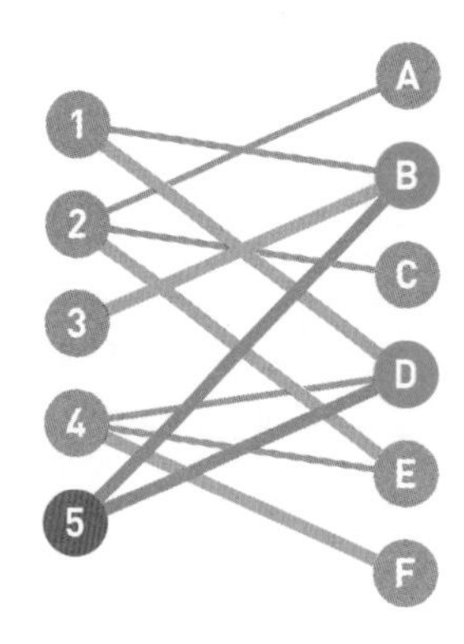

标记与顶点 5 相连的顶点 B 和 D。

17

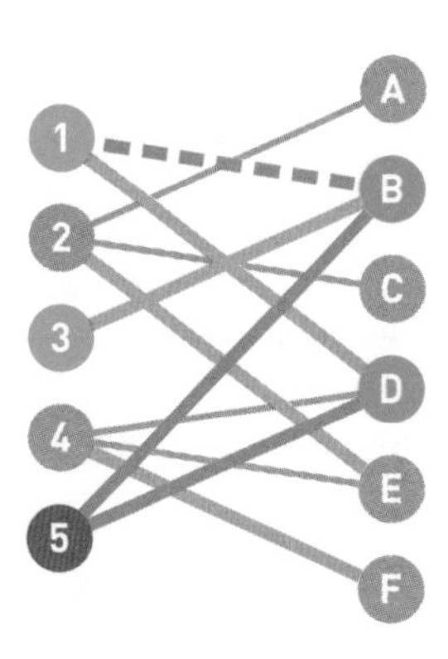

找到通过匹配的边与顶点 B、D 相连的左侧顶点 1、3，将其标记。通过未被匹配使用的边与顶点 1 或 3 相连的右侧顶点（B）已被标记过，所以搜索到此为止。从未匹配的顶点仅有左侧的顶点 5 可以得知，不存在增广路（见 119 页的提示）。因此，这就是最大匹配。

解说

与顶点 1、3、5 相连的右侧顶点仅有 B 和 D，所以 1、3、5 全都匹配是不可能的。从这也能看出，17 的匹配已是最大匹配。

增广路的搜索可以看作以未匹配的顶点（例子中为顶点 5）为根，采用广度优先搜索，以未匹配的顶点为止的路径搜索。请留意，以选根为第一步，在前往顶点的偶数步时仅用未被匹配使用的边，在前往顶点的奇数步时仅用已被匹配使用的边。

另外，这里介绍的是通过使用了增广路的算法来求最大匹配，还可以使用将图的边看作水渠的“网络流问题”来求最大匹配。

参考：4-2 广度优先搜索

补充说明

正如本节开头所见的分配工作的例子，匹配支持“分配”，是一个应用范围极其广泛的概念。在匹配（集合）中，一个顶点只能匹配（动作）一次，但也存在一种普适化方法（b 匹配），即每个顶点被赋予一个值，顶点可以进行相应次数的匹配（可以被相应条数的匹配的边共有）。这相当于一个人被分配了多项工作，或一项工作被分配给多个人。

此外，在这里，我们用边的有无来单纯地表示一个人能否胜任这项工作，并求到了可以尽可能多地分配的匹配，当然，能够解决的问题不仅如此。例如，给人分配工作时，我们可以将表示这个工作有多令人满意的值作为权重赋给边，并求出令人满意程度最大化的匹配。另外，每个人对自己能够胜任的工作都有一个偏好顺序，求出尽可能满足大家偏好的匹配，也是很重要的。就像这样，存在各种各样情况下的匹配问题与对应的解决算法。

小知识

虽然这里介绍的是求二分图的最大匹配的算法，但也存在通过使用寻找增广路的方式来求一般图的最大匹配算法。不过，在一般图中，增广路的搜索可没有二分图那样简单。杰克·埃德蒙兹提出了一种在一般图中寻找增广路的有效方法。

第5章

安全算法

No. 5-1 安全和算法

互联网中不可或缺的安全技术

通过互联网交换数据时，数据要经过各种各样的网络和设备才能传到对方那里。数据在传输过程中有可能会经过某些恶意用户的设备，从而导致内容被盗取。

因此，要想安全地使用互联网，安全技术是不可或缺的。本章将要学习的就是保障安全的各种算法和利用了这些算法的机制。

传输数据时的四个问题

首先，介绍一下用互联网传输数据时可能会发生的四个主要问题。

▶ 窃听

A 向 B 发送的消息可能会在传输途中被 X 偷看（如下图）。这就是“窃听”。

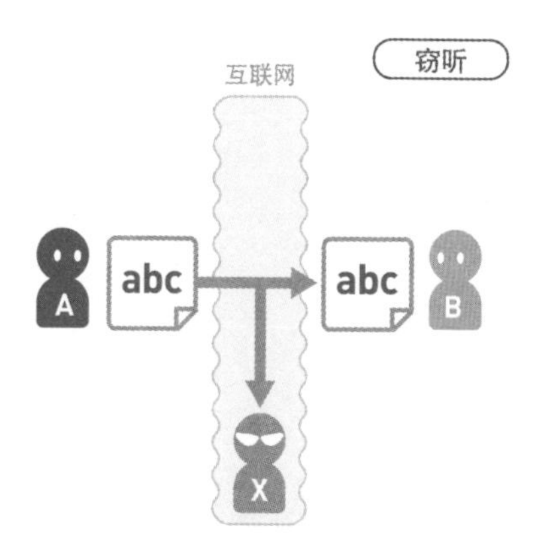

▶ 假冒

A 以为向 B 发送了消息，然而 B 有可能是 X 冒充的（如下页上图）；反之，B 以为从 A 那里收到了消息，然而 A 也有可能是 X 冒充的。这种问题就叫作“假冒”。

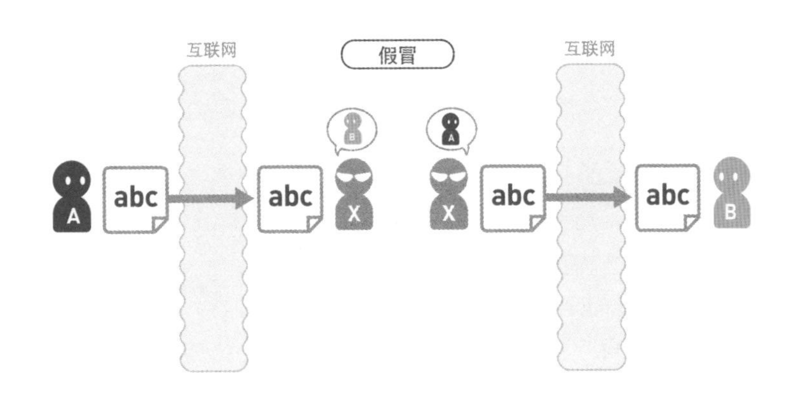

▶ 篡改

即便 B 确实收到了 A 发送的消息，但也有可能像右图这样，该消息的内容在途中就被 X 更改了。这种行为就叫作“篡改”。

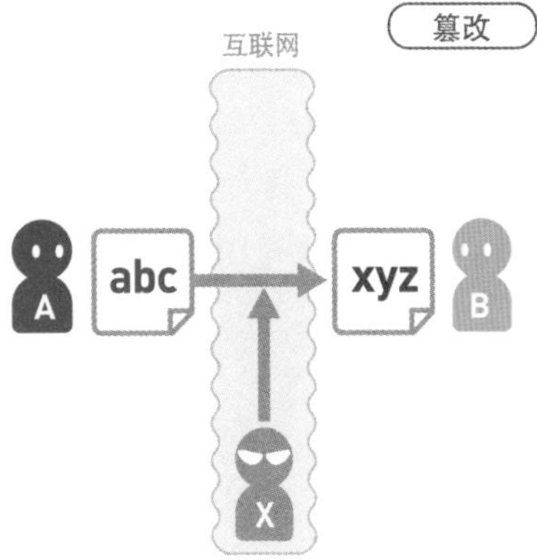

除了被第三者篡改外，通信故障导致的数据损坏也可能会使消息内容发生变化。

▶ 事后否认

B 从 A 那里收到了消息，但作为消息发送者的 A 可能对 B 抱有恶意，并在事后声称“这不是我发送的消息”（如下图）。这种情况会导致互联网上的商业交易或合同签署无法成立。这种行为便是“事后否认”。

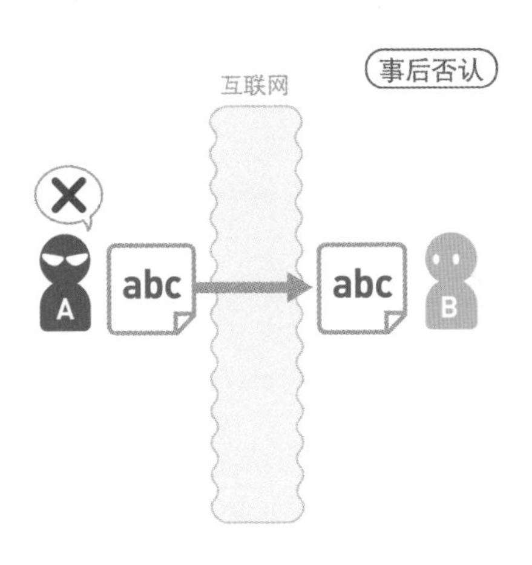

四个主要问题到这里就介绍完毕了。这些问题不仅发生在用户之间交流的时候，也有可能发生在用户浏览网页的时候。

解决这些问题的安全技术

为了解决这些问题，我们需要使用哪些安全技术呢？来简单了解一下每个问题的应对方法吧。

为了应对第一个问题“窃听”，我们会使用“加密”（右图）技术。

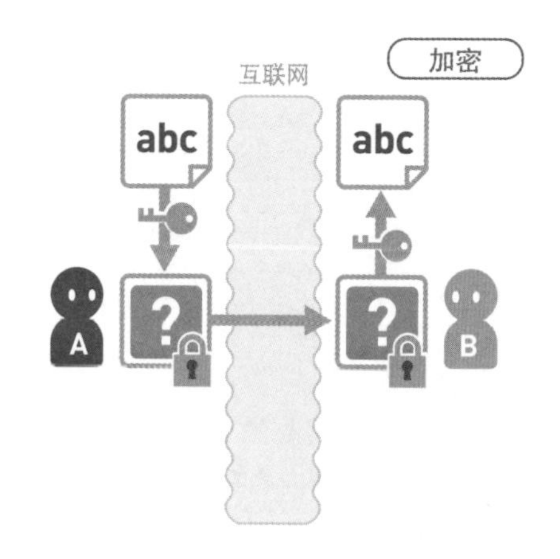

为了应对第二个问题“假冒”，我们会使用“消息鉴别码”（下图左）或“数字签名”（下图右）技术。

为了应对第三个问题“篡改”，我们同样会使用“消息鉴别码”或“数字签名”技术。其中，“数字签名”技术还可以用于预防第四个问题——“事后否认”。

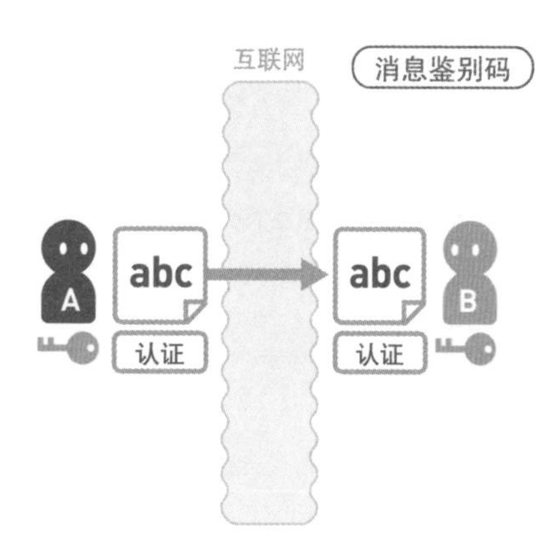

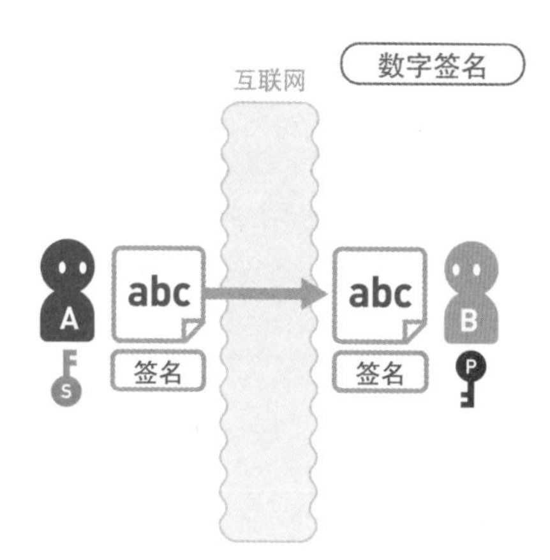

本章的知识点

以上问题和相应的解决方法可总结成如下页表格。

问题	解决方法
❶窃听	加密
❷假冒	消息鉴别码 或 数字签名
❸篡改	
❹事后否认	数字签名

“数字签名”技术存在“无法确认公开密钥的制作者”这一问题。要想解决这个问题，可以使用“数字证书”技术。

本章就将详细讲解这些安全技术。

No. 5-2

加密的基础知识

在现代互联网社会中，加密技术是不可或缺的。那么，对数据进行加密和解密时，计算机会进行哪些处理呢？这一节我们将讲解加密技术的必要性和基本原理。

01

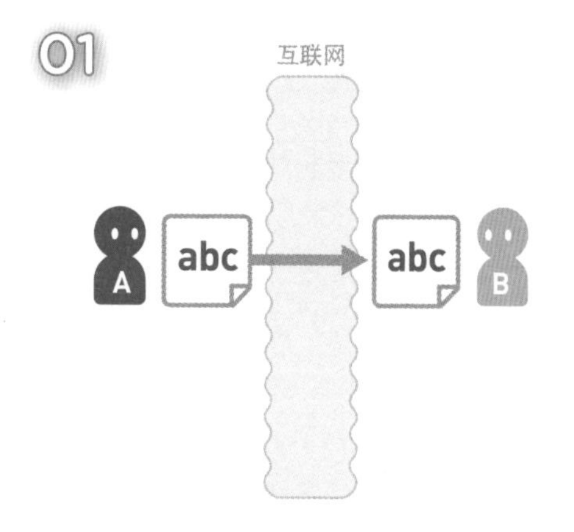

假设 A 想通过互联网向 B 发送消息。数据要经过互联网上各种各样的网络和设备才能到达 B 那里。如果像上图这样直接发送数据的话……

02

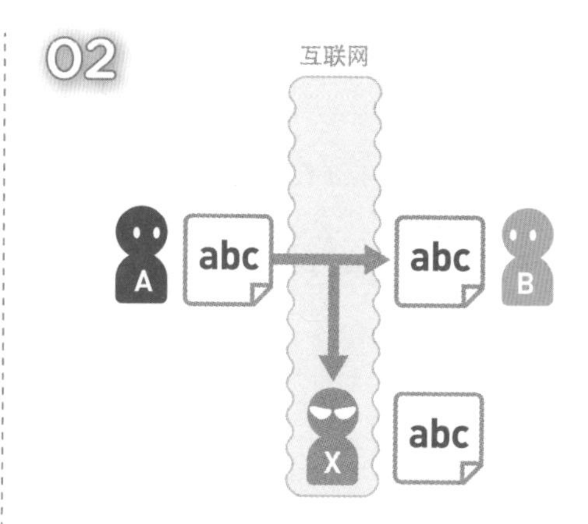

数据可能会被第三者恶意窃听。

03

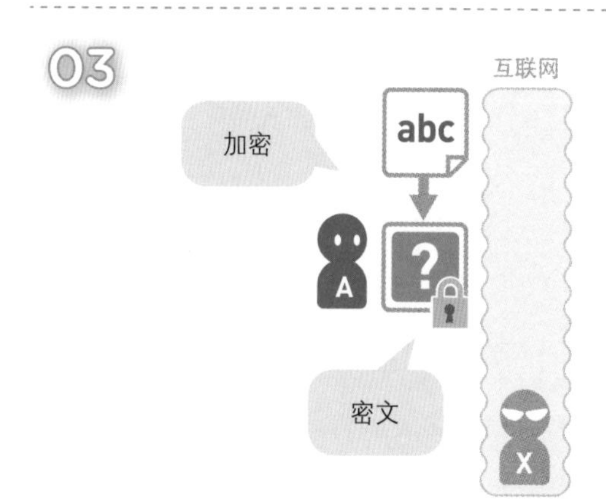

因此，我们需要给想要保密的数据加密。加密后的数据被称为“密文”。

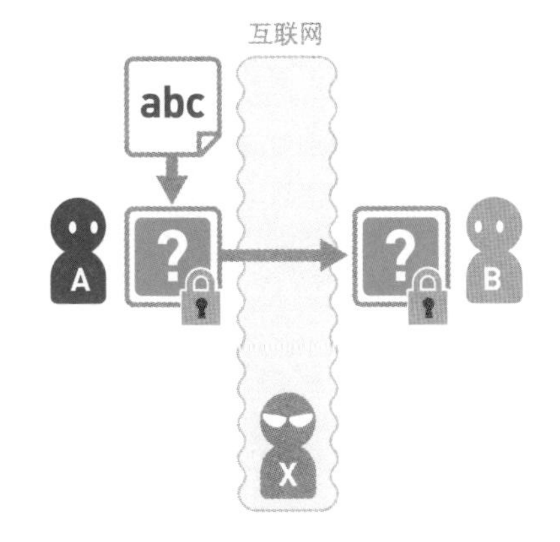

把密文发送给 B。

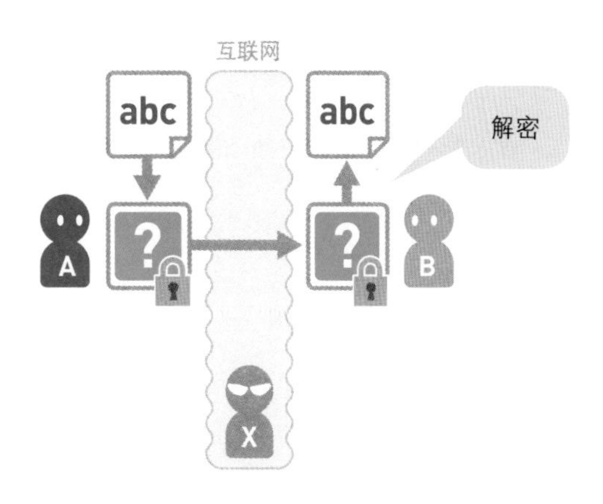

B 收到密文后，需要解除加密才能得到原本的数据。把密文恢复为原本数据的操作就叫作“解密”。

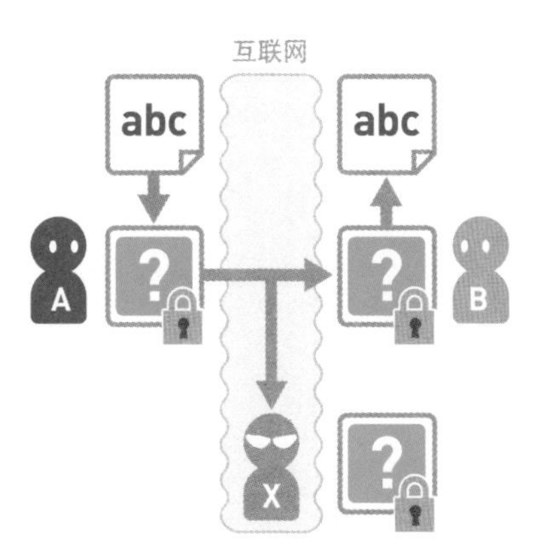

像这样对数据进行加密，就不用担心会被人窃听了。

解说

在现代互联网社会中，加密技术变得十分重要。这里，我们再来说明一下加密的具体操作。

首先，计算机会用由 0 和 1 这两个数字表示的二进制来管理所有数据。如下图所示，数据虽然有文本、音频、图像等不同的形式，但是在计算机中都是用二进制来表示的。

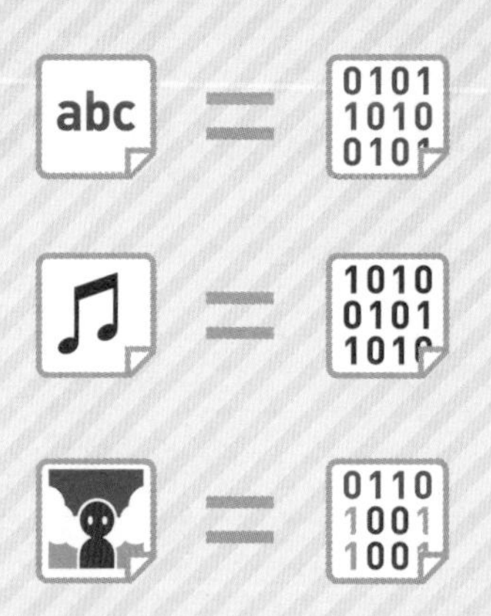

在此基础上，我们思考如何加密数据。

对计算机来说，数据就是一串有意义的数字序列。密文也是数字序列，只不过它是计算机无法理解的无规律的数字序列。

也就是说，加密就是数据经过某种运算后，变成计算机无法理解的数的过程（请参考下图）。

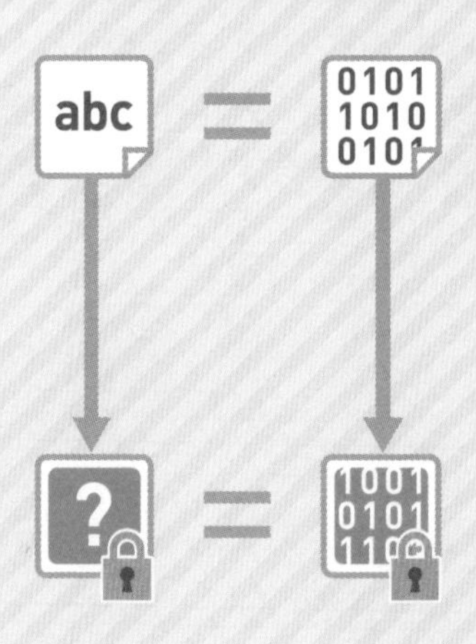

在加密运算中会用到“密钥”。加密就是用密钥对数据进行数值运算，把数据变成第三者无法理解的形式的过程（请参考下图）。

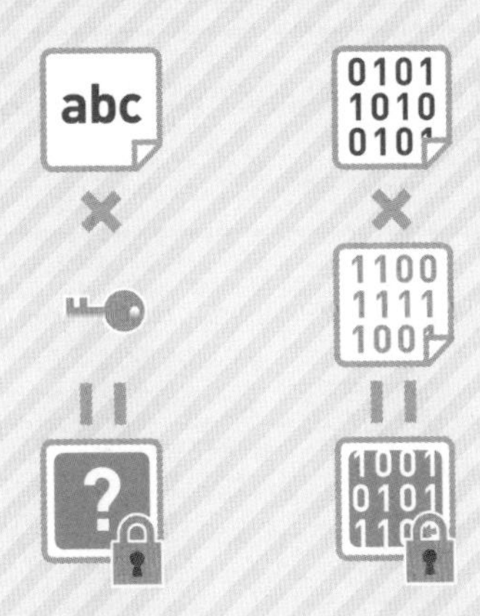

反之，解密就是像下图这样，通过密钥进行数值运算，把密文恢复成原本数据的过程。

像这样，将数据变成第三者无法理解的形式，再将其恢复成原本数据的一系列操作就是加密、解密技术。

No.
5-3 哈希函数

哈希函数可以将给定的数据转换成固定长度的无规律数值。转换后的无规律数值可以作为数据摘要应用于各种各样的场景中。

01

为了便于理解，我们可以把哈希函数想象成搅拌机。

02

将数据输入哈希函数后……

03

十六进制是用数字 0 ~ 9 和字母 a ~ f（总计 16 个字符）来表示数据的一种方法。

输出固定长度的无规律数值。输出的无规律数值就是“哈希值”。哈希值虽然是数字，但多用十六进制来表示。

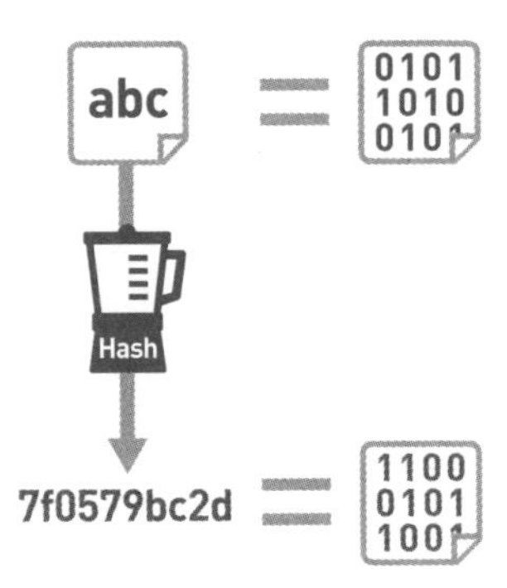

计算机会用由 0 和 1 这两个数字表示的二进制来管理所有的数据。虽然哈希值是用十六进制表示的，但它也是数据，在计算机内部同样要用二进制来进行管理。也就是说，哈希函数实际上是在计算机内部进行着某种运算的。

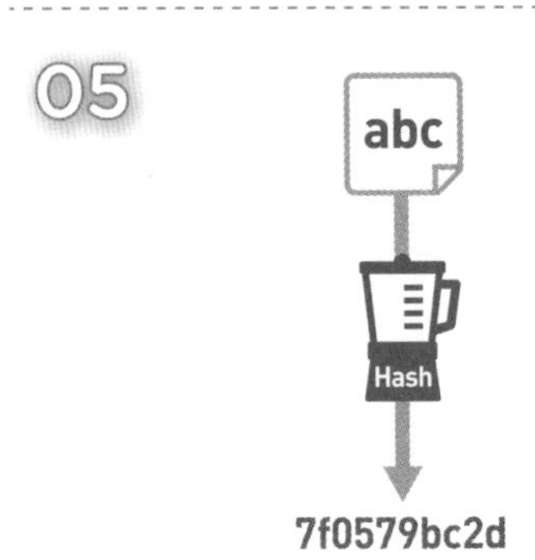

以此为前提，我们再来看看哈希函数的特征。第一个特征是输出的哈希值数据长度不变。

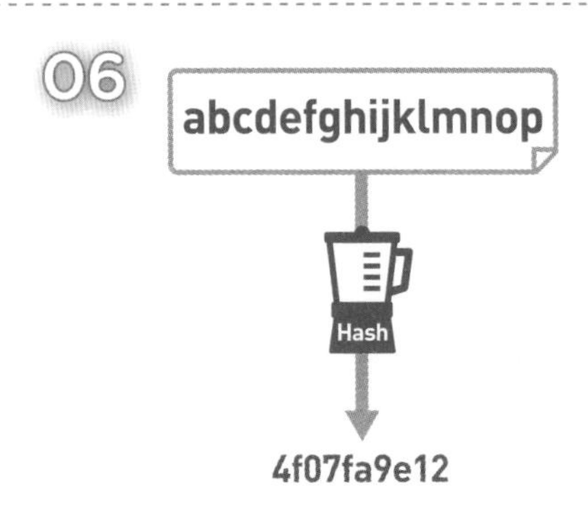

即使输入了相当大的数据，输出的哈希值的长度也保持不变。

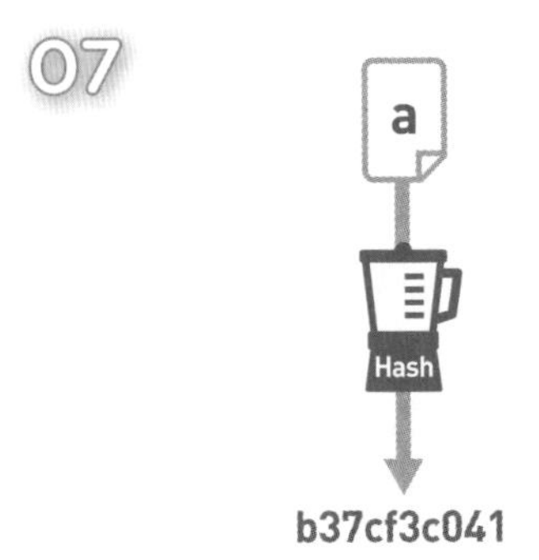

同样，不管输入的数据多小，哈希值的长度仍然相同。

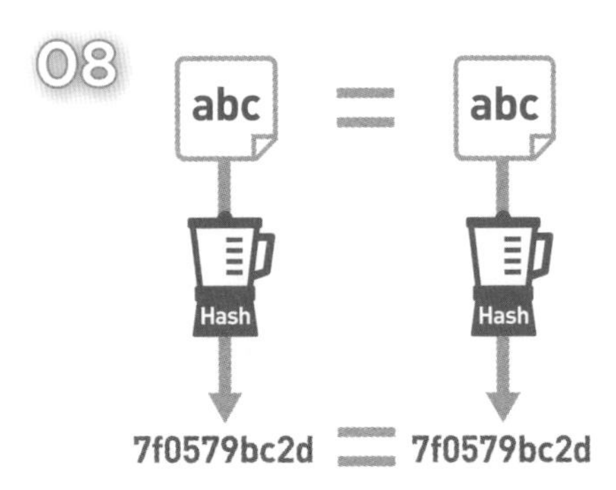

第二个特征是如果输入的数据相同，那么输出的哈希值也必定相同。

09

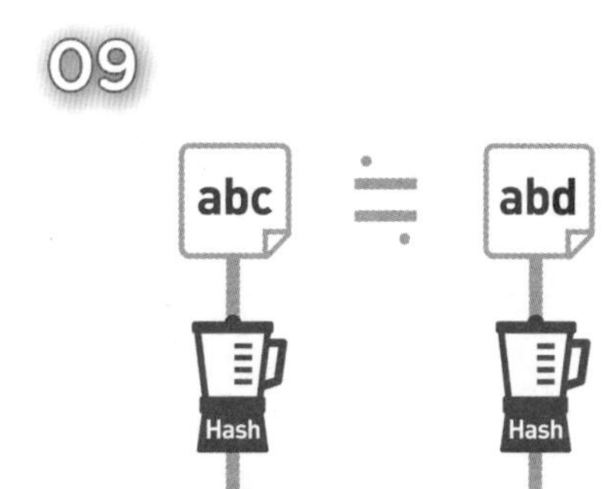

第三个特征是即使输入的数据相似，哪怕它们只有 1 比特的差别，输出的哈希值也会有很大的差异。输入相似的数据并不会导致输出的哈希值也相似。

10

abc ≠ ♫

Hash Hash

7f0579bc2d = 7f0579bc2d

哈希冲突

第四个特征是即使输入的两个数据完全不同，输出的哈希值也有可能是相同的，虽然出现这种情况的概率比较小。这种情况叫作“哈希冲突”。

11

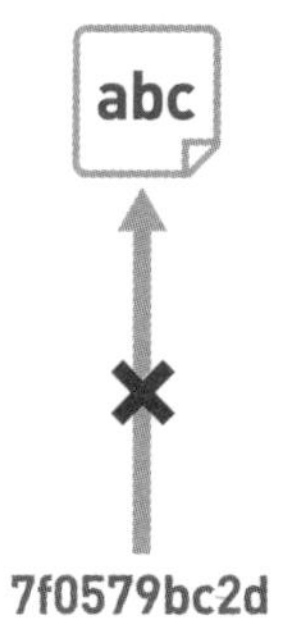

第五个特征是不可能从哈希值反向推算出原本的数据。输入和输出不可逆这一点与加密有很大的不同。

12

最后一个特征是求哈希值的计算相对容易。

提示

哈希函数可以应用于各种各样的场景中。本书详细讲解了哈希函数在哈希表和消息鉴别码中的应用。

▶参考：1-6 哈希表

▶参考：5-8 消息鉴别码

解说

哈希函数的算法中具有代表性的是 MD5[①]、SHA-1[②]和 SHA-2 等。其中，SHA-2 是现在应用较为广泛的一种，而 MD5 和 SHA-1 存在安全隐患，不推荐使用。

不同算法的计算方式也会有所不同，比如 SHA-1 需要经过数百次的加法和移位运算才能生成哈希值。

虽然上文讲过，如果输入的数据相同，那么输出的哈希值也必定相同，但这是在使用同一种算法的前提下得出的结论。若使用的算法不同，那么就算输入的数据相同，得到的哈希值也是不同的。

应用示例

将用户输入的密码保存到服务器时也需要用到哈希函数。

如果把密码直接保存到服务器，可能会被第三者窃听，因此需要算出密码的哈希值，并且只存储哈希值。当用户输入密码时，先算出该密码的哈希值，再把它和服务器中的哈希值进行比对。这样一来，就算保存的哈希值暴露了，鉴于上文中提到的哈希函数的第五个特征（输入和输出不可逆），第三者也无法得知原本的密码。

就像这样，使用哈希函数可以更安全地实现基于密码的用户认证。

① MD5 是 Message-Digest Algorithm 5 的缩写。

② SHA 是 Secure Hash Algorithm 的缩写。

No.
5-4 共享密钥加密

加密数据的方法可以分为两种：加密和解密使用相同密钥的“共享密钥加密”和分别使用不同密钥的“公开密钥加密”。本节将讲解共享密钥加密的机制及其相关问题。

01

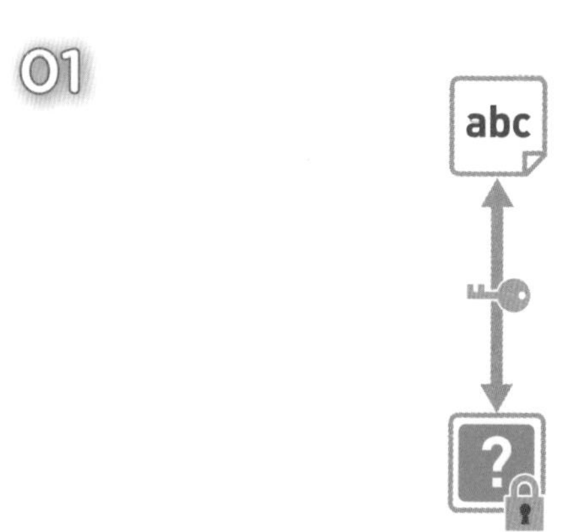

共享密钥加密是加密和解密都使用相同密钥的一种加密方式。由于使用的密钥相同，所以这种算法也被称为“对称加密”。

02

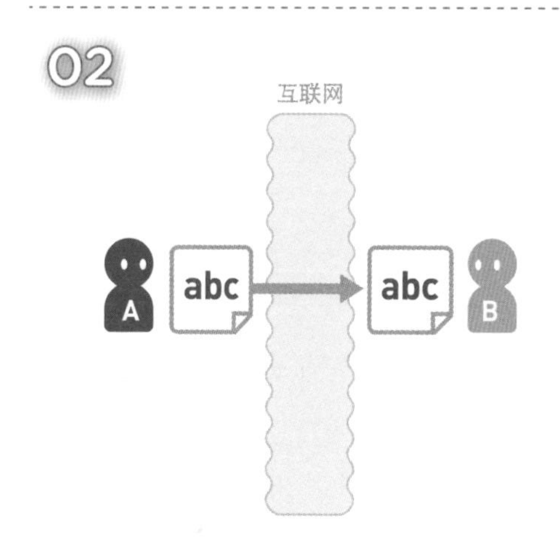

我们先从整体上来了解一下共享密钥加密的处理流程。假设 A 准备通过互联网向 B 发送数据。

03

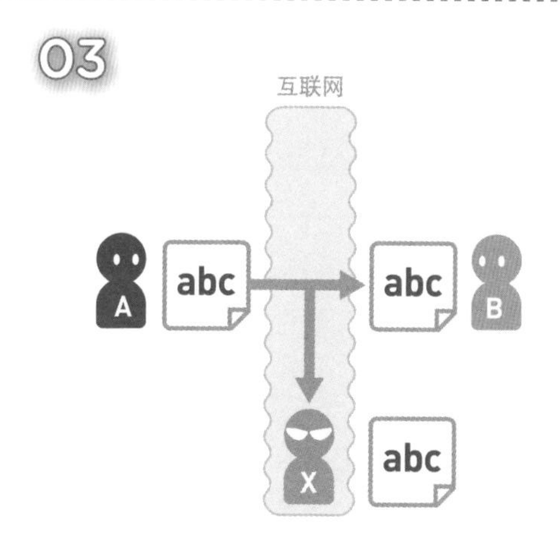

由于有被窃听的风险，所以需要把想要保密的数据加密后再发送。

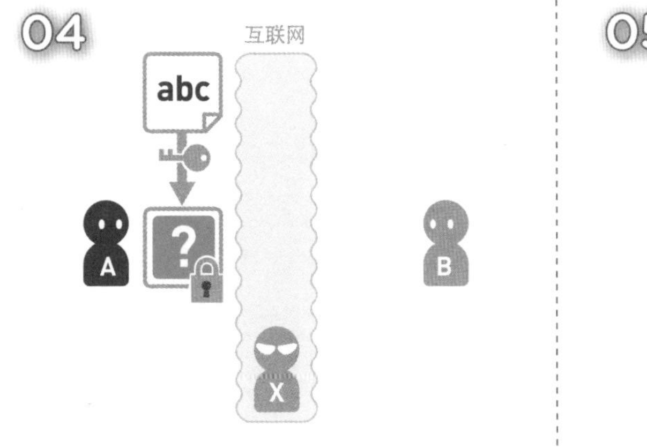

A 使用密钥加密数据。

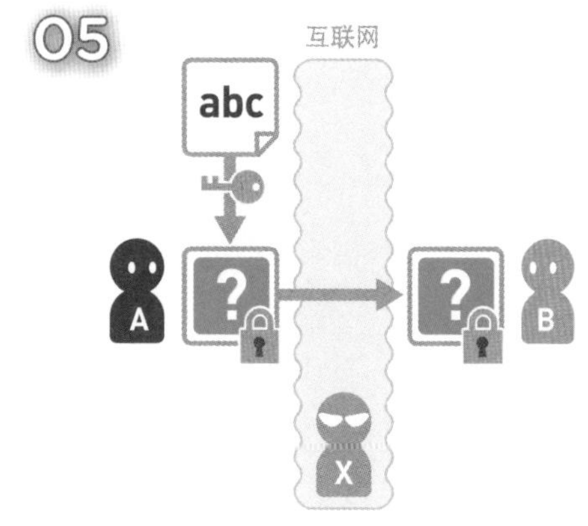

A 将密文发送给 B。

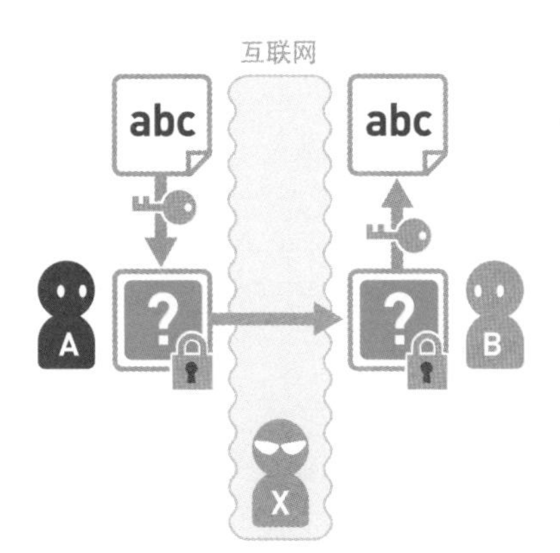

B 收到密文后，使用相同的密钥对其进行解密。这样，B 就取得了原本的数据。只要是加密好的数据，就算被第三者恶意窃听也无须担心。

小知识

实现共享密钥加密的算法有凯撒密码、AES①、DES②、动态口令等，其中 AES 的应用最为广泛。

---

① Advanced Encryption Standard 的缩写。

② Data Encryption Standard 的缩写。

07

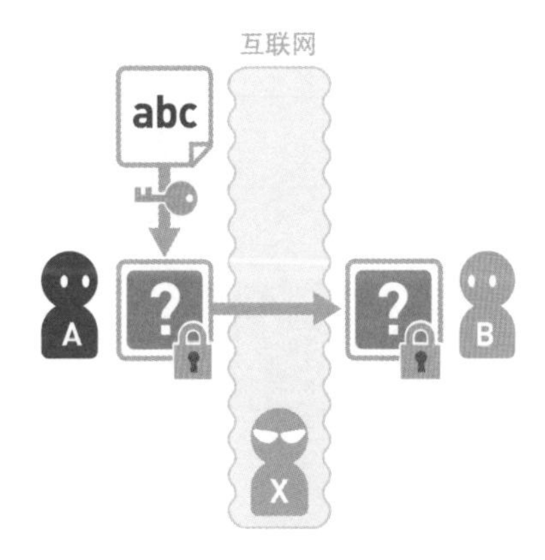

接下来想一想共享密钥加密中的问题。让我们回到 B 收到 A 发送的密文的时候。

08

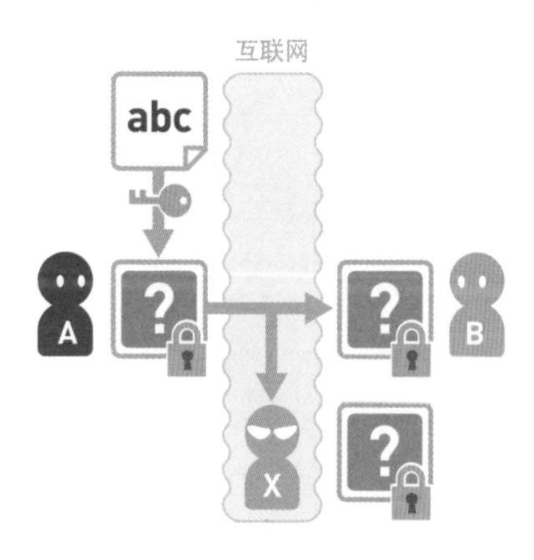

密文可能已经被 X 窃听了。

09

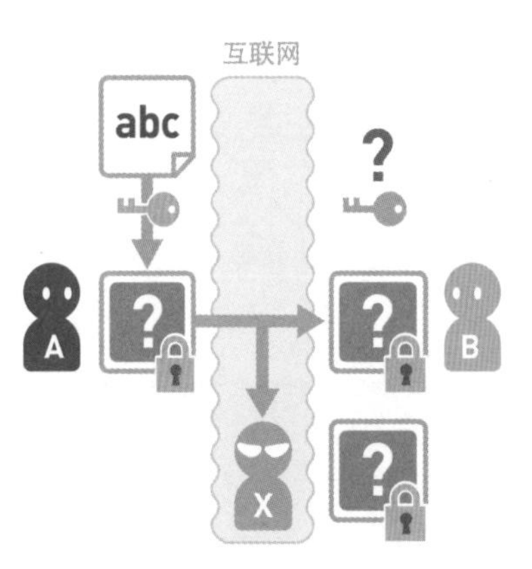

这里假设 A 和 B 无法直接沟通，B 不知道加密时使用的是什么密钥。

10

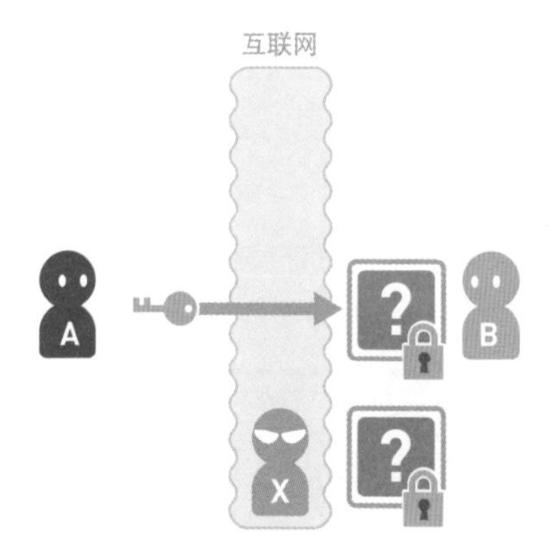

A 需要通过某种手段将密钥交给 B。和密文一样，A 又在互联网上向 B 发送了密钥。

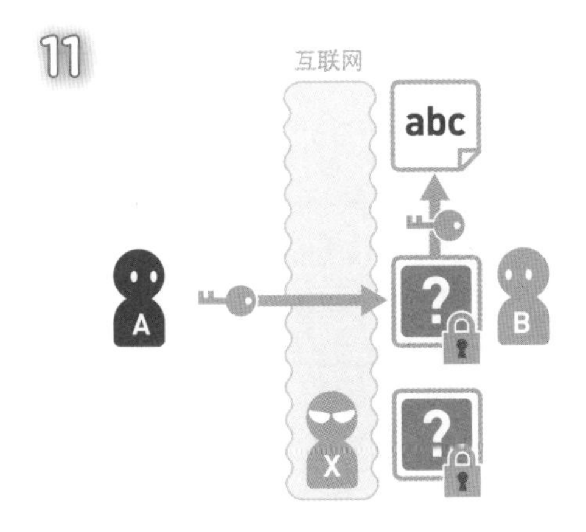

B 使用收到的密钥对密文进行解密。

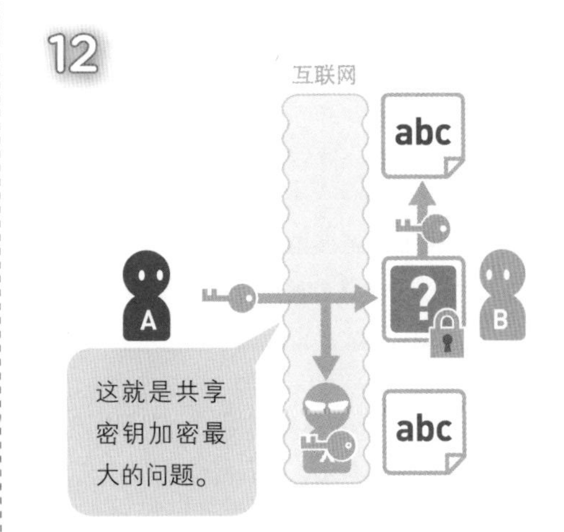

但是，该密钥也有可能会被 X 窃听。这样一来，X 也可以使用密钥对密文进行解密了。

解说

既然密钥有被第三者窃听的风险，那是不是也可以先加密密钥再发送呢？使用这种方式，又会产生如何把加密密钥的密钥发送给对方的问题，还是回到了一开始的问题。

因此需要找到可以把密钥安全送出的方法，这就是“密钥分配问题”。

要想解决这个问题，可以使用“密钥交换协议”和“公开密钥加密”两种方法。后面本书将会对这两种方法进行详细说明。

▶参考：5-5 公开密钥加密
▶参考：5-7 迪菲－赫尔曼密钥交换

小知识

在第二次世界大战中，德军所用的“恩尼格玛密码机”（Enigma）使用的加密方式就是共享密钥加密。德军将一个月的密钥记录成表格进行交接，因此密钥分配并不是该密码机的弱点。然而，使用该密码机加密后的密文会周期性地出现相同的文字，英国的数学家艾伦·图灵就是利用这一点破译了密文，给盟军的胜利带来了极大的帮助。

现在被普遍使用的加密算法即便连续发送相似的文字，也难以被破解。

No. 5-5

公开密钥加密

公开密钥加密是加密和解密使用不同密钥的一种加密方法。由于使用的密钥不同，所以这种算法也被称为“非对称加密”。加密用的密钥叫作“公开密钥”，解密用的叫作“私有密钥”[①]。

01

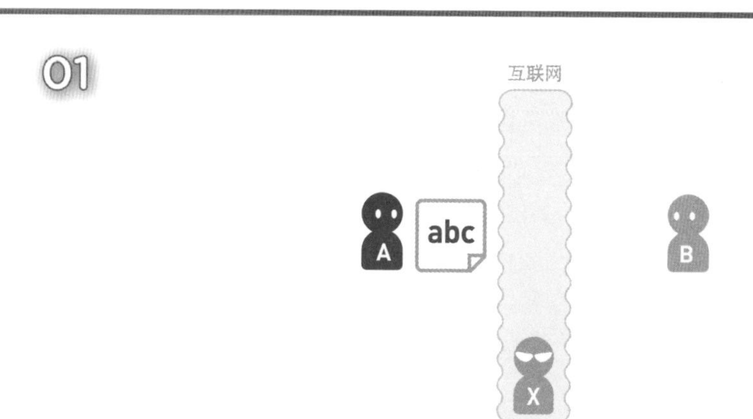

我们先从整体上来了解一下公开密钥加密的处理流程。假设 A 准备通过互联网向 B 发送数据。

02

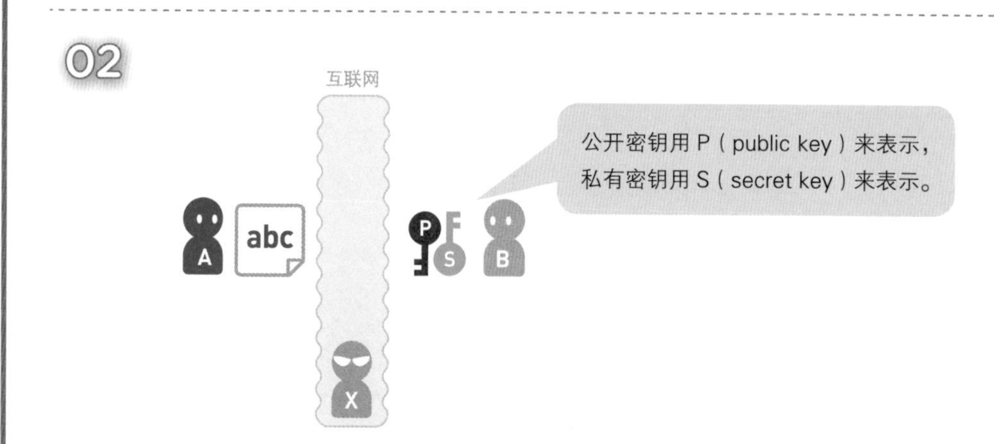

首先，需要由接收方 B 来生成公开密钥 P 和私有密钥 S。

① 通常也分别称为“公钥”和“私钥”。——编者注

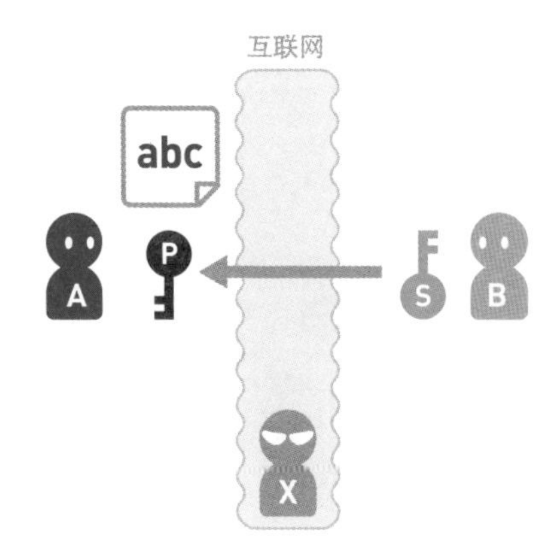

然后 B 把公开密钥发送给 A。

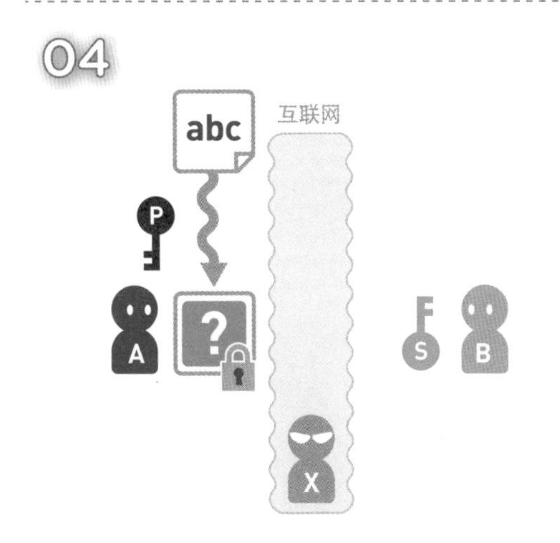

A 使用 B 发来的公开密钥加密数据。

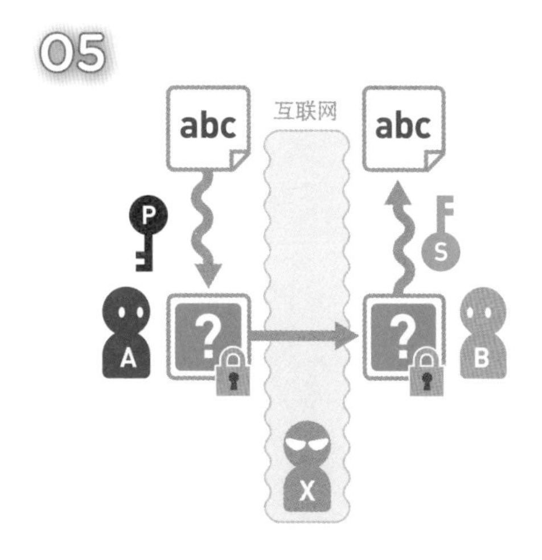

A 将密文发送给 B，B 再使用私有密钥对密文进行解密。这样，B 就得到了原本的数据。

小知识

实现公开密钥加密的算法有 RSA 算法、椭圆曲线加密算法等，其中使用最为广泛的是 RSA 算法。RSA 算法由其开发者 Rivest、Shamir、Adleman 的姓氏首字母命名，三人在 2002 年获得了图灵奖。

06

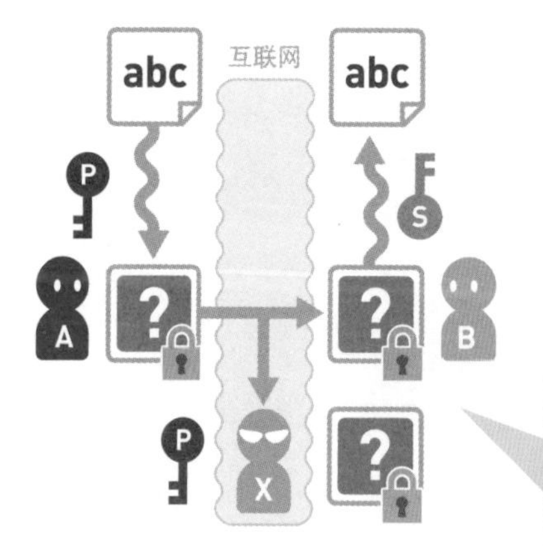

与共享密钥加密不同的是，公开密钥加密不会出现密钥分配问题。

公开密钥和密文都是通过互联网传输的，因此可能会被 X 窃听。但是，使用公开密钥无法解密密文，因此 X 也无法得到原本的数据。

07

此外，在和多人传输数据时，使用公开密钥加密十分方便。来看一个具体的例子吧。假设 B 预先准备好了公开密钥和私有密钥。

08

公开密钥是不怕被人知道的，所以 B 可以把公开密钥发布在互联网上。与此相反，私有密钥不能被人知道，必须严密保管。

09

假设有许多人都想向 B 发送数据。

想发送数据的人首先在互联网上取得 B 发布的公开密钥……

11

然后用它加密要发送的数据……

12

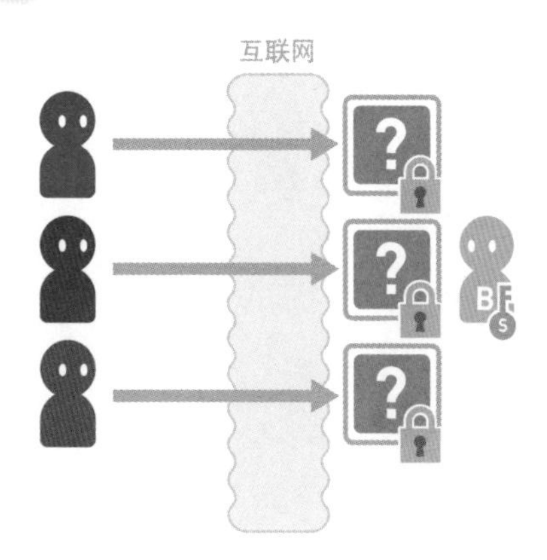

最后把密文发给 B。

提示

如果使用共享密钥加密，密钥的需求数量会随着发送人数的增多而急剧增多。上一节的例子中只有 2 人，因此只需要 1 个密钥，但 5 人就需要 10 个，100 人就需要 4950 个（人数为 n，每 2 人之间需要 1 个密钥，需要的密钥总数便是 $\frac{n(n-1)}{2}$）。

B 用私有密钥对收到的密文进行解密，取得原本的数据。这种情况就不需要为每个发送对象都准备相对应的密钥了。需要保密的私有密钥仅由接收方保管，所以安全性也更高。

不过，公开密钥加密存在公开密钥可靠性的问题。让我们回到 B 生成公开密钥和私有密钥的时候。在接下来的说明中，B 生成的公开密钥用 P_B 来表示，私有密钥用 S_B 来表示。

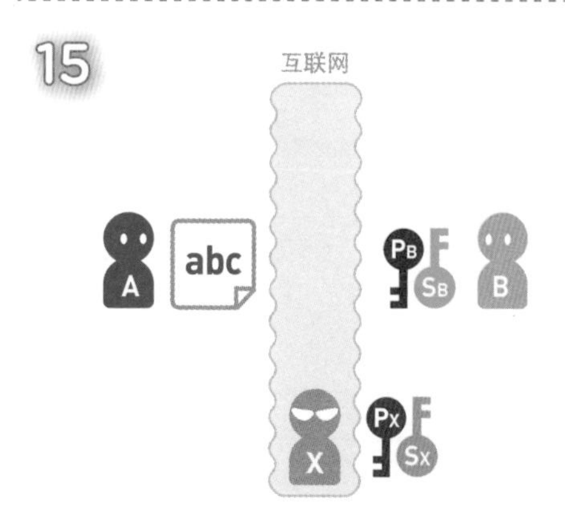

X 想要窃听 A 发给 B 的数据，于是他准备了公开密钥 P_X 和私有密钥 S_X。

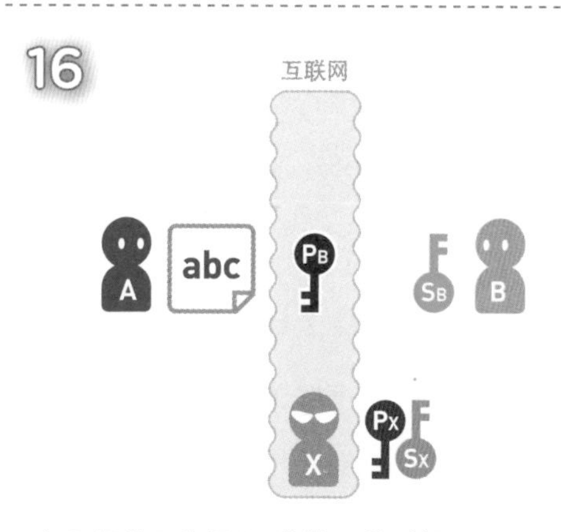

在 B 把公开密钥 P_B 发给 A 的时候……

17

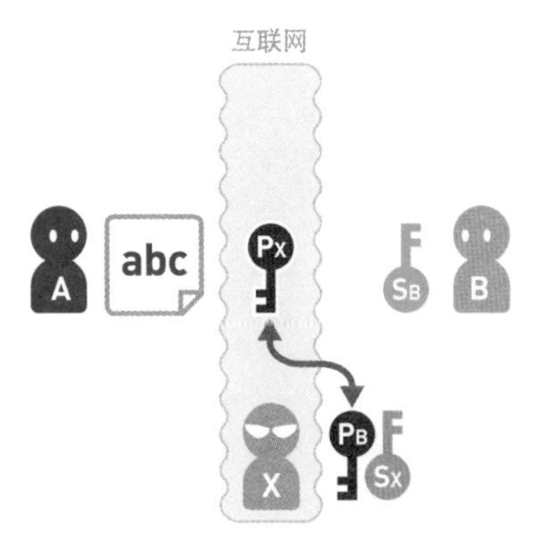

X 把公开密钥 P_B 替换成自己的公开密钥 P_X……

18

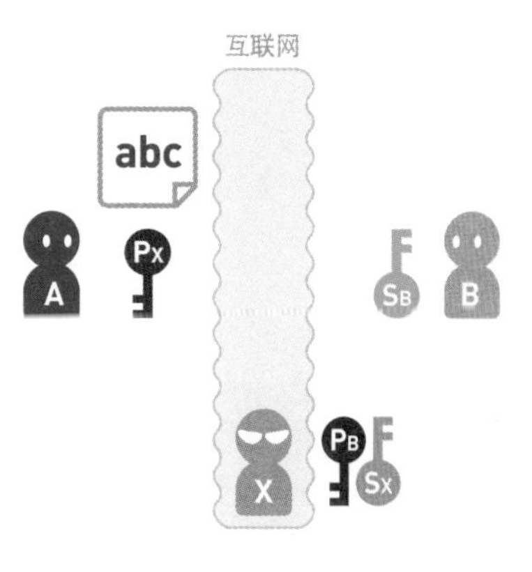

于是公开密钥 P_X 传到了 A 那里。由于公开密钥无法显示自己是由谁生成的，所以 A 不会发现自己收到的公开密钥已经被人替换。

19

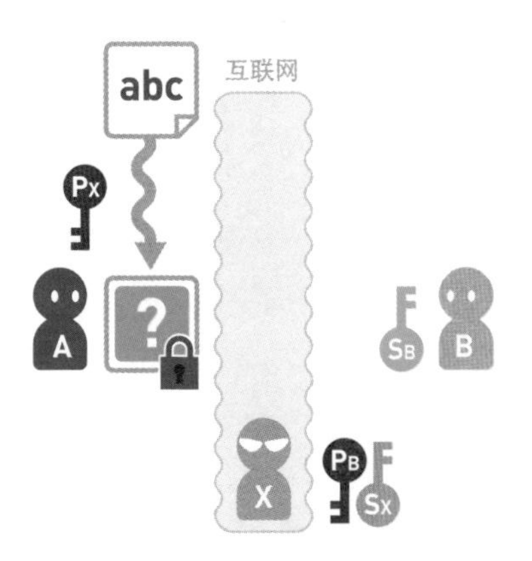

A 使用公开密钥 P_X 对数据加密。

20

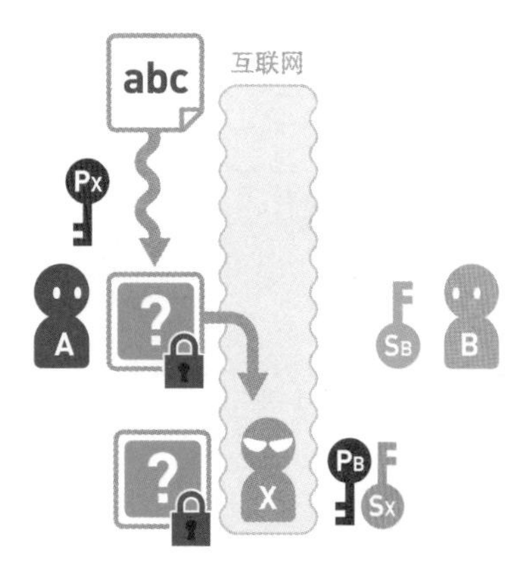

当 A 把想要给 B 的密文发送出去后，X 接收了这个密文。

21

这个密文由X生成的公开密钥 P_X 加密而成，所以X可以用自己的私有密钥 S_X 对密文进行解密。

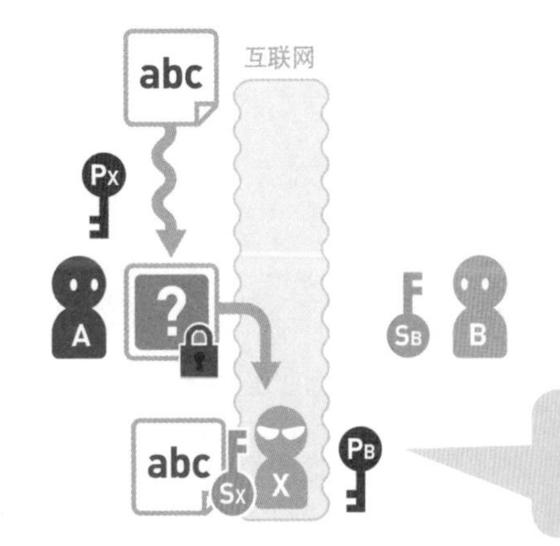

22

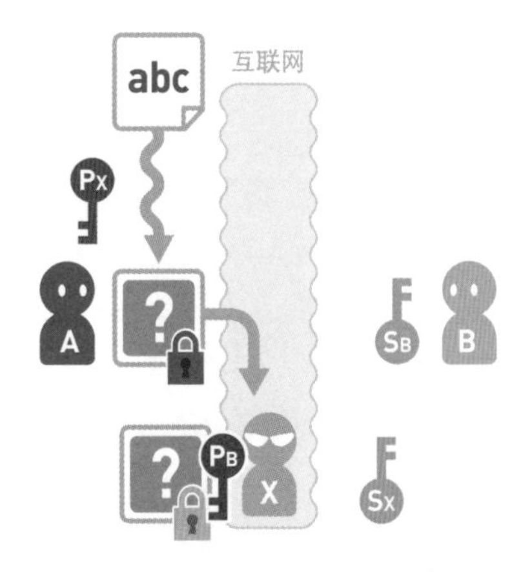

接下来，X用B生成的公开密钥 P_B 加密数据。

23

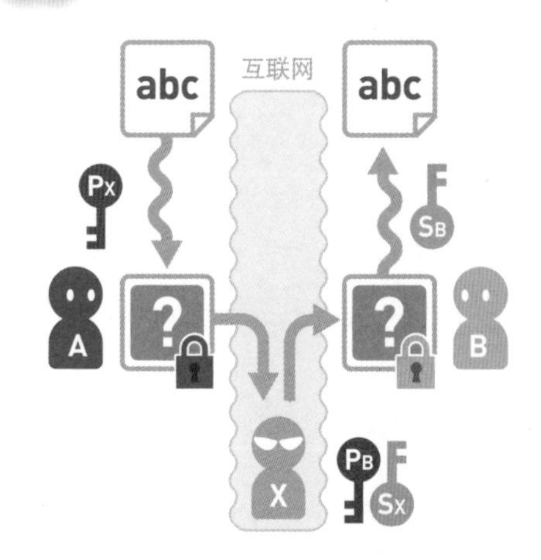

X把密文发送给B，这个密文由B发出的公开密钥 P_B 加密而成，所以B可以用自己的私有密钥 S_B 来解密。在B看来，从收到密文到解密密文都没发生任何问题，因此B也意识不到数据已经被窃听。这种通过中途替换公开密钥来窃听数据的攻击方法叫作“中间人攻击”（man-in-the-middle attack）。

补充说明

公开密钥的可靠性会出现问题，就是因为 A 无法判断收到的公开密钥是否来自 B。要想解决这个问题，就要用到之后会讲到的“数字证书”。

公开密钥加密还有一个问题，那就是加密和解密都比较耗时，所以这种方法不适用于持续发送零碎数据的情况。要想解决这个问题，就要用到“混合加密”。

▶参考：5-6 混合加密

▶参考：5-10 数字证书

解说

要想找到实现公开密钥加密的算法并不容易。考虑到加密所需的计算流程，算法必须满足如下条件。

① 可以使用某个数值对数据进行加密（计算）。
② 使用另一个数值对加密数据进行计算就可以让数据恢复原样。
③ 无法从一种密钥推算出另一种密钥。

稍微思考一下便知道，想要找到满足以上条件的算法难度有多大。所以，RSA 等可以实现公开密钥加密的算法的提出，对当今互联网社会的安全有着重要的意义。

No. 5-6 混合加密

共享密钥加密存在无法安全传输密钥的密钥分配问题，公开密钥加密又存在加密解密速度较慢的问题。结合这两种方法以实现互补的一种加密方法就是混合加密。

参考：5-4 共享密钥加密
参考：5-5 公开密钥加密

01

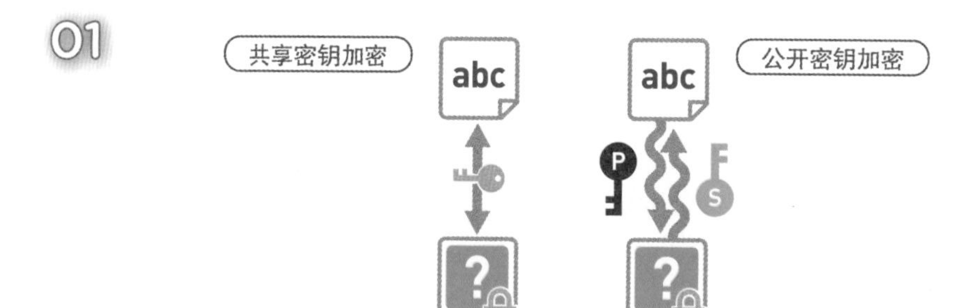

在混合加密中，要用处理速度较快的共享密钥加密对数据进行加密。不过，加密时使用的密钥，则需要用没有密钥分配问题的公开密钥加密进行处理。

02

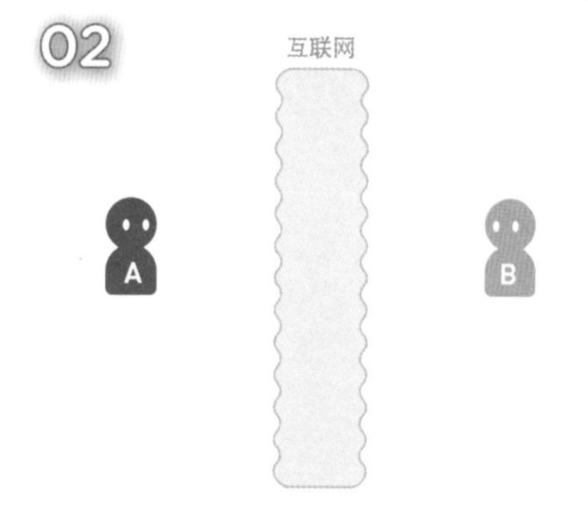

我们来看看混合加密具体的处理流程。假设 A 准备通过互联网向 B 发送数据。

03

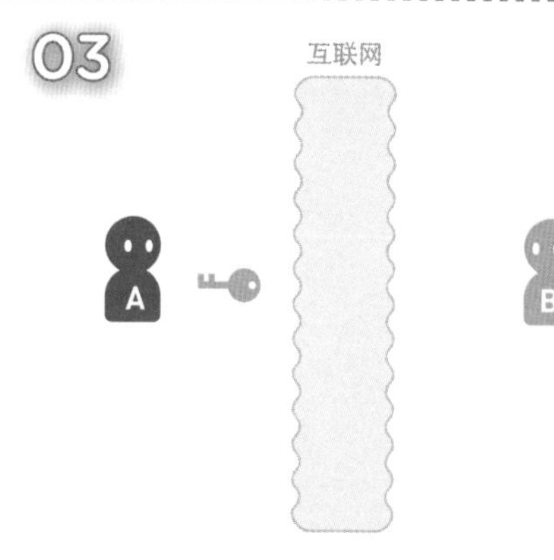

使用处理速度较快的共享密钥加密对数据进行加密。加密时所用的密钥在解密时也要用到，因此 A 需要把密钥发送给 B。

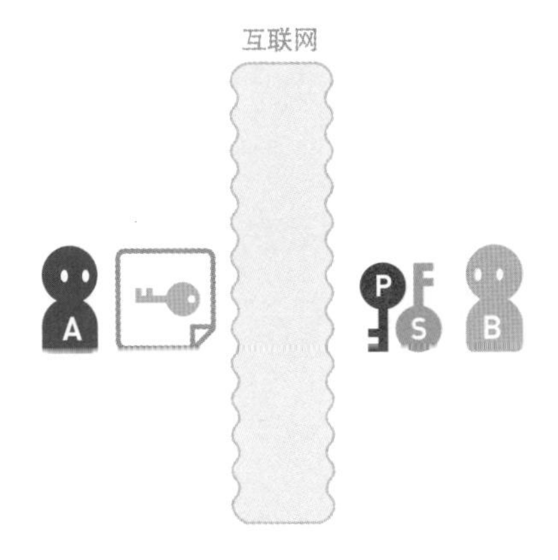

将密钥通过公开密钥加密进行加密后，A 就可以将其安全地发送给 B 了。因此，作为接收方，B 需要事先生成公开密钥 P 和私有密钥 S。

05

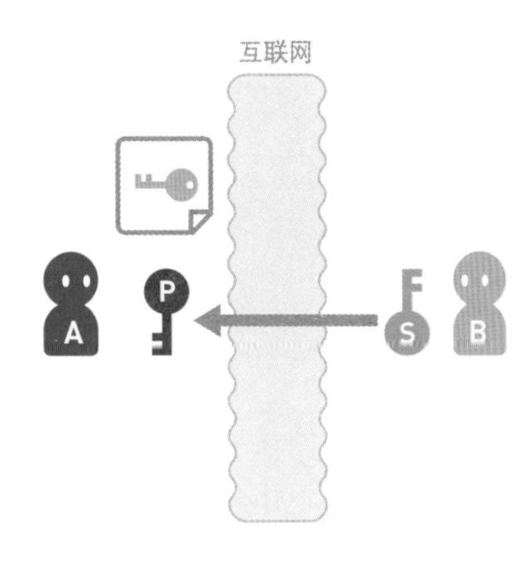

B 将公开密钥发送给 A。

06

A 使用收到的公开密钥，对共享密钥加密中需要使用的密钥进行加密。

07

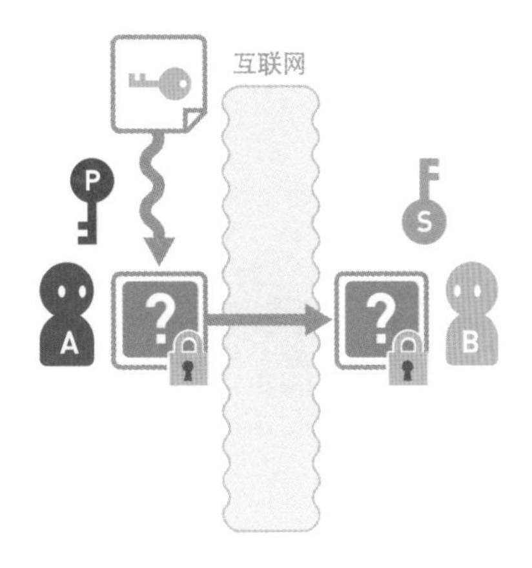

A 将加密后的密钥发送给 B。

08

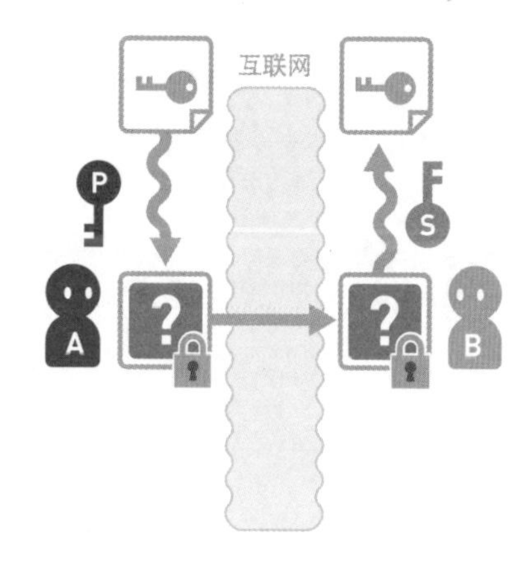

B 使用私有密钥对密钥进行解密。

09

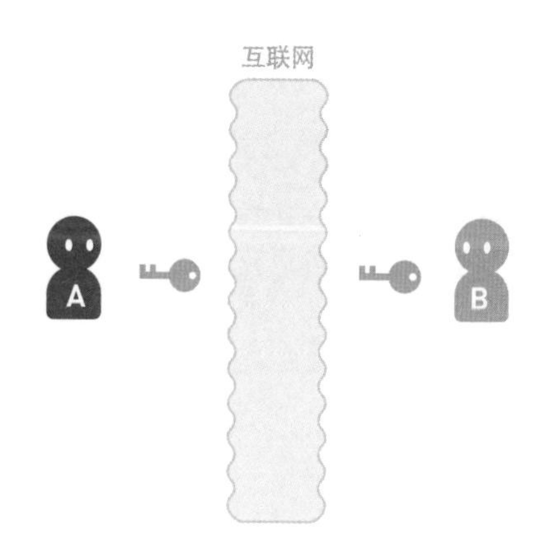

这样，A 就把共享密钥加密中使用的密钥安全地发送给了 B。

10

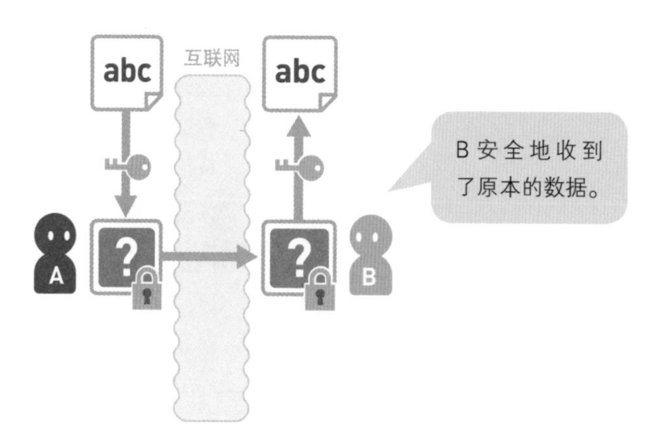

接下来，A 只要将使用这个密钥加密好的数据发送给 B 即可。加密数据时使用的是处理速度较快的共享密钥加密。

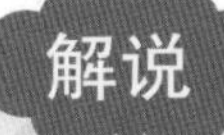

混合加密在安全性和处理速度上都有优势。能够为网络提供通信安全的 SSL 协议也应用了混合加密方法。SSL 是 Secure Socket Layer（安全套接字层）的简写，该协议经过版本升级后，现在已正式命名为 TLS（Transport Layer Security，传输层安全协议）。但是，SSL 这个名字在人们心中已经根深蒂固，因此该协议现在也常被称为 SSL 协议或者 SSL / TLS 协议。

No. 5-7

迪菲 – 赫尔曼密钥交换

迪菲 – 赫尔曼（Diffie-Hellman）密钥交换是一种可以在通信双方之间安全交换密钥的方法。这种方法通过将双方共有的秘密数值隐藏在公开数值的相关运算中，来实现双方之间密钥的安全交换。

01

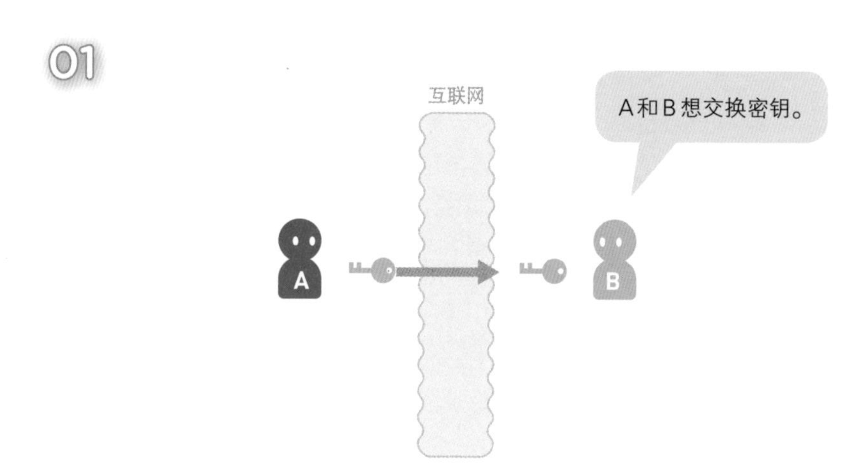

在使用公式进行讲解之前，我们先通过图片来理解一下这个算法的概念。

02

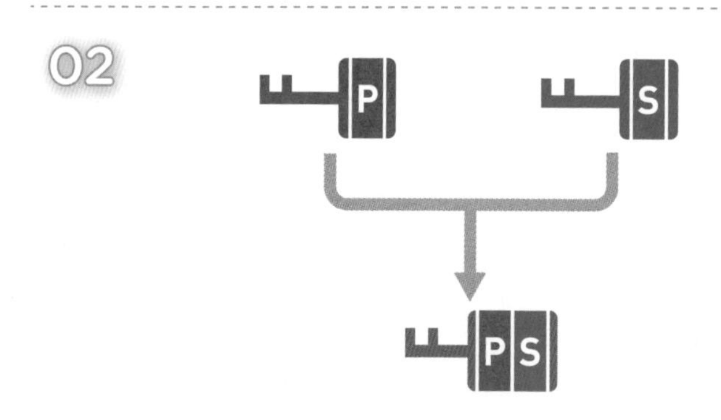

假设有一种方法可以合成两个密钥。使用这种方法来合成密钥 P 和密钥 S，就会得到由这两个密钥的成分所构成的密钥 P-S。

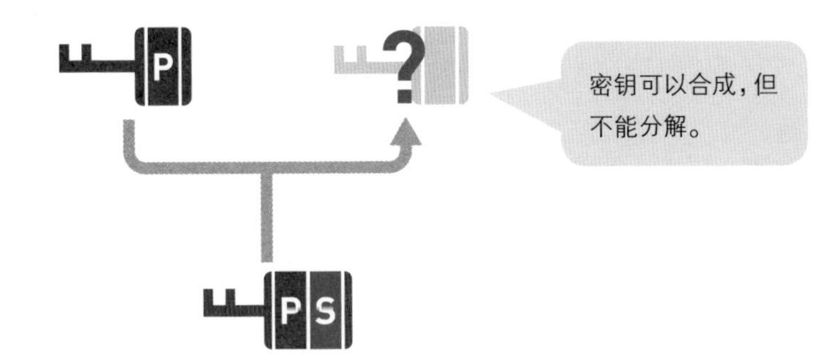

这种合成方法有三个特征。第一，即使持有密钥 P 和合成的密钥 P-S，也无法把密钥 S 单独取出来。

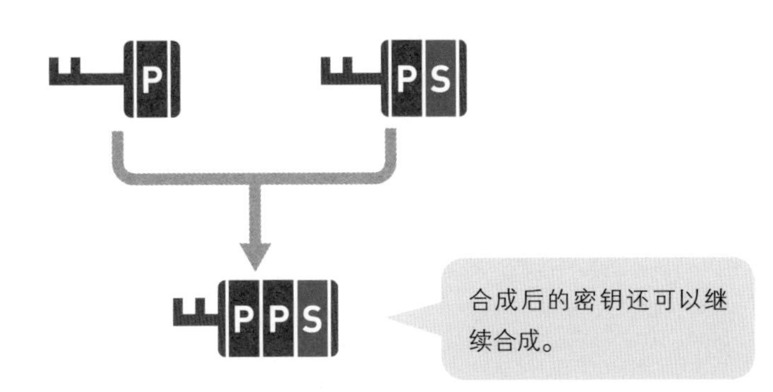

第二，不管是怎样合成而来的密钥，都可以把它作为新的元素，继续与别的密钥进行合成。比如上图中的这个例子，使用密钥 P 和密钥 P-S，还能合成出新的密钥 P-P-S。

05

第三，密钥的合成结果与合成顺序无关，只与用了哪些密钥有关。比如合成密钥 B 和密钥 C 后，得到的是密钥 B-C，再将其与密钥 A 合成，得到的就是密钥 A-B-C。而合成密钥 A 和密钥 C 后，得到的是密钥 A-C，再将其与密钥 B 合成，得到的就是密钥 B-A-C。此处的密钥 A-B-C 和密钥 B-A-C 是一样的。

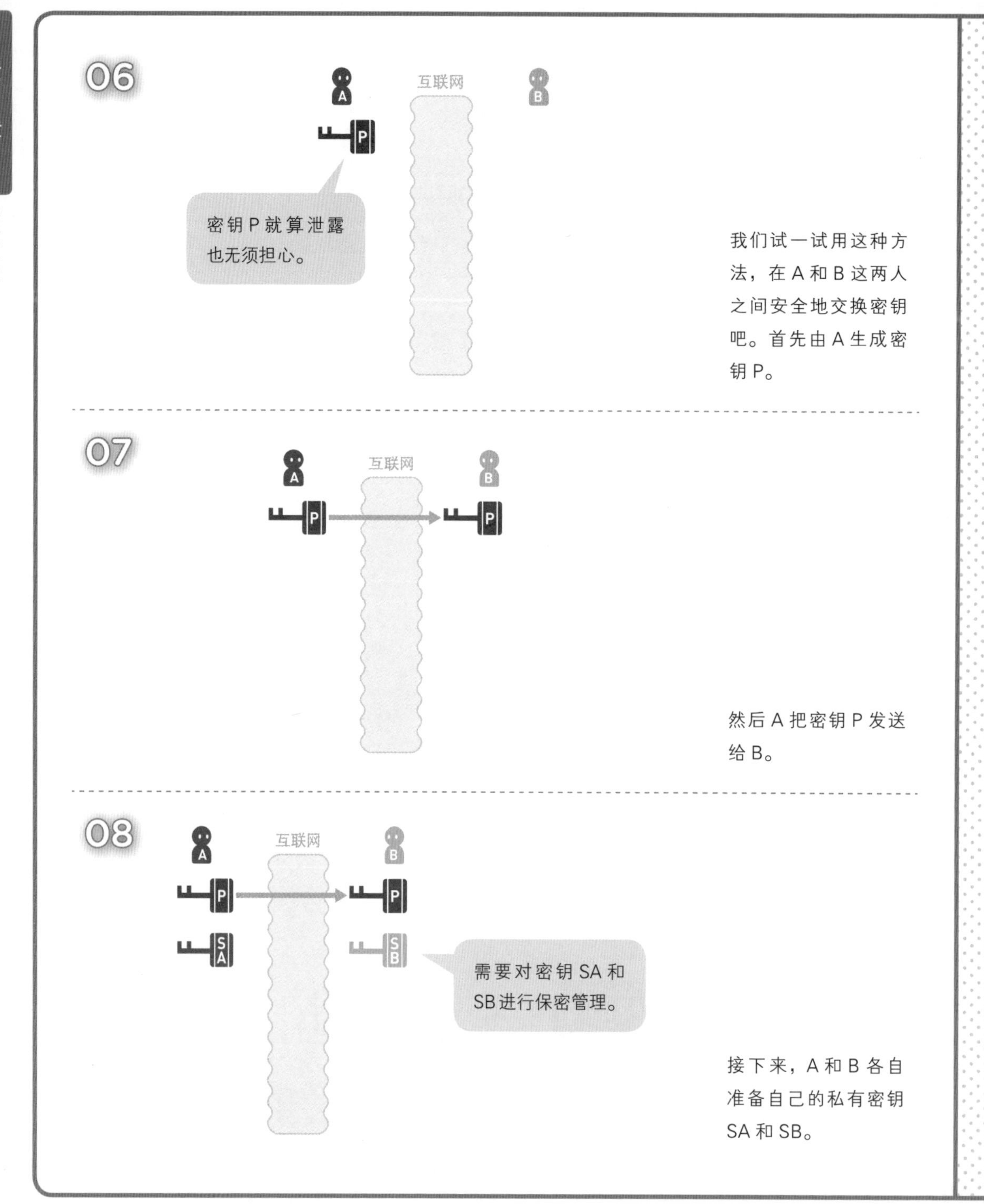

我们试一试用这种方法，在A和B这两人之间安全地交换密钥吧。首先由A生成密钥P。

然后A把密钥P发送给B。

接下来，A和B各自准备自己的私有密钥SA和SB。

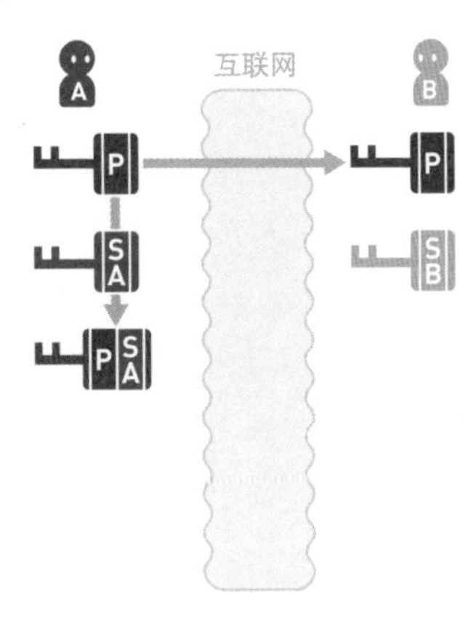

A 利用密钥 P 和私有密钥 SA 合成新的密钥 P-SA。

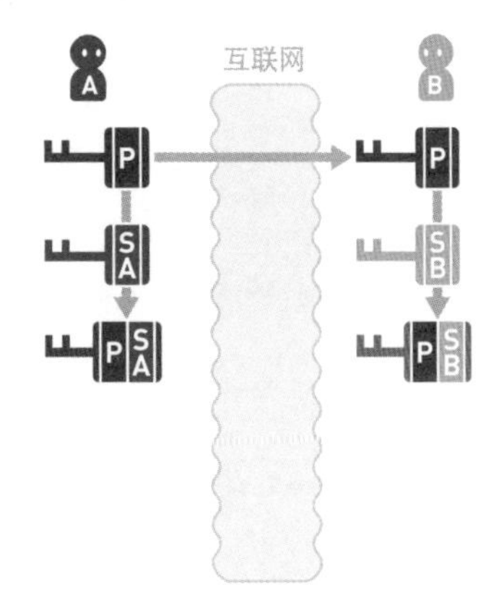

B 利用密钥 P 和私有密钥 SB 合成新的密钥 P-SB。

11

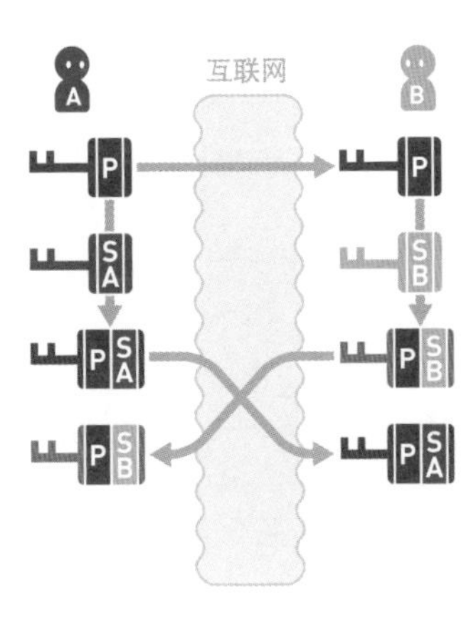

A 将密钥 P-SA 发送给 B，B 将密钥 P-SB 发送给 A。

12

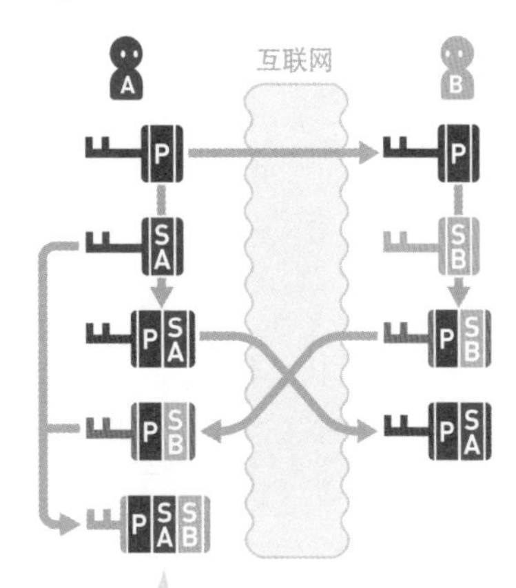

合成的结果与合成顺序无关，所以 SA-P-SB 和 P-SA-SB 相同。

A 将私有密钥 SA 和收到的密钥 P-SB 合成为新的密钥 SA-P-SB。

13

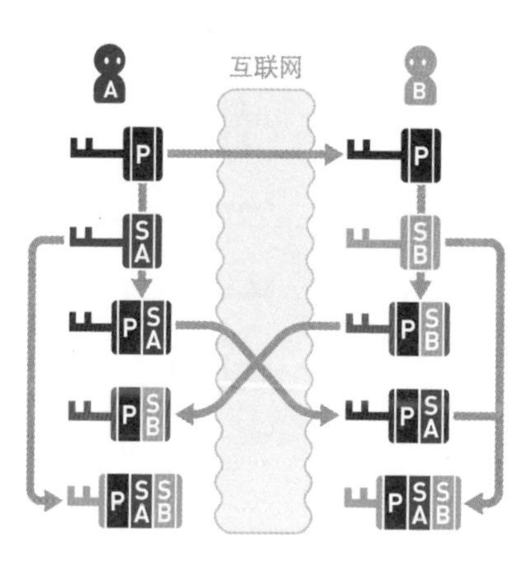

同样，B将私有密钥SB和收到的密钥P-SA合成为新的密钥P-SA-SB。于是A和B都得到了密钥P-SA-SB。这个密钥将作为“加密密钥”和“解密密钥”来使用。

14

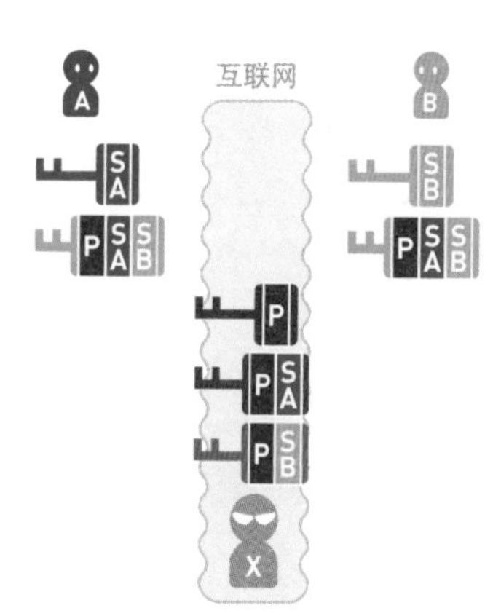

下面我们来验证该密钥交换的安全性。因为密钥P、密钥P-SA和密钥P-SB需要在互联网上进行传输，所以有可能会被X窃听。

15

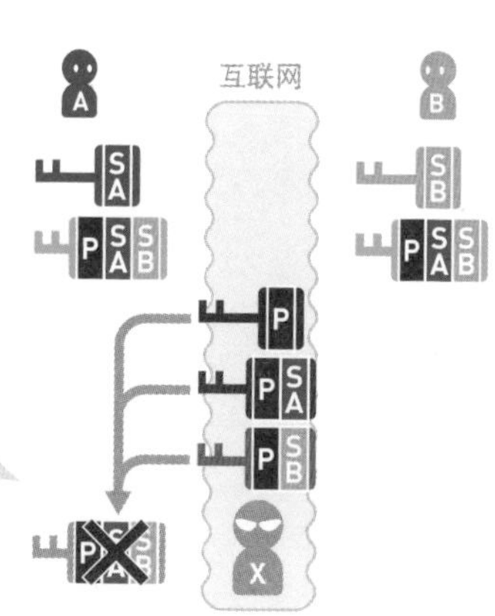

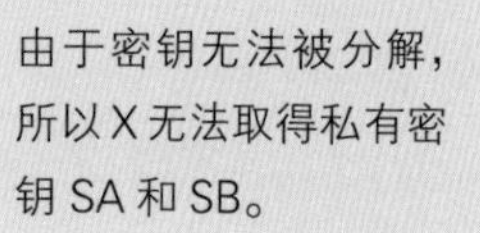

但是，X无法用自己窃听到的密钥合成出P-SA-SB，因此这种交换方式是安全的。

16

对于所有素数 P，都存在一定数量的生成元。

接下来用公式来表示这种密钥交换法。用 P、G 两个整数来表示一开始生成的公开密钥 P。其中 P 是一个非常大的素数，而 G 是素数 P 所对应的生成元（或者原根）中的一个。

17

首先，由 A 来准备素数 P 和生成元 G。这两个数公开也没有关系。

18

A 将素数 P 和生成元 G 发送给 B。

19

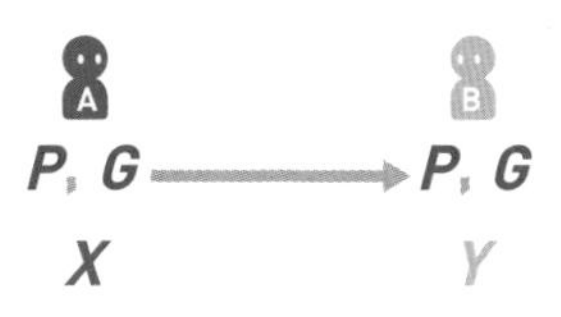

接下来，A 和 B 分别准备各自的秘密数字 X 和 Y。X 和 Y 都必须小于 $P-2$。

20

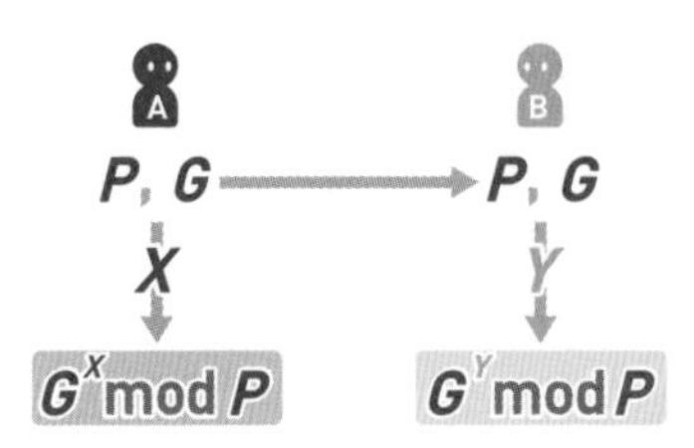

A 和 B 分别计算“G 的秘密数字次方 mod P”。mod 运算就是取余运算。“G mod P”就是计算 G 除以 P 后的余数。此处的运算等同于概念意义上的“合成”。

21

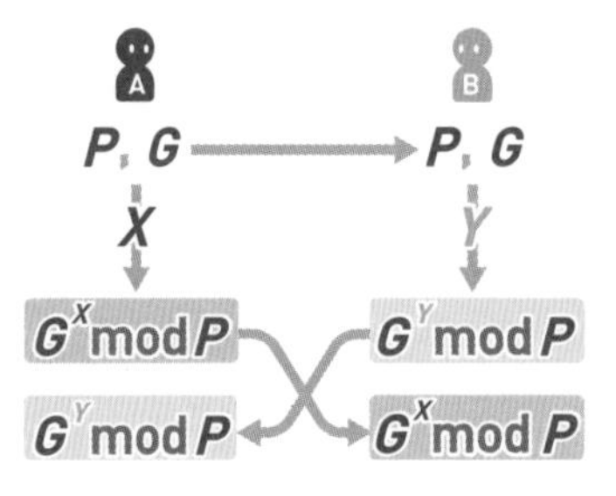

A 和 B 将自己的计算结果发送给对方。

22

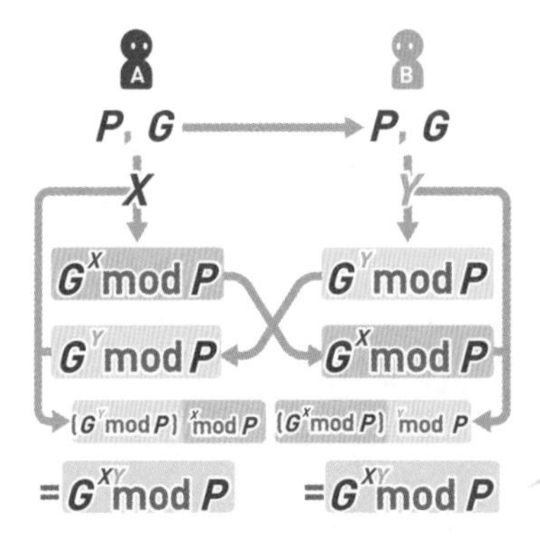

这样，A 和 B 就共同拥有了相当于加密密钥的数字。

A 和 B 收到对方的计算结果后，先计算这个值的秘密数字次方，然后再 mod P。最后 A 和 B 会得到相同的结果。

23

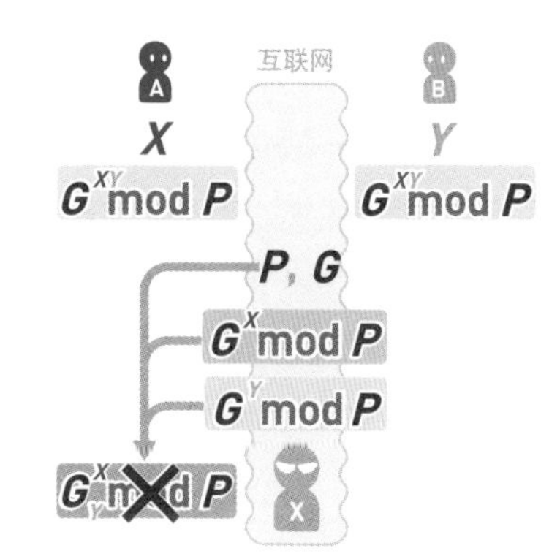

下面来验证这种密钥交换法的安全性。即便 X 窃听了整个通信过程，也无法用窃听到的数字计算出 A 和 B 共有的数字。而且，X 也无法计算出保密数字 X 和 Y。因此，此处使用迪菲 – 赫尔曼密钥交换是安全的。

解说

迪菲 – 赫尔曼密钥交换由惠特菲尔德 · 迪菲（Whitfield Diffie）和马丁 · 赫尔曼（Martin Hellman）提出，两人在 2015 年获得了图灵奖。

根据素数 P、生成元 G 和 “G^X mod P” 求出 X 的问题就是 “离散对数问题”，人们至今还未找到这个问题的解法，而迪菲 – 赫尔曼密钥交换正是利用了这个数学难题。

补充说明

使用迪菲 – 赫尔曼密钥交换，通信双方仅通过交换一些公开信息就可以实现密钥交换。但实际上，双方并没有交换密钥，而是生成了密钥。因此，该方法又被叫作 “迪菲 – 赫尔曼密钥协议”。

No. 5-8 消息鉴别码

消息鉴别码可以实现“认证”和“检测篡改”这两个功能。密文的内容在传输过程中可能会被篡改，这会导致解密后的内容发生变化，从而产生误会。消息鉴别码就是可以预防这种情况发生的机制。

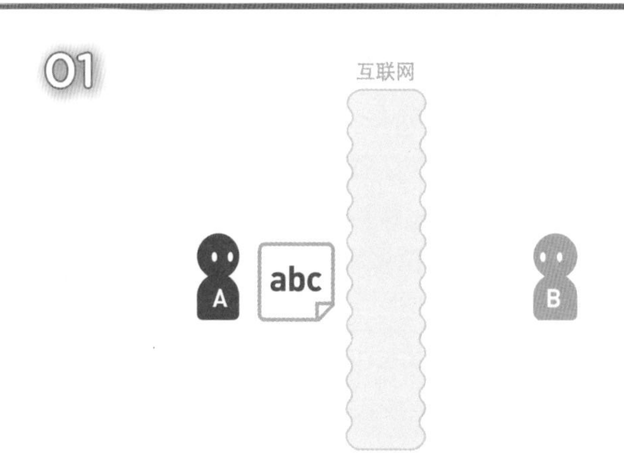

首先，我们来看看什么情况下需要使用消息鉴别码。假设 A 在 B 处购买商品，需要将商品编号 abc 告诉 B。

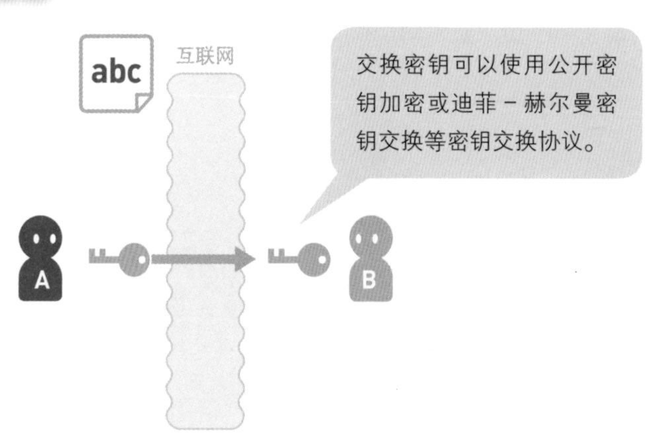

此处，假设 A 使用共享密钥加密对消息进行加密。A 通过安全的方法将密钥发送给了 B。

▶参考：5-4 共享密钥加密
▶参考：5-5 公开密钥加密
▶参考：5-7 迪菲 – 赫尔曼密钥交换

03

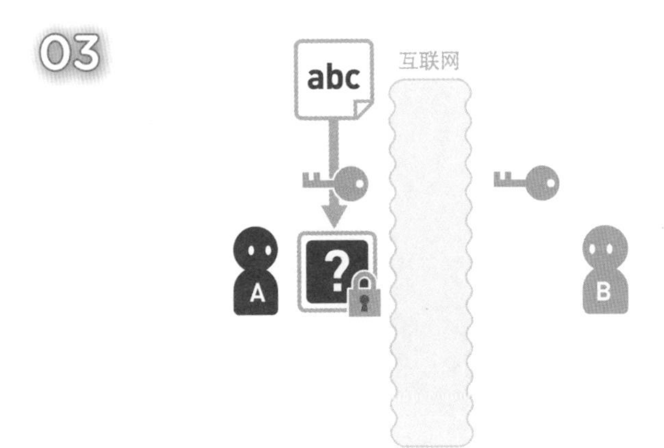

A 使用双方共有的密钥对消息进行加密。

04

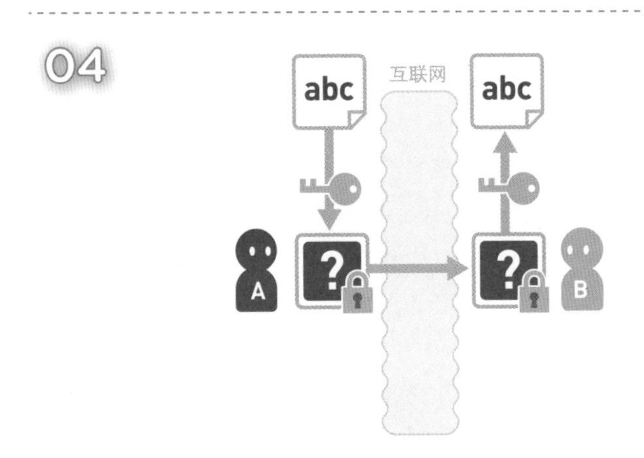

A 把密文发送给 B，B 收到后对密文进行解密，最终得到了原本的商品编号 abc。

05

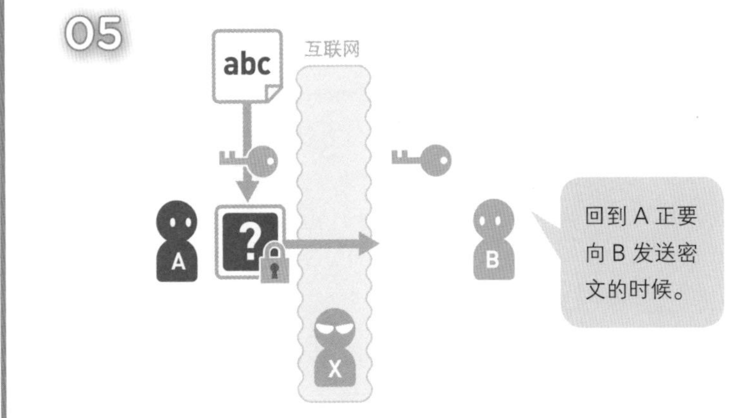

以上是没有出现问题时的流程，然而在这个过程中可能会发生下面的情况。

06

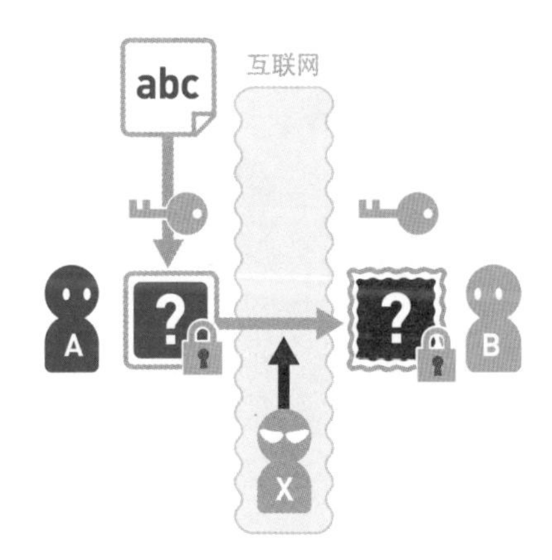

假设 A 发送给 B 的密文在通信过程中被 X 恶意篡改了，而 B 收到密文后没有意识到这个问题。

07

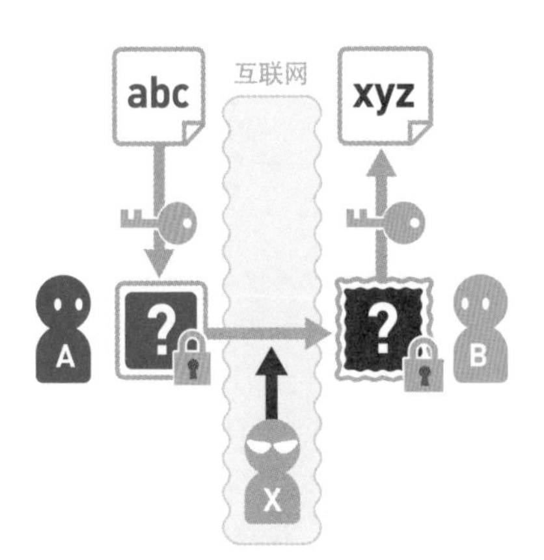

B 对被篡改的密文进行解密，得到消息 xyz。

08

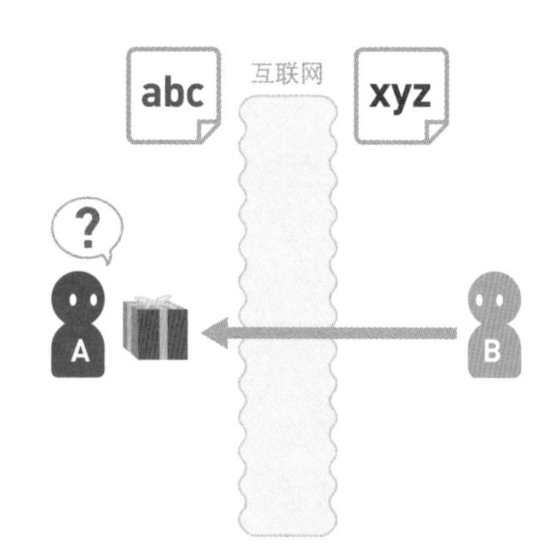

B 以为 A 订购的是编号为 xyz 的商品，于是将错误的商品发送给了 A。

09

如果使用消息鉴别码，就能检测出消息已被篡改。为了了解实际的处理流程，我们再一次回到 A 正要向 B 发送密文的时候。

10

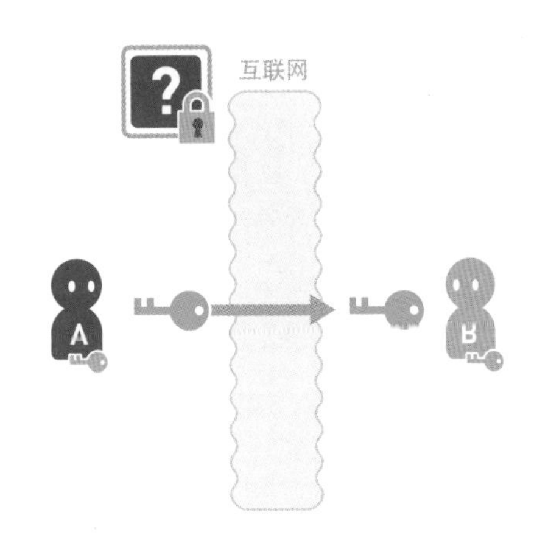

A 生成了一个用于制作消息鉴别码的密钥，然后使用安全的方法将密钥发送给了 B。

11

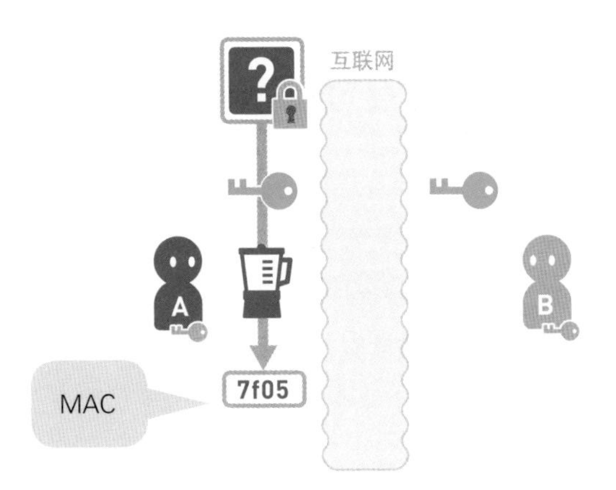

接下来，A 使用密文和密钥生成一个值。此处生成的是 7f05。这个由密钥和密文生成的值就是消息鉴别码，以下简称为 MAC（ Message Authentication Code ）。

12

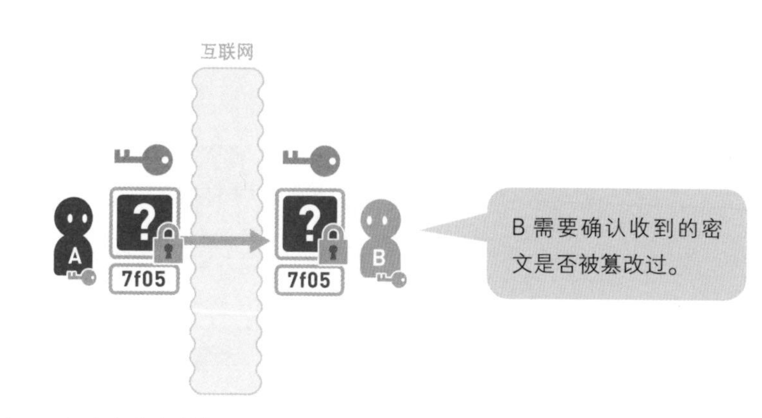

A 将 MAC（7f05）和密文发送给 B。

13

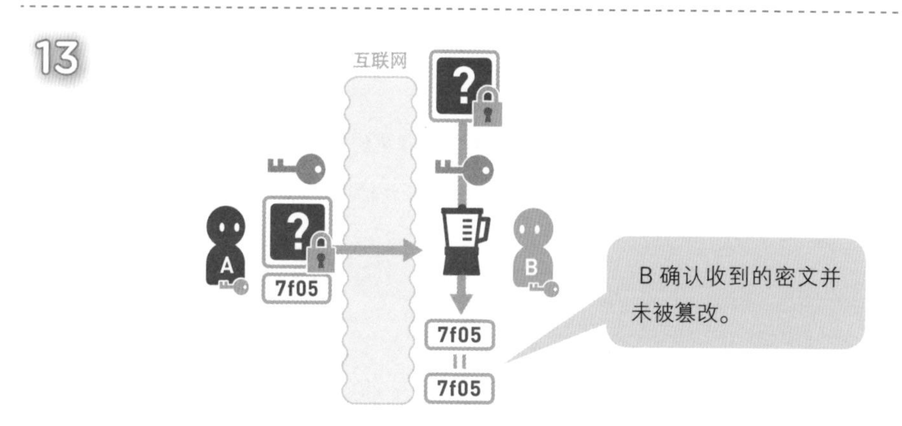

和 A 一样，B 也需要使用密文和密钥来生成 MAC。经过对比，B 可以确认自己计算出来的 7f05 和 A 发来的 7f05 一致。

我们可以把 MAC 想象成由密钥和密文组成的字符串的“哈希值”。计算 MAC 的算法有 HMAC[①]、OMAC[②]、CMAC[③]等。目前，HMAC 的应用最为广泛。

参考：5-3 哈希函数

① Hash-based MAC 的缩写。

② One-key MAC 的缩写。

③ Cipher-based MAC 的缩写。

14

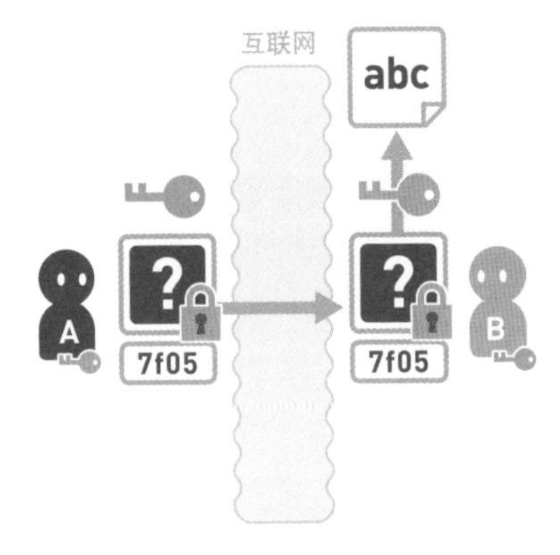

接下来，B 只需使用密钥对密文进行解密即可。最终 B 成功取得了 A 发送过来的商品编号 abc。

15

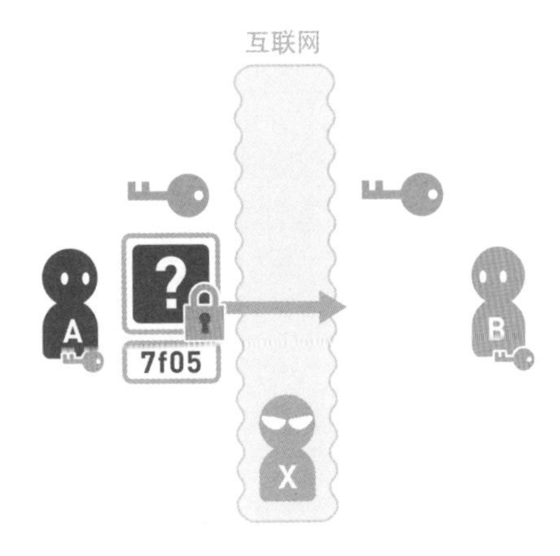

如果 X 在通信过程中对密文进行了篡改，会是怎样一种情况呢？让我们回到 A 正要向 B 发送密文的时候。

16

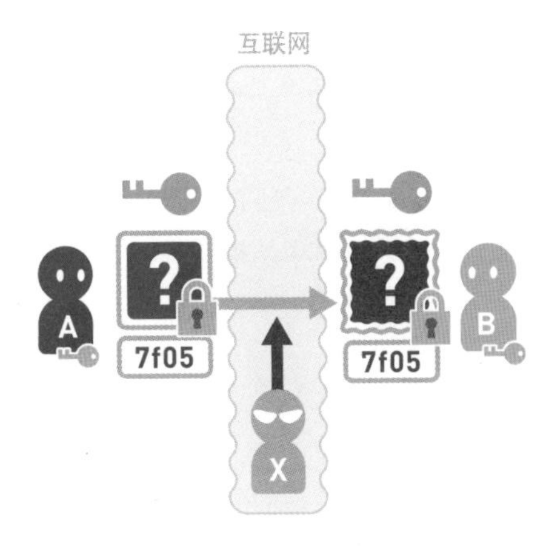

假设在 A 向 B 发送密文和 MAC 时，X 对密文进行了篡改。

17

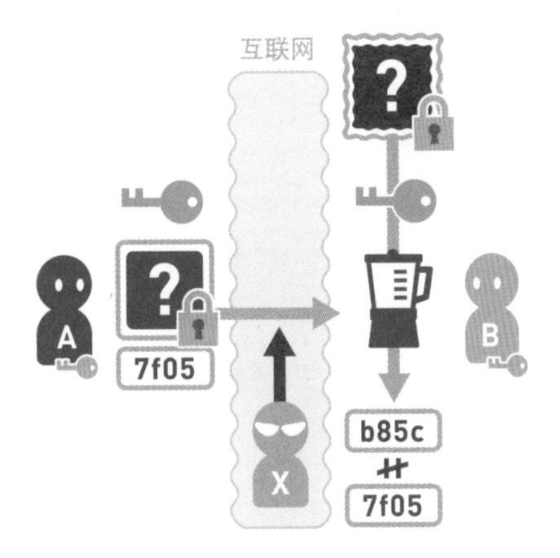

B 使用该密文计算 MAC，得到的值是 b85c，发现和收到的 MAC 不一致。

18

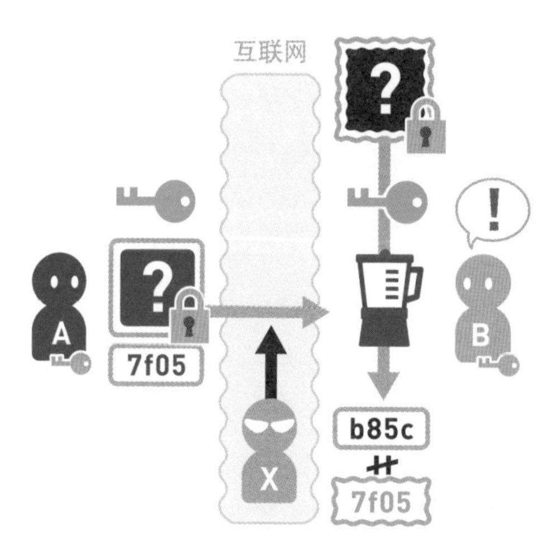

由此，B 意识到密文或者 MAC，甚至两者都可能遭到了篡改。于是 B 废弃了收到的密文和 MAC，向 A 提出再次发送的请求。

解说

加密仅仅是一个数值计算和处理的过程，所以即使密文被篡改了，也能够进行解密的相关计算。

如果原本的消息是很长的句子，那么它被篡改后再解密，意思会变得很奇怪，所以接收者有可能会发现它是被篡改过的。但是，如果原本的消息就是商品编号等无法被人们直接理解的内容，那么解密后接收者便很难判断它是否被篡改。由于密码本身无法告诉人们消息是否被篡改，所以就需要使用 MAC 来检测。

补充说明

本节以图配文讲解了使用 MAC 检测密文是否被篡改的方法。接着我们来进一步思考：X 会不会为了让密文的篡改变得合理，而对 MAC 也进行篡改呢？

X 没有计算 MAC 的密钥，所以即便他可以篡改 MAC，也无法让篡改后的密文变得合理。所以，只要 B 计算出 MAC，发现密文对应的 MAC 与自己算出的不同，就能确认通信过程中发生了篡改（请参考下图）。

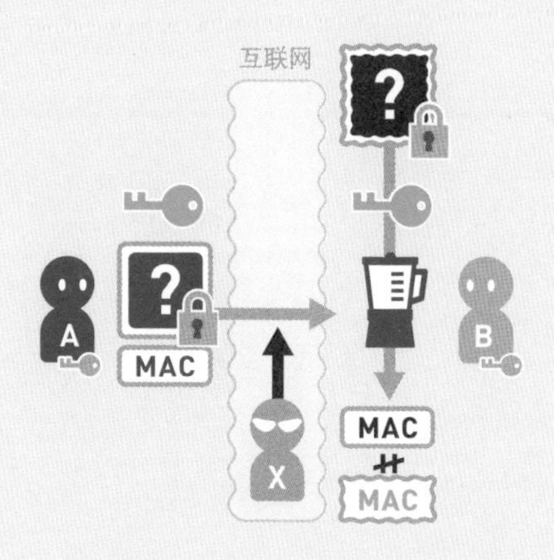

就像这样，只要使用消息鉴别码 MAC，我们就能预防通信过程中的篡改行为。

然而，这种方法也有缺点。在使用 MAC 的过程中，AB 双方都可以对消息进行加密并且算出 MAC。也就是说，我们无法证明原本的消息是 A 生成的还是 B 生成的。

因此，假如 A 是坏人，他就可以在自己发出消息后声称“这条消息是 B 捏造的”，而否认自己的行为。如果 B 是坏人，他也可以自己准备一条消息，然后声称“这是 A 发给我的消息”。

使用 MAC 时，生成的一方和检测的一方持有同样的密钥，所以不能确定 MAC 由哪方生成。这个问题可以用下一节讲到的“数字签名”来解决。

▶参考：5-9 数字签名

No. 5-9 数字签名

数字签名不仅可以实现消息鉴别码的认证和检测篡改功能，还可以预防事后否认问题的发生。由于在消息鉴别码中使用的是共享密钥加密，所以持有密钥的收信人也有可能是消息的发送者，这样是无法预防事后否认行为的。而数字签名是只有发信人才能生成的，因此使用它就可以确定谁是消息的发送者了。

参考：5-8 消息鉴别码

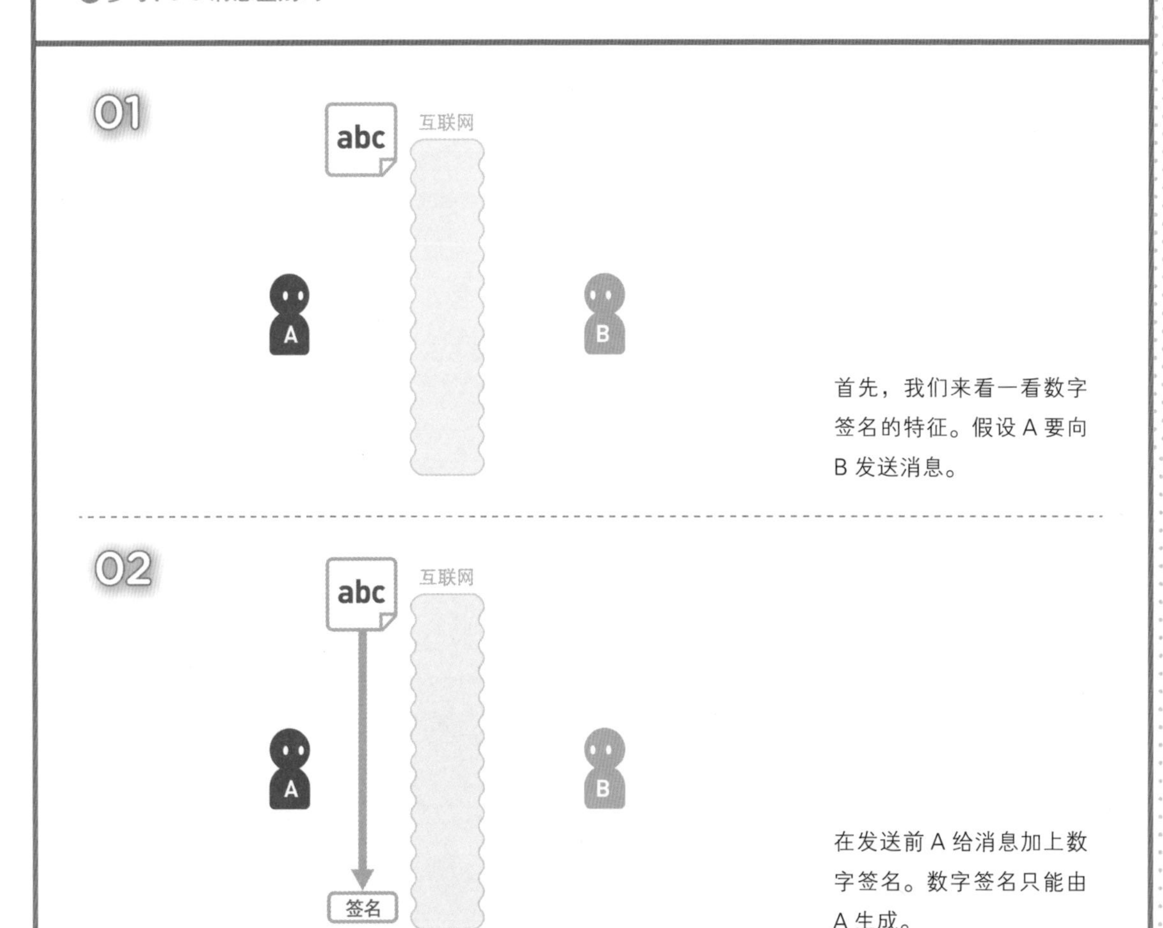

首先，我们来看一看数字签名的特征。假设 A 要向 B 发送消息。

在发送前 A 给消息加上数字签名。数字签名只能由 A 生成。

03

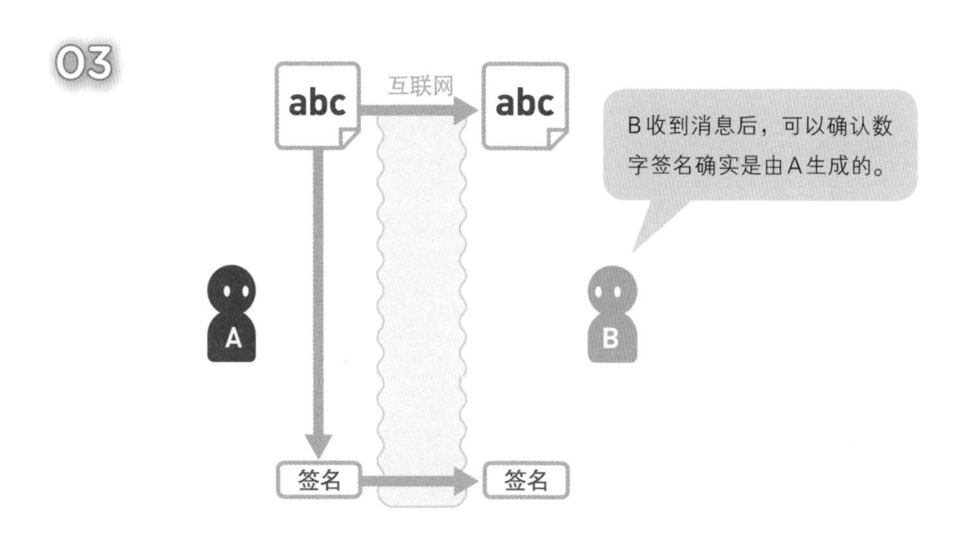

只要发送的消息上有 A 的数字签名，就能确定消息的发送者就是 A。

04

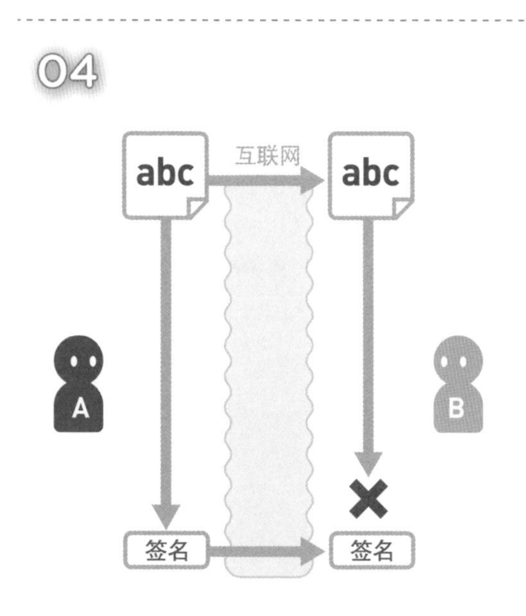

B 可以验证数字签名的正确性，但无法生成数字签名。

05

接下来看一看数字签名具体是怎样生成的吧。数字签名的生成使用的是公开密钥加密。

参考：5-5 公开密钥加密

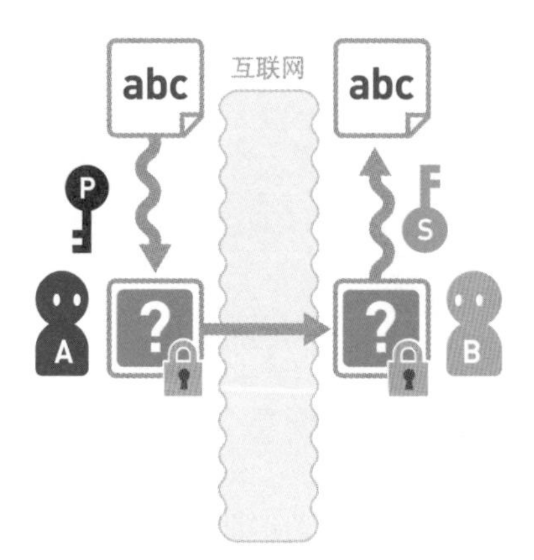

我们先来复习一下前面的知识。公开密钥加密中，加密使用的是公开密钥，解密使用的是私有密钥。任何人都可以使用公开密钥对数据进行加密，但只有持有私有密钥的人才能解密数据。然而，数字签名却是恰恰相反的。

下面，我们就来看一看使用了数字签名的消息交换流程。首先由 A 准备好需要发送的消息、私有密钥和公开密钥。由消息的发送者来准备这两个密钥，这一点与公开密钥加密有所不同。

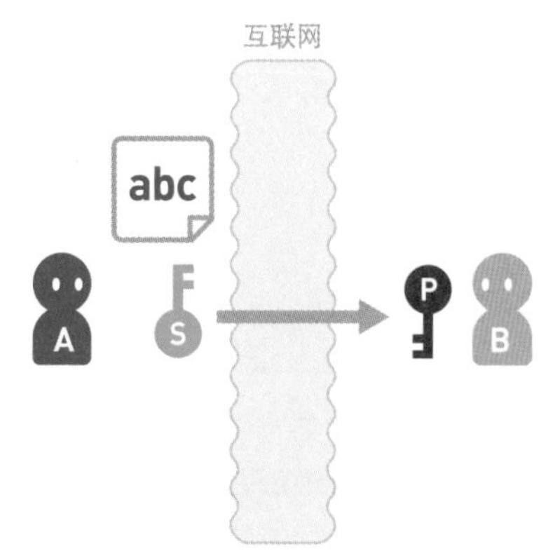

A 将公开密钥发送给 B。

09

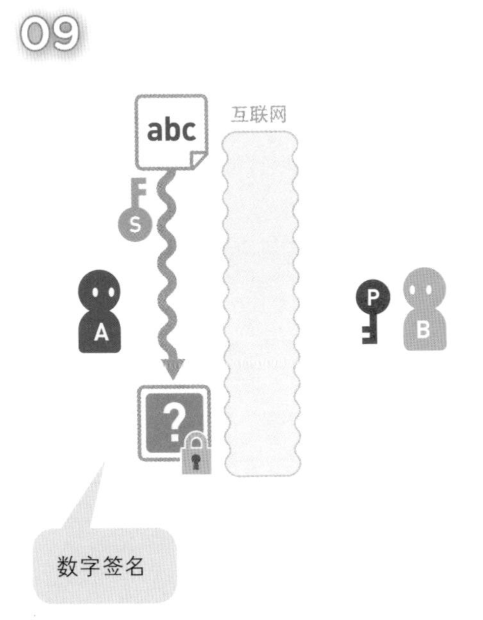

A 使用私有密钥加密消息。加密后的消息就是数字签名。

10

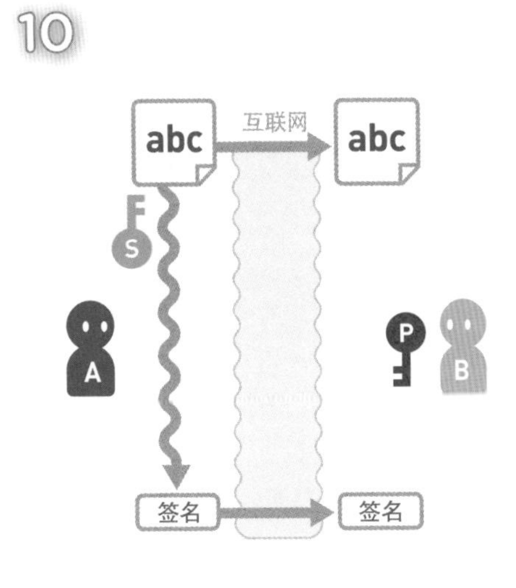

A 将消息和签名都发送给了 B。

11

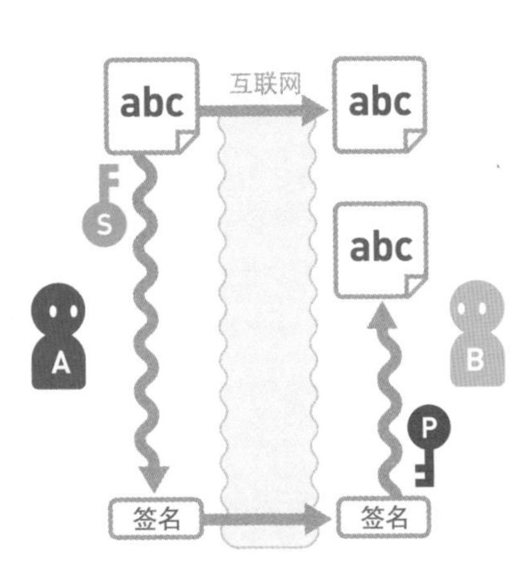

B 使用公开密钥对密文（签名）进行解密。

12

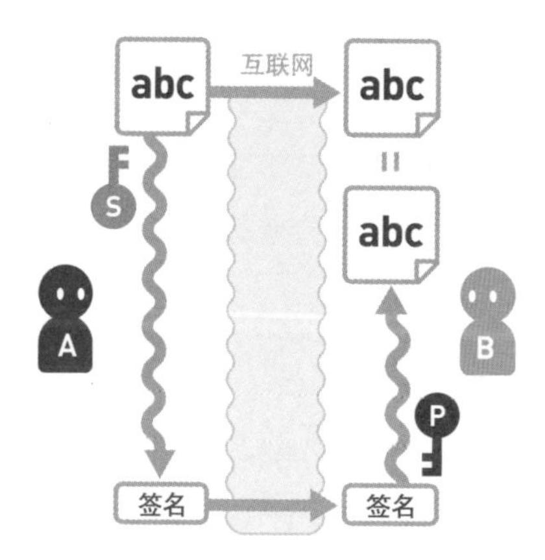

B 对解密后的消息进行确认，看它是否和收到的消息一致。流程到此结束。

解说

在 07~12 中，生成的是只能由持有私有密钥的 A 来加密，但只要有公开密钥，谁都可以进行解密的密文。这个密文作为密码似乎没有任何意义。但是换一个角度来看就会发现，它可以保证这个密文的制作者只能是持有私有密钥的 A。

在数字签名中，是将“只能由 A 来加密的密文”作为签名来使用的。严格来说，也有使用加密运算以外的计算方法来生成签名的情况，但是，与用私有密钥生成签名、用公开密钥验证签名这一机制是相同的，所以为了方便我们就以上文的方式进行了说明。

在公开密钥加密中，用公开密钥加密的数据都可以用私有密钥还原。而本节讲解的数字签名利用的是用私有密钥加密的数据，用公开密钥解密后就能还原这一性质。也就是说，即使密钥的使用顺序不同，运行结果也都是一样的。并不是所有的公开密钥加密都具有这个性质，不过 RSA 加密算法是可以的。

能够用 A 的公开密钥解密的密文，必定是由 A 生成的。因此，我们可以利用这个结论来判断消息的发送者是否为 A，消息是否被人篡改。

由于 B 只有公开密钥，无法生成 A 的签名，所以也预防了“事后否认”这一问题的发生。

补充说明

公开密钥加密的加密和解密都比较耗时。为了节约运算时间，实际上不会对消息直接进行加密，而是先求得消息的哈希值，再对哈希值进行加密，然后将其作为签名来使用（请参考下图）。

参考：5-3 哈希函数

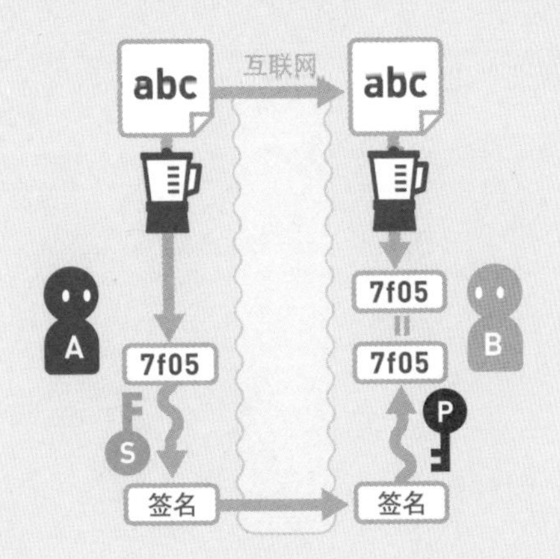

虽然数字签名可以实现“认证”“检测篡改”“预防事后否认”三个功能，但它也有一个缺陷，那就是，虽然使用数字签名后 B 会相信消息的发送者就是 A，但实际上也有可能是 X 冒充了 A。

其根本原因在于使用公开密钥加密无法确定公开密钥的制作者是谁，收到的公开密钥上也没有任何制作者的信息。因此，公开密钥有可能是由某个冒充 A 的人生成的。

使用下一节讲到的“数字证书”就能解决这个问题。

参考：5-10 数字证书

No. 5-10 数字证书

公开密钥加密和数字签名无法保证公开密钥确实来自信息的发送者。因此，就算公开密钥被第三者恶意替换，接收方也不会注意到。不过，如果使用本节讲解的数字证书，就能保证公开密钥的正确性。

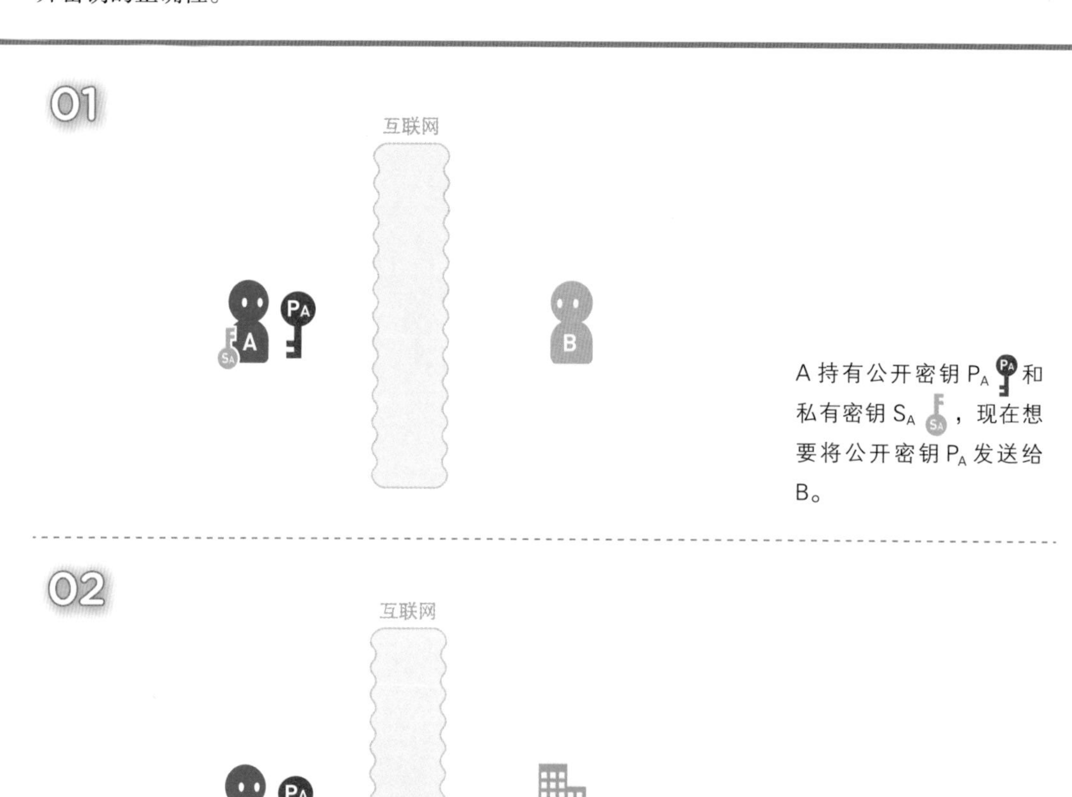

A 持有公开密钥 P_A 和私有密钥 S_A，现在想要将公开密钥 P_A 发送给 B。

02

A 首先需要向认证中心（Certificate Authority，CA）申请发行证书，证明公开密钥 P_A 确实由自己生成。

03

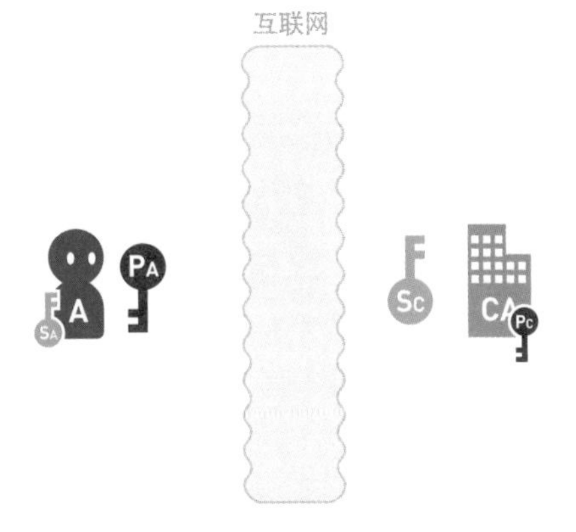

认证中心保管着他们自己准备的公开密钥 P_C 和私有密钥 S_C 。

04

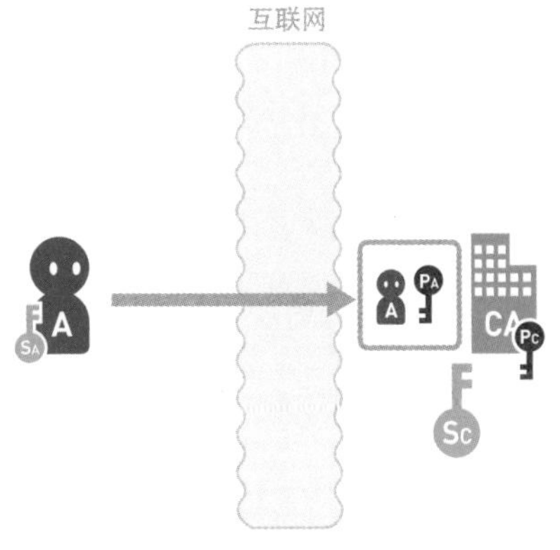

A 将公开密钥 P_A 和包含邮箱地址的个人资料发送给认证中心。

05

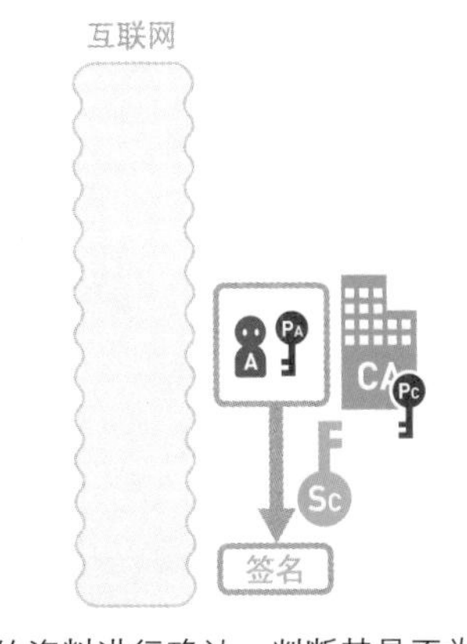

认证中心对收到的资料进行确认，判断其是否为 A 本人的资料。确认完毕后，认证中心使用自己的私有密钥 S_C，根据 A 的资料生成数字签名。

06

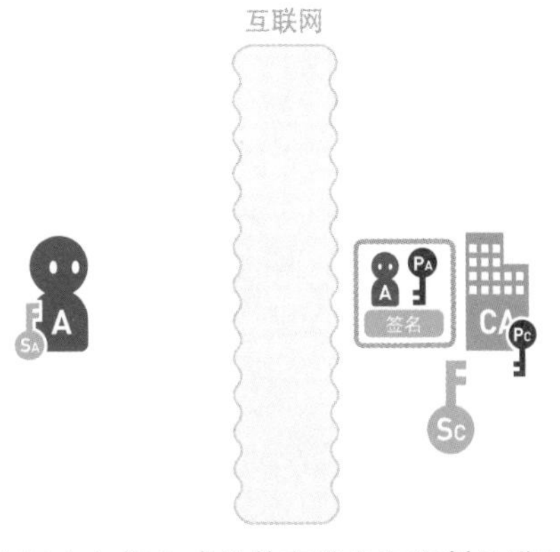

认证中心将生成的数字签名和资料放进同一个文件中。

提示

认证中心是管理数字证书的组织机构。原则上谁都可以成为认证中心，所以认证中心的数量也比较多，但建议在经过政府审查的大型企业机构进行申请，这些机构更令人放心。

07

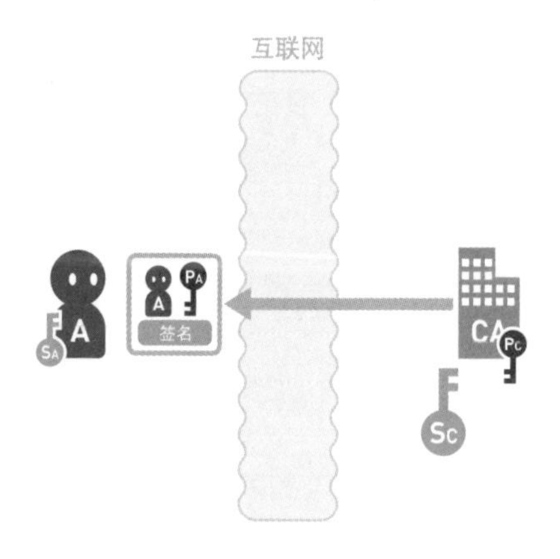

然后，认证中心把这个文件发送给 A。

08

这个文件就是 A 的数字证书。

09

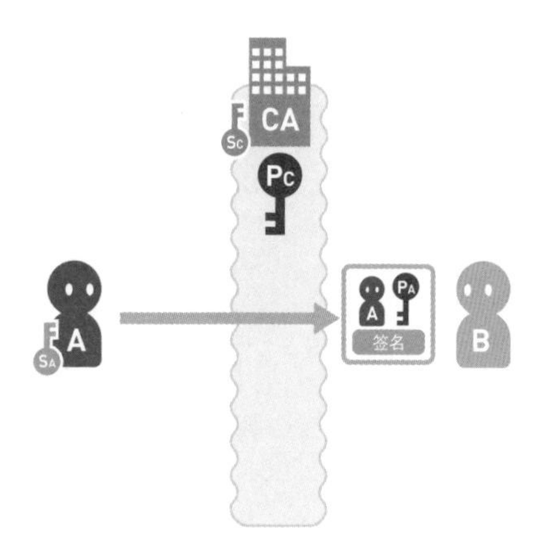

A 将作为公开密钥的数字证书发送给 B。

10

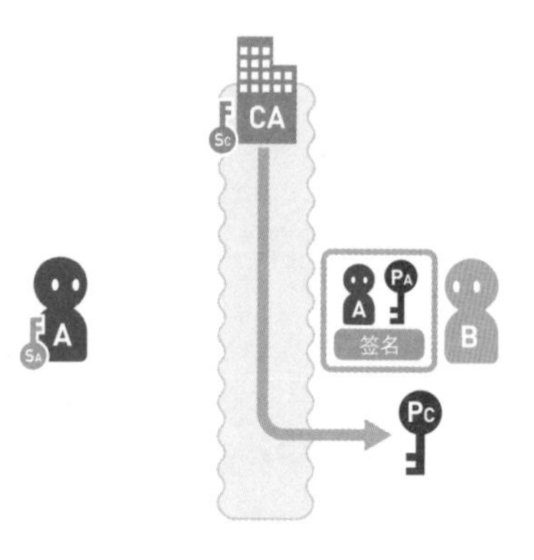

B 收到数字证书后，确认证书里的邮箱地址确实是 A 的地址。接着，B 获取了认证中心的公开密钥。

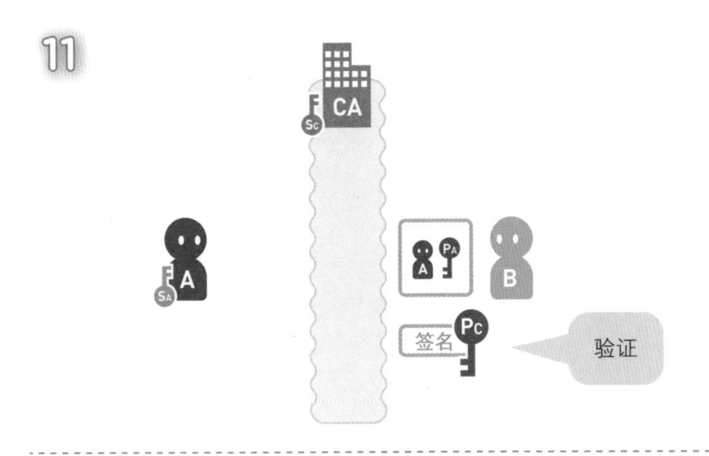

B 对证书内的签名进行验证，判断它是否为认证中心给出的签名。证书中的签名只能用认证中心的公开密钥 P_C 进行验证。如果验证结果没有异常，就能说明这份证书的确由认证中心发行。

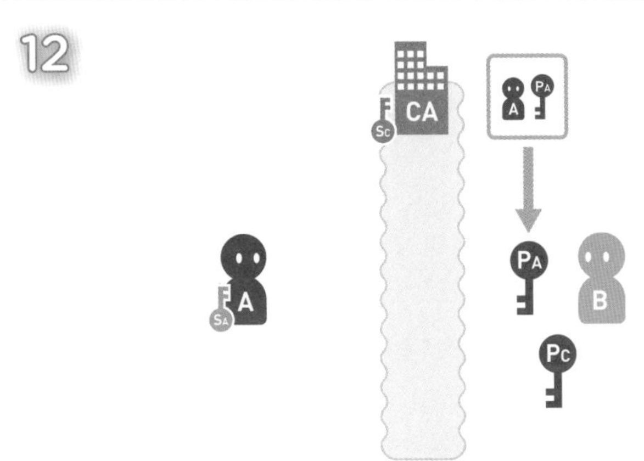

确认了证书是由认证中心发行的，且邮箱地址就是 A 的之后，B 从证书中取出 A 的公开密钥 P_A。这样，公开密钥便从 A 传到了 B。

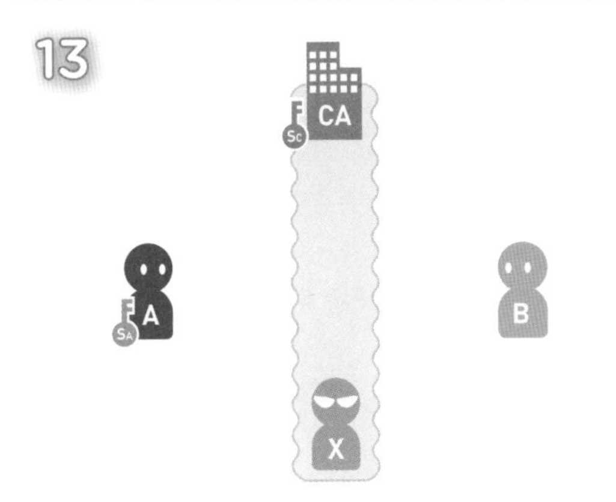

我们来看看公开密钥的交付过程有没有什么问题。

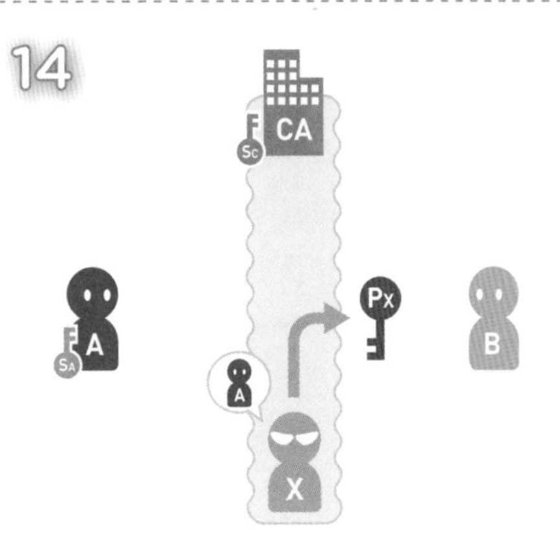

假设 X 冒充 A，准备向 B 发送公开密钥 P_X 。

15

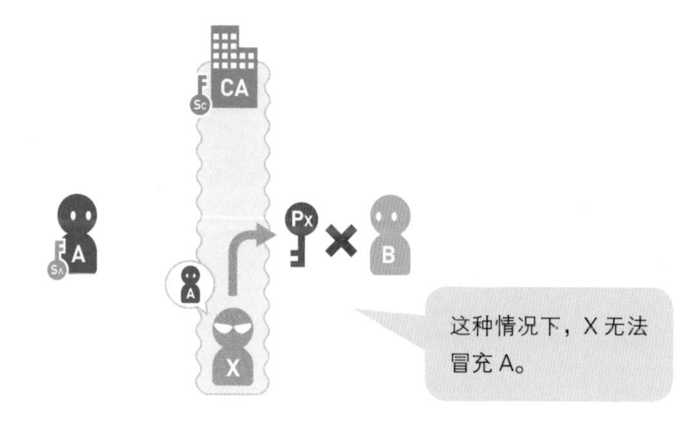

但是，B 没有必要信任以非证书形式收到的公开密钥。

16

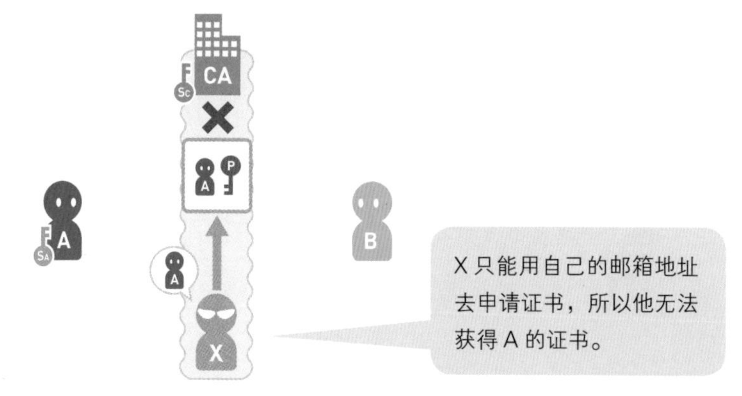

假设 X 为了假冒 A，准备在认证中心登记自己的公开密钥。然而 X 无法使用 A 的邮箱地址，因此无法获得 A 的证书。

通过数字证书，信息的接收者可以确认公开密钥的制作者。

在 10 中，B 得到了认证中心的公开密钥，但此处仍有一个疑问：B 得到的公开密钥 P_C 真的来自认证中心吗？

由于公开密钥自身不能表示其制作者，所以有可能是冒充认证中心的 X 所生成的。也就是说，这里同样存在公开密钥问题（请参考下图）。

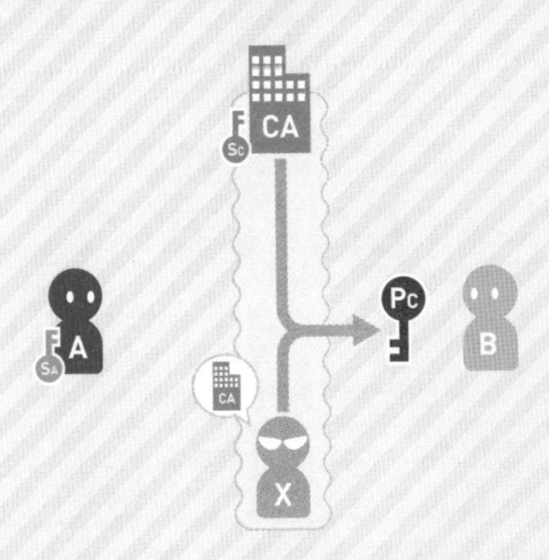

实际上，认证中心的公开密钥 P_C 是以数字证书的形式交付的，会有更高级别的认证中心对这个认证中心署名（请参考下图）。

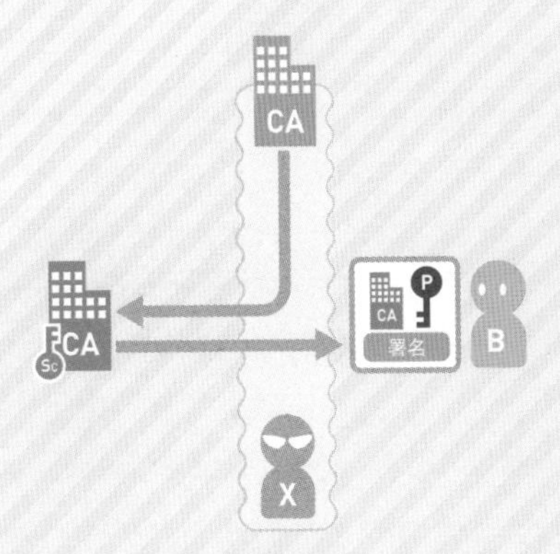

就像下页图中的树结构一样，由上面的认证中心为下面的认证中心发行证书。

那么，我们来看看这个树结构是怎么形成的吧。假设存在一个被社会广泛认可的认证中心 A。此时出现了一个刚成立的公司 B，虽然 B 想要开展认证中心的业务，但它无法得到社会的认可。于是 B 向 A 申请发行数字证书。当然 A 会对 B 能否开展认证中心业务进行适当的审核。只要 A 发行了证书，公司 B 就可以向社会表示自己获得了 A 的信任。于是，通过大型组织对小组织的信赖担保，树结构就建立了起来。

最顶端的认证中心被称为“根认证中心”（root CA，RCA），其自身的正当性由自己证明。对根认证中心自身进行证明的证书为“根证书”。如果根认证中心不被信任，整个组织就无法运转，因此根认证中心多为大型企业，或者与政府关联且已经取得了社会信赖的组织。

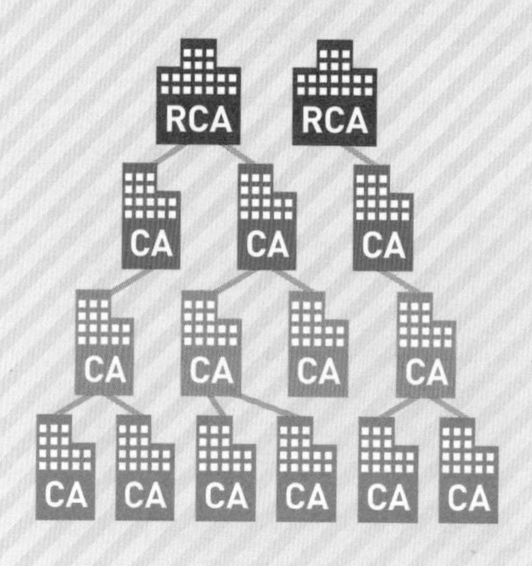

补充说明

到目前为止，我们了解的都是个人之间交付公开密钥的例子，其实在网站之间的通信中同样也要用到数字证书。只要能收到来自网站的含有公开密钥的证书，就能确认该网站未被第三者冒充。

此处的证书叫作“服务器证书”，同样由认证中心发行。个人的证书会与他的邮箱信息相对应，而服务器证书与域名信息相对应。因此，我们还可以确认网站域名和存储网站本身内容的服务器是由同一个组织来管理的。

数字证书就是像这样通过认证中心来担保公开密钥的制作者的。这一系列技术规范被统称为“公钥基础设施”（Public Key Infrastructure，PKI）。

第6章

聚类

No. 6-1 什么是聚类

将相似的对象分为一组

聚类就是在输入为多个数据时，将“相似”的数据分为一组的操作。1 个组就叫作 1 个“聚类簇”，简称“簇”。下面的示例中每个点都代表 1 个数据，在平面上位置较为相近、被圈起来的点就代表一类相似的数据。也就是说，这些数据被分为了 3 个簇。

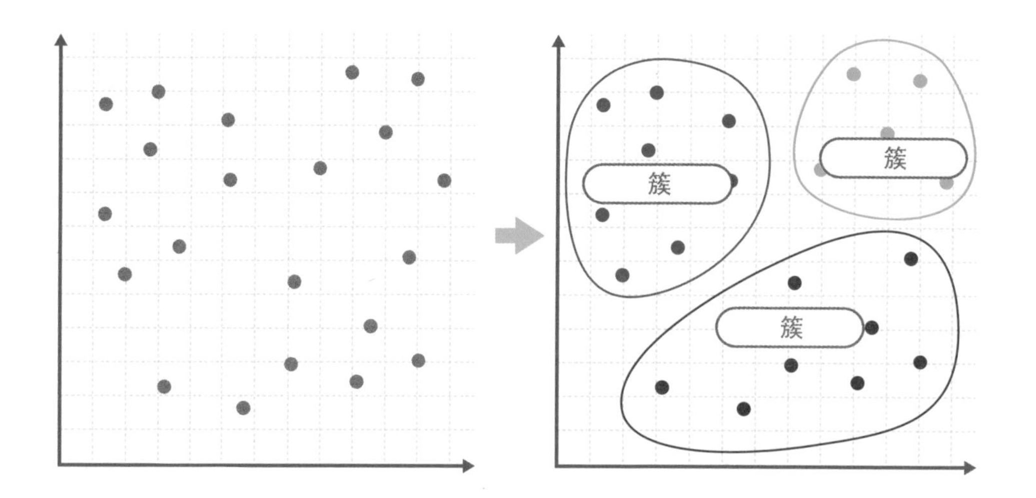

如何定义“相似”

定义数据间的差距

根据数据类型不同，数据“相似”的标准也不同。具体来说，就是要对两个数据之间的“差距”进行定义。首先来看下面的示例。

假设某所高中的某个年级共有 400 名学生，现在我们想要将这些学生在考试中取得的语文、数学、英语成绩数据化，并将他们按照“擅长或不擅长的科目相似”进行聚类。

把每个学生的成绩都转换成（语文成绩 c，数学成绩 m，英语成绩 e）形式的数据后，就可以将两个数据（c_1, m_1, e_1）和（c_2, m_2, e_2）之间的差距定义为 $(c_1-c_2)^2+(m_1-m_2)^2+(e_1-e_2)^2$，其中差距小的数据就互为“相似的数据”。

▶ 符合条件的算法

即使定义好了数据间的差距，聚类的方法也会有很多种。我们可以设定各种各样的条件，比如想把数据分为 10 个簇，或者想把 1 个簇内的数据定在 30~50 人，再或者想把簇内数据间的最大距离设为 10，等等。而设定什么样的条件取决于进行聚类的目的。

假如是为了分班，那么就要根据老师和教室的数量来确定簇的数量，并根据教室的面积确定每个簇内的数据量。现在有很多种可以满足各类条件的聚类算法供我们选择。

下一节就将介绍其中最基本也是最有代表性的聚类算法“k 均值聚类算法”。该算法可以把数据按要求分为 k 个簇。

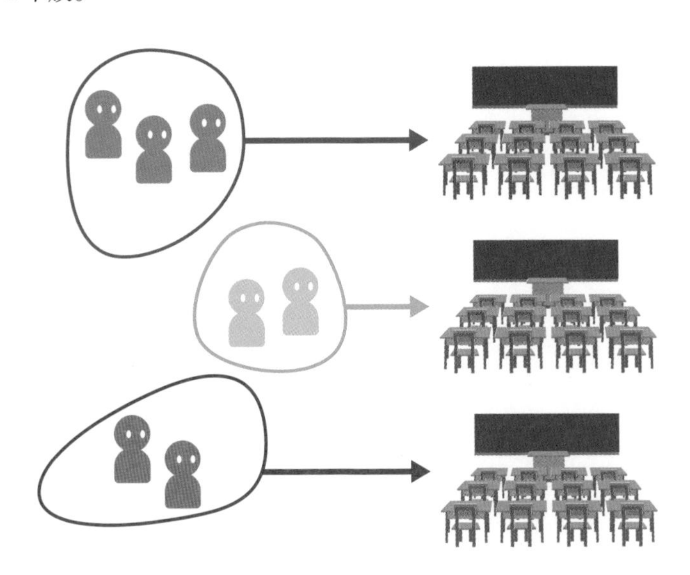

No. 6-2 k 均值聚类算法

k 均值聚类（k-means）算法是聚类算法中的一种，它可以根据事先给定的簇的数量进行聚类。

01

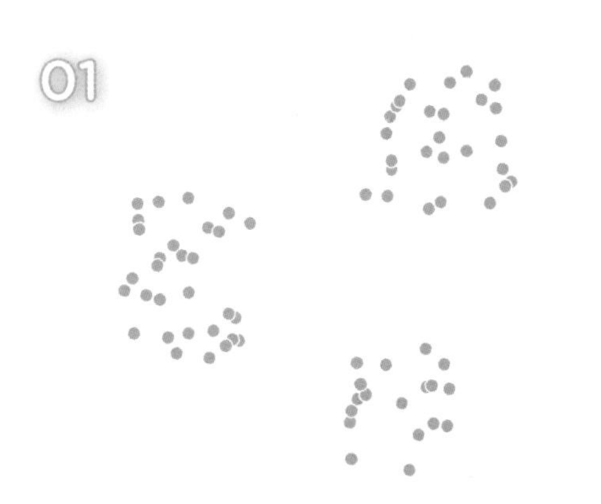

首先准备好需要聚类的数据，然后决定簇的数量。本例中我们将簇的数量定为3。此处用点表示数据，用两点间的直线距离表示数据间的差距。

02

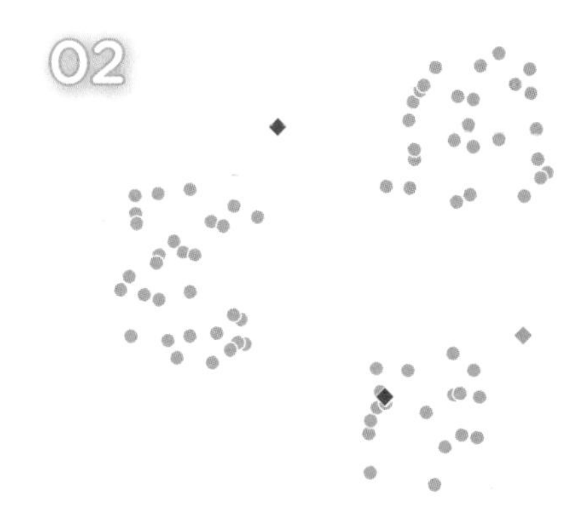

随机选择3个点作为簇的中心点。

03

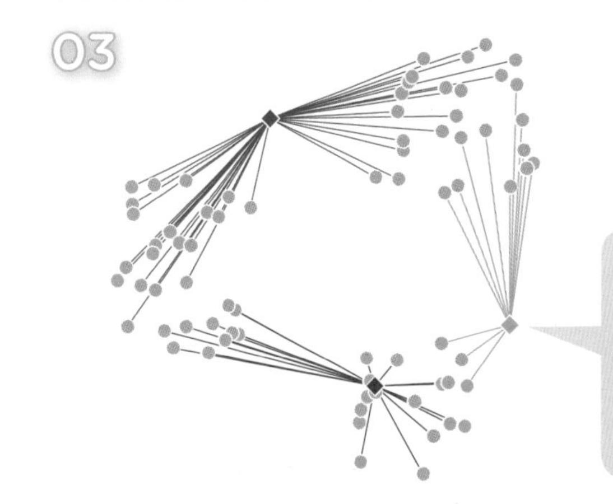

此处用不同颜色的线连接各个数据和距离该数据最近的中心点。

计算各个数据分别和3个中心点中的哪一个点距离最近。

将数据分到相应的簇中。这样，3 个簇的聚类就完成了。

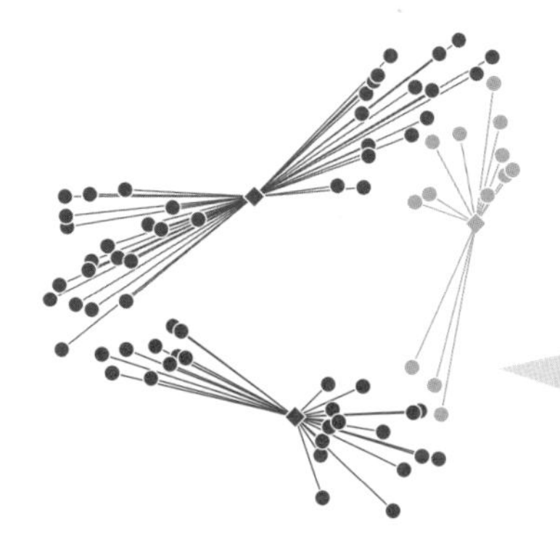

计算各个簇中数据的重心，然后将簇的中心点移动到这个位置。

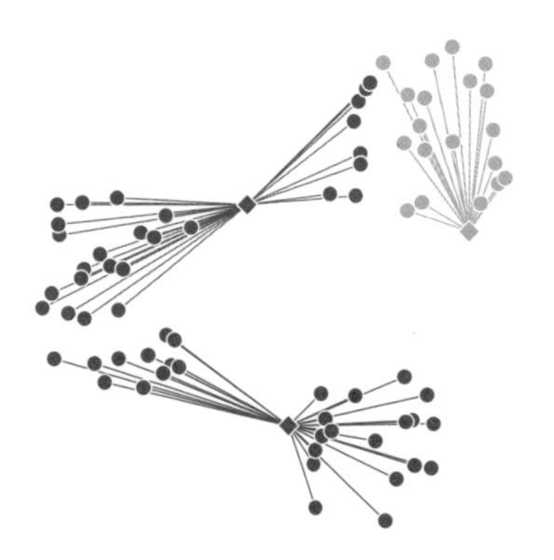

重新计算距离最近的簇的中心点，并将数据分到相应的簇中。

07

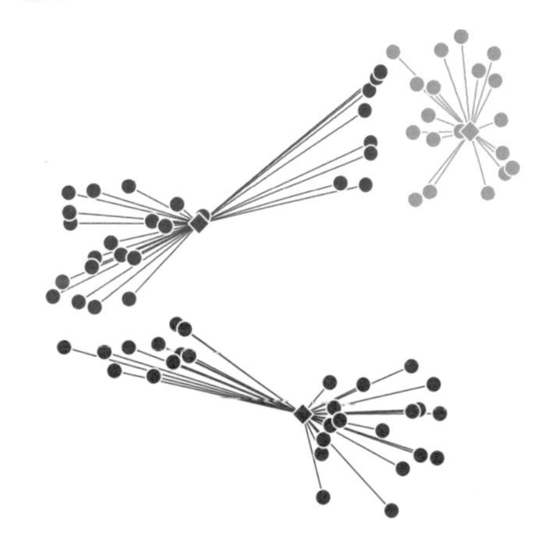

重复执行“将数据分到相应的簇中”和“将中心点移到重心的位置”这两个操作，直到中心点不再发生变化为止。

08

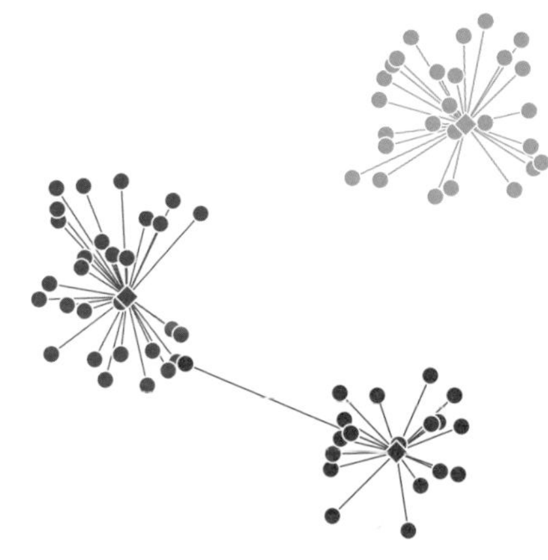

3 轮操作结束后，结果如上图所示。

09

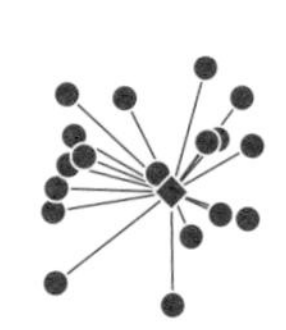

4 轮操作结束后，结果如上图所示。即使继续重复操作，中心点也不会再发生变化，操作到此结束，聚类也就完成了。

解说

k 均值聚类算法中，随着操作的不断重复，中心点的位置必定会在某处收敛，这一点已经在数学层面上得到证明。

前面的例子中我们将簇的数量定为 3，若现在使用同样的数据，将簇的数量定为 2，那么聚类将如下图所示。

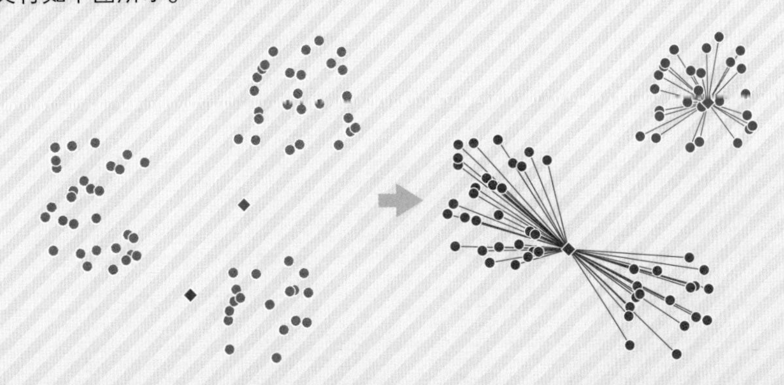

位于左边和下边的两个数据块被分到了一个簇中。就像这样，由于 k 均值聚类算法需要事先确定好簇的数量，所以设定的数量如果不合理，运行的结果就可能会不符合我们的需求。

如果对簇的数量没有明确要求，那么我们可以事先对数据进行分析，推算出一个合适的数量，或者不断改变簇的数量来试验 k 均值聚类算法。

另外，如果簇的数量同样为 2，但中心点最初的位置不同，那么也可能会出现下图这样的聚类结果。

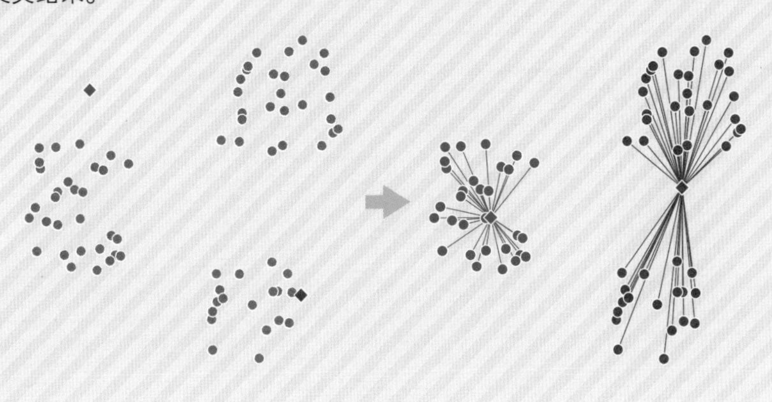

与之前的情况不同，这次右上和下边的两个数据块被分到了一个簇中。也就是说，即使簇的数量相同，如果随机设置的中心点最初的位置不同，聚类的结果也会产生变化。因此，我们可以通过改变随机设定的中心点位置来不断尝试 k 均值聚类算法，再从中选择最合适的聚类结果。

补充说明

除了 k 均值聚类算法以外，聚类算法还有很多，其中“层次聚类算法”较为有名。与 k 均值聚类算法不同，层次聚类算法不需要事先设定簇的数量。

在层次聚类算法中，一开始每个数据都自成一类。也就是说，有 n 个数据就会形成 n 个簇。然后重复执行“将距离最近的两个簇合并为一个”的操作 $n-1$ 次。每执行 1 次，簇就会减少 1 个。执行 $n-1$ 次后，所有数据就都被分到了一个簇中。在这个过程中，每个阶段的簇的数量都不同，对应的聚类结果也不同。只要选择其中最为合理的一个结果就好。

合并簇的时候，为了找出“距离最近的两个簇”，需要先对簇之间的距离进行定义。根据定义方法不同，会有“最短距离法”“最长距离法”“中间距离法”等多种算法。

第7章

数据压缩

No. 7-1 数据压缩与编码

缩减数据长度的编码是"压缩"

计算机内部处理的数据是由 0 和 1 组成的二进制数字串。这种形式的数据称作数字数据。即便是文本，计算机也会将其作为数字数据来处理，例如将字符"A"当作"01000001"，两者之间拥有固定的转换规则，参考下图。

在处理图像、音频这样的模拟数据时，也必须先将其转换为二进制数据才行。由"模拟"转换"数字"这种改变数据形式的过程称作"编码"(encoding)，参考下图。

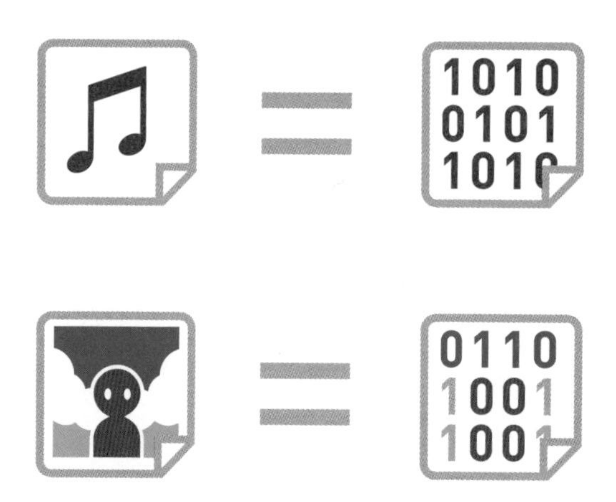

同时，在各种编码过程中，经过编码的数据容量相比编码之前更小时，就形成了"压缩"。

本章的知识点

这一章，我们将围绕“游程编码”与“赫夫曼编码”这两个编码算法来进行讲解。

在“赫夫曼编码”一节中，会重复讲解“唯一可译性”与“即时可译性”这两个编码中的重要性质。

游程编码适用于图像压缩，比如传真这样的场景。

赫夫曼编码的压缩效率高，被用在 JPEG、ZIP 等格式的文件上。

使用游程编码的例子

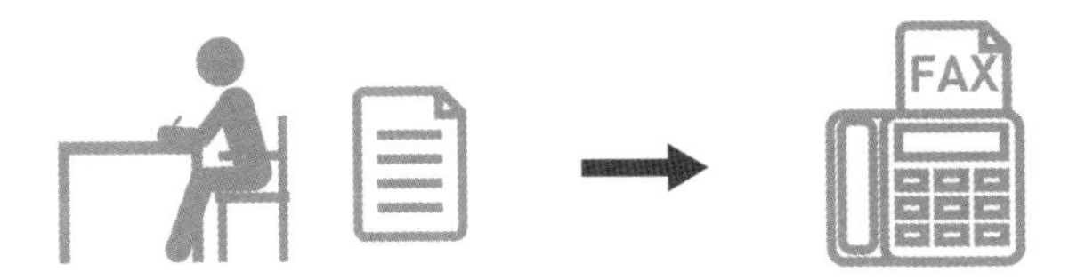

使用赫夫曼编码的例子

No.
7-2 游程编码

游程编码是通过将源字符与其重复次数相组合来实现的。本节我们将从一个简单的编码例子出发，循序渐进地介绍游程编码的压缩机制，当然也少不了讲解具体哪些数据适合游程编码，哪些不适合游程编码。

01

这是一幅用 5×5 个三色方块拼成的图，我们试着来对其编码，先不着急用 0 和 1 的二进制数来转换，而是思考思考怎么用文本来转换。一开始先采用一个简单的办法。

02

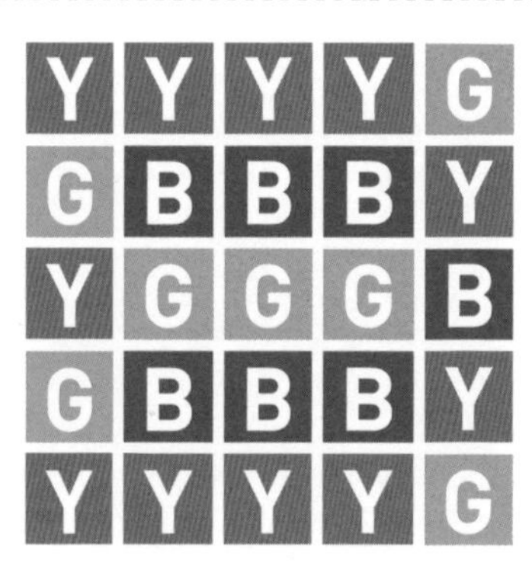

分别给 3 种颜色分配一个字母，用 Y（Yellow）代表黄色，G（Green）代表绿色，B（Blue）代表蓝色。

Y Y Y Y G G B B B Y
Y G G G B G B B B Y
Y Y Y Y G

以图形左上为起点，逐行用 Y、G、B 字母进行转换，我们顺利地将图形编码成了 25 个字母。接下来，再使用游程编码来进一步精简这 25 个字母。

04

最终缩减了 5 个字母,压缩到 20 个。

Y 4 G 2 B 3 Y 2 G 3
B 1 G 1 B 3 Y 5 G 1

游程编码是通过将源字符与其重复次数相组合来实现的。例如，开头的“YYYY”用“Y4”代替，这样就缩减了 2 个字母。接着重复同样的操作，直到完成整个编码过程。

提示

正如 04 那样，如果提前就知道图形的 1 行是由 5 个方块所构成的，就可以根据字符反推出原始图像。这一操作与“压缩”相对，称作“解压”。

05

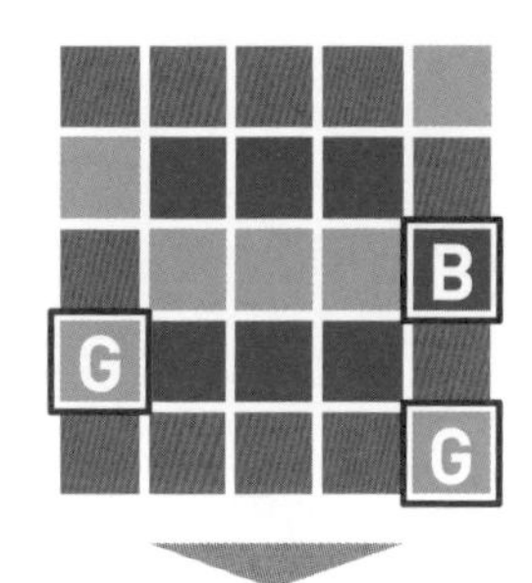

Y 4 G 2 B 3 Y 2 G 3
B 1 G 1 B 3 Y 5 G 1

并非所有数据都适合采用游程编码。仔细看看编码后的字符串，从整体来说，字符数量是减少了，但对于同一颜色并非连续的部分，游程编码后反而使字符数量增多了。

06

Y 1 G 1 B 1 Y 1 G 1
B 1 Y 1 G 1 B 1 Y 1
G 1 B 1 Y 1 G 1 B 1
Y 1 G 1 B 1 Y 1 G 1
B 1 Y 1 G 1 B 1 Y 1

例如，对这样一个缺乏连续性的数据进行游程编码后，字符数直接翻倍，变成了 50 个。

07

Y 5 G 5 B 5 Y 5 G 5

相反，对上图这种拥有连续性色彩的数据进行游程编码后，字符数减少到了 10 个。与原先 25 个字母相比，压缩率相当可观。由此可以看出，游程编码的压缩效果会受到编码对象数据的影响。

解说

通常来讲，相比缺乏连续性的文本数据，游程编码更适合用来压缩图像数据。

本节中，我们仅仅简单地将图像编码成了文本，但在实际的操作中，计算机会进一步将文本编码为二进制数来处理。有关文本数据数字编码的方法，将在后文中接触到。

▶参考：7-3 唯一可译码

▶参考：7-4 即时码

▶参考：7-5 赫夫曼编码

No. 7-3

唯一可译码

上一节最后所提到的“赫夫曼编码”常常被用在 JPEG、ZIP 等图像与文件的压缩中。在正式讲解赫夫曼编码前，我们需要先对编码中的两个重要性质有所了解，一个是“唯一可译性”，另一个是“即时可译性”。

01

ABAABACD

假设我们需要通过网络将一串字符“ABAABACD”发送出去。这串字符会被编码成 0 与 1 的二进制数后再发出。

02

ASCII

A = 0 1 0 0 0 0 0 1

B = 0 1 0 0 0 0 1 0

C = 0 1 0 0 0 0 1 1

D = 0 1 0 0 0 1 0 0

例如，在 ASCII[①]字符编码中，字母“A”“B”“C”“D”被分别编码为不同的 8 位二进制数，如上图所示。

03

ABAABACD

0 1 0 0 0 0 0 1
0 1 0 0 0 0 1 0
0 1 0 0 0 0 0 1
0 1 0 0 0 0 0 1
0 1 0 0 0 0 1 0
0 1 0 0 0 0 0 1
0 1 0 0 0 0 1 1
0 1 0 0 0 1 0 0

根据 ASCII 规则，试着编码字符串“ABAABACD”，我们得到了一个 64 比特的二进制数据。思考一下，要想控制通信流量，我们需要用怎样的手段来缩减这个 64 比特的字符串。

① American Standard Code for Information Interchange（美国信息交换标准码）的缩写。——编者注

为区分、管理大量字符，ASCII 使用不同的 8 比特二进制数表示不同的字符。这对于一个仅仅包含 4 个不同字母的字符串“ABAABACD”来说，明显开销过大。所以，只需要考虑这 4 个字母该如何区分的编码才是更好的选择。

04

A = 0 0

B = 0 1

C = 1 0

D = 1 1

举个简单的例子，我们将编码规则定义为：以 2 比特来分别表示每个字母，如上图所示。

05

ABAABACD

0 0 0 1 0 0 0 0 0 1 0 0 1 0 1 1

使用上述规则将“ABAABACD”编码。最终，我们得到了一个 16 比特的二进制数，大大缩减了数据长度。

提示

对于上述自定义规则来说，还需要将此规则的定义传达给字符串的接收方，在传达过程中会产生必要的通信流量，但这并不是本节的重点内容，故而略去。

06

ABAABACD

00,01,00,00
01,00,10,11

ABAABACD

接收方在收到这个被编码的二进制数后，依据规则，将其以2比特大小分别切分还原，取得原始字符串“ABAABACD”。

07

ABAABACD

A = 0
B = 1
C = 10
D = 11

“ABAABACD”的编码还能继续缩减吗？在先前的规则中，1个字符使用2比特表示，这里我们将“A”“B”用1比特来表示的话，看起来应该可以，如左图所示。

08

ABAABACD

0100101011

使用上述规则将“ABAABACD”编码。最终，我们得到了一个10比特的二进制数，进一步缩减了数据长度。

提示

在“ABAABACD”这串字符中，“A”“B”的使用频率较“C”“D”更高，从这一点来讲，把“A”“B”缩减到1比特表示比缩减“C”“D”要更好。

09

ABAABACD

0 1 0 0 1 0 1 0 1 1

A=0,B=1,C=10,D=11

ABAABACD

接收方在收到被编码的二进制数后，根据转换规则就能将其还原，固然很好……

10

ABAABACD

0 1 0 0 1 0 1 0 1 1

A=0,B=1,C=10,D=11

ACACCD
ABAACBAD
⋮

可是“10”这个二进制数，它既能代表“BA”也能代表“C”。这就导致会还原出各种不同的字符串，使得原始字符串的唯一性无法保证。像这样无法根据编码确定具体字符的情况称作“非唯一可译”。

解说

本节举例的编码规则并非好例子。为避免出现前文所述的问题，编码规则必须是“唯一可译”的，以使接收方能够无差错地解码原始字符串。

No.
7-4 即时码

当出现转换表中所包含的编码时，如果立刻能够确定对应的原始字符，就称这个编码为“即时码”。即时码与上一节讲解的唯一可译码，两者都是高效编解码所不可或缺的。

01

A = 0

B = 0 0 0 0 1

为便于讲解，“A”与“B”两个字母采用上图所示的规则进行编码。给出一个二进制编码“000001”，请参考上图规则思考一下解码步骤。

02

从头部数字开始依次向后解码。

0 0 0 0 0 1

A = 0，B = 0 0 0 0 1

首位数字为“0”，但仅靠这1比特数字无法判断其代表的到底是“A”还是“B”的一部分。

03

0 0 0 0 0 1

A=0,B=00001

前两位数字为“00”，无法判断其代表的是“AA”还是“B”的一部分。

04

0 0 0 0 0 1

A=0,B=00001

继续往后解码，前三位数字为“000”，仍旧无法判断其代表的是“AAA”还是“B”的一部分。同样，不管是前四位还是前五位，均无法判断。

05

0 0 0 0 0 1

A=0,B=00001

AB

最终，确认第六位数字为“1”，断定头部的“0”为“A”，后续“00001”为“B”。

06

000001

A=0,B=00001

AB

二进制数“000001”能且唯一还原为字符串“AB”。在“唯一”这一点上，是没有问题的。当出现转换表中所包含的编码时，若能立刻确定对应的原始字符，就称这个编码为“即时码”。但像这个例子这样，需要连续确认后续数字才能还原的编码并非“即时码”。这导致还原编码需要更多的步骤。所以，只有是“唯一可译码”且是“即时码”才能实现高效率的编解码。即将介绍的赫夫曼编码就既是“唯一可译码”又是“即时码”。

解说

请思考一下上一节与本节中所举的两个例子的编码规则哪里有问题。

将第一个编码规则可视化，如下图所示。给定一个编码，当其首部为“0”时，能够确定其为“A”。但如果其首部为“1”，就有可能是“B”或是“C”“D”的一部分。

A=0,B=1,C=10,D=11

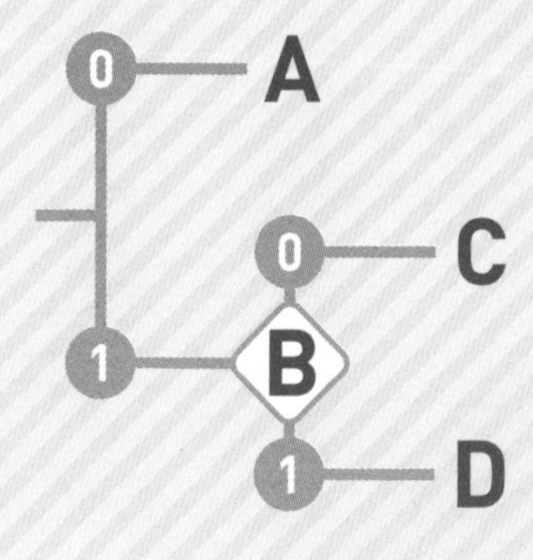

用相同的方式，将第二个编码规则可视化，如下图所示。

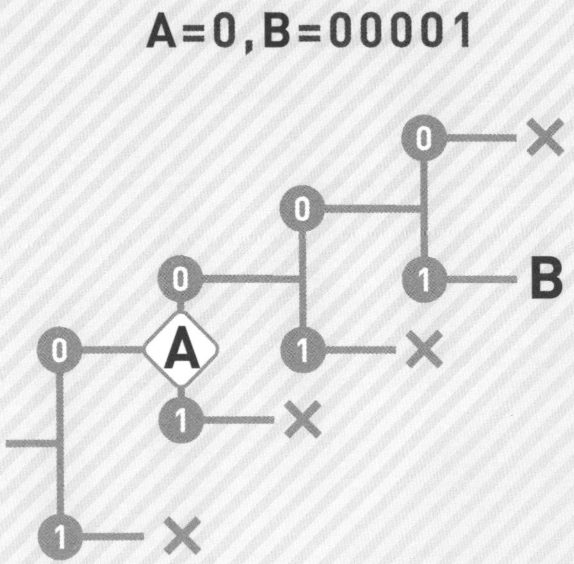

A=0,B=00001

给定一个编码，在此规则下首部只能是“0”。可这个“0”既可能是“A”又可能是“B”的一部分。作为“唯一可译码”和“即时码”，必须满足“无论哪条编码，都不能包含其他编码的头部”。前述两个例子均不满足要求。

No.

7-5 赫夫曼编码

下面我们来看看赫夫曼编码的过程。赫夫曼编码是一种“唯一可译”的“即时码”。计算每个字母的出现频率，以此来建立一棵树。

01

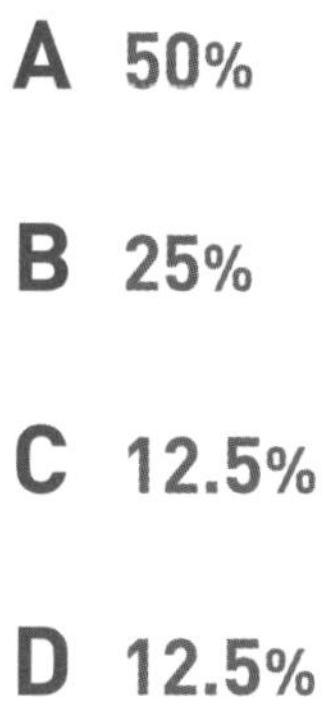

A 50%

B 25%

C 12.5%

D 12.5%

首先，计算每个字母的出现频率。例如，像英语这样的自然语言，字母的出现频率是从统计数据等数据中计算而来的。这里我们只使用了 A~D 共 4 个字母，假设它们的出现频率如左图所示。

02

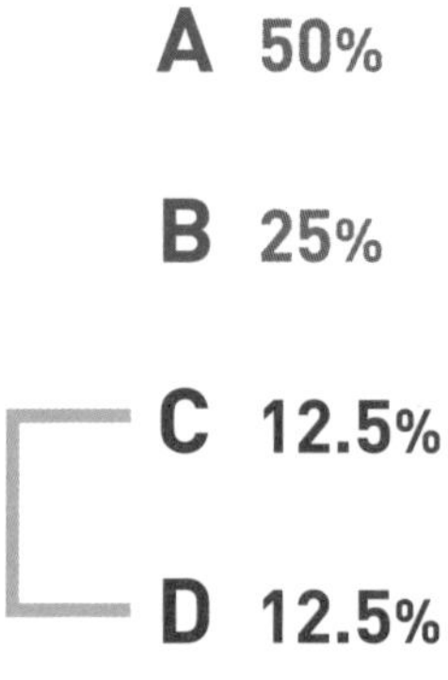

A 50%

B 25%

C 12.5%

D 12.5%

接着，按出现频率从小到大的顺序寻找前两位字母。这时，我们找到的是“C”(12.5%)和“D”(12.5%)。用一条线将两个字母相连，创建一棵树。

03

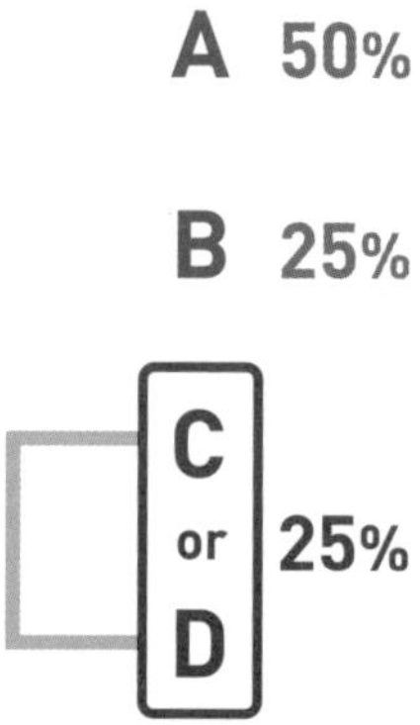

A 50%

B 25%

C or D 25%

将两个字母合并为“C or D”，同时将出现频率相加。把“C or D”想象成一个字母，重复相同的操作。

04

A 50%

B 25%

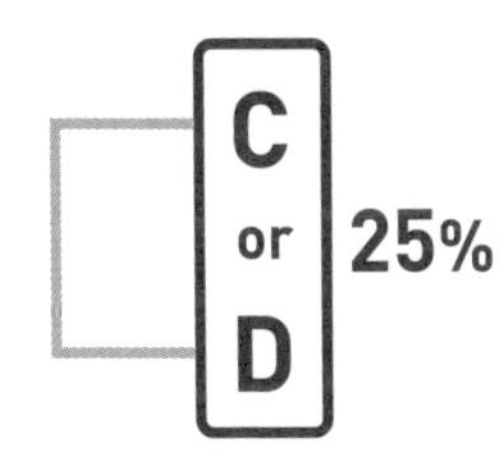

从“A”“B”“C or D”中，按出现频率从小到大的顺序寻找前两位字母。这时，我们找到的是“B”（25%）和“C or D”（25%）。

05

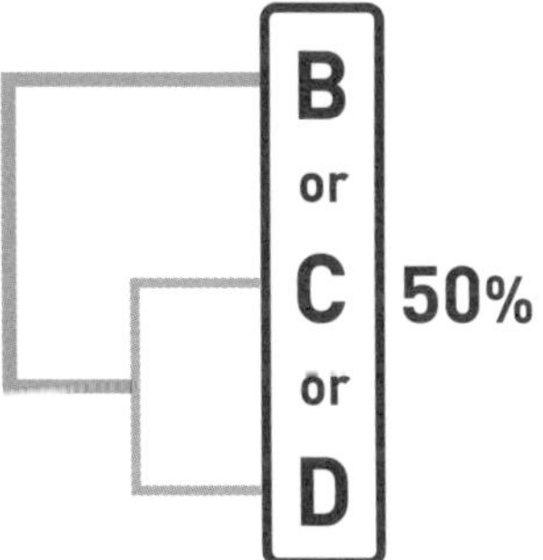

用一条线将两个字母相连，创建一棵树。将两个字母合并为“B or C or D”，同时将出现频率相加。把“B or C or D”想象成一个字母。

06

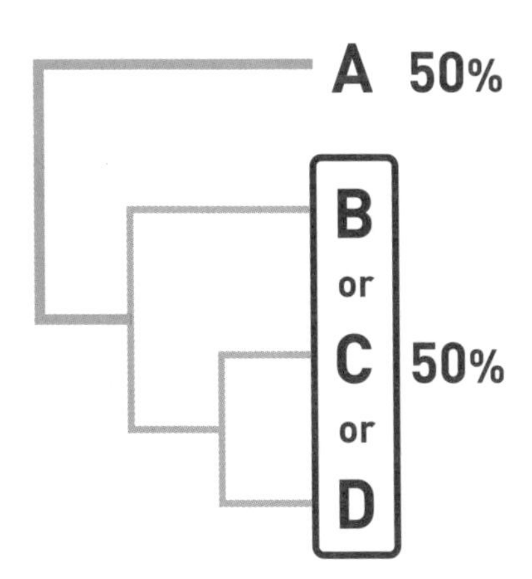

同样，选出出现频率最小的两个字母。最后，剩下的字母是“A”和“B or C or D”这两个。

07

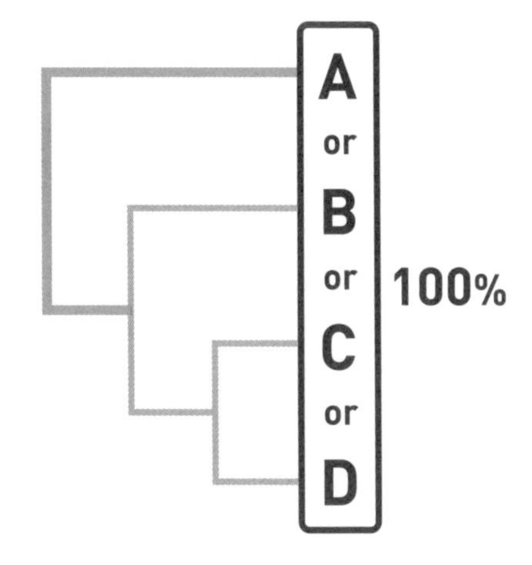

用一条线将两者相连，创建一棵树。所有的字母已结合成一个“A or B or C or D”，自然出现频率也就成了 100%。

08

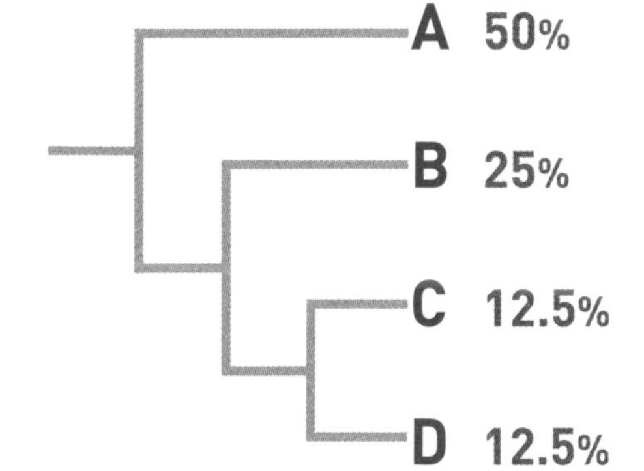

至此，我们就建立了一棵用于赫夫曼编码推导的树。接下来继续看看具体是怎样使用 0 和 1 进行编码的。为便于理解，我们重新标记上各个字母的出现比例。

09

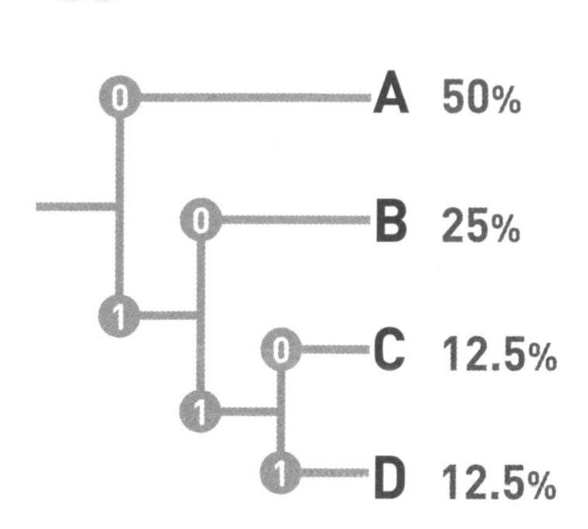

分别将 0 分配给每条分枝的上部，1 分配给每条分枝的下部。0 在上还是 1 在上都没有问题。

10

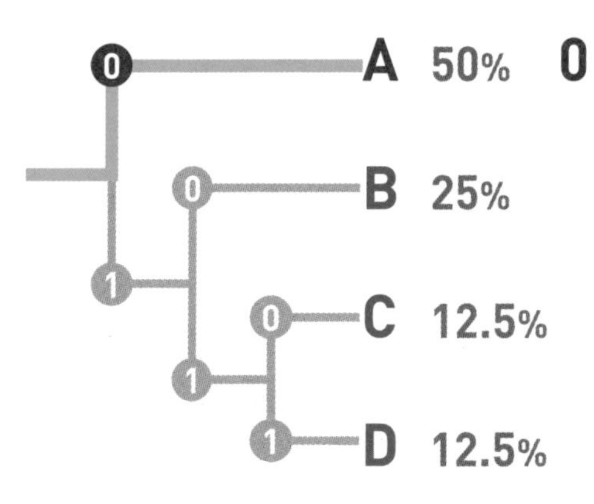

接下来，从树根开始沿枝向前搜索各个字母，并决定对应的记号。“A”被分配的记号是“0”。

11

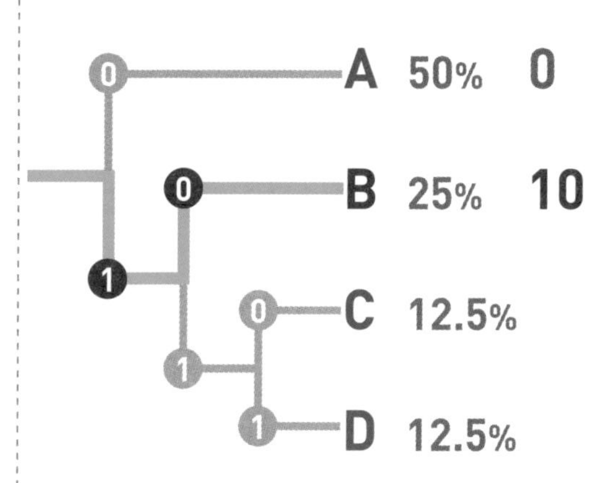

“B”被分配的记号是“10”。

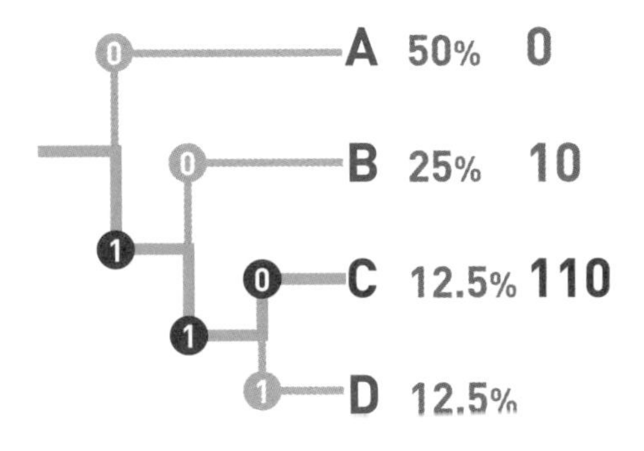

“C”被分配的记号是“110”。

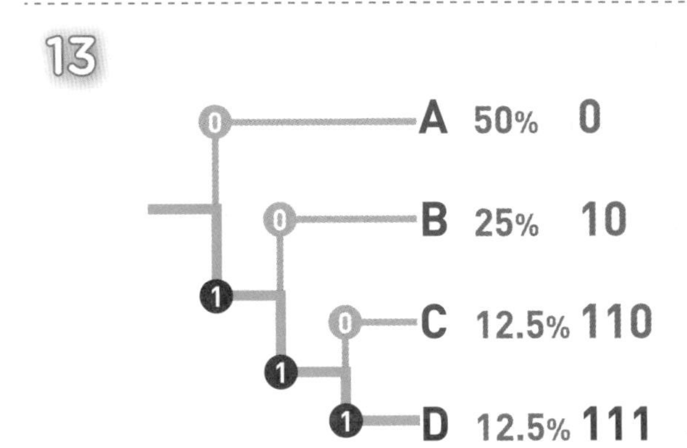

“D”被分配的记号是“111”。自此，整个赫夫曼编码的过程就结束了。让我们用当前的编码规则对字符串“ABAABACD”进行编码。

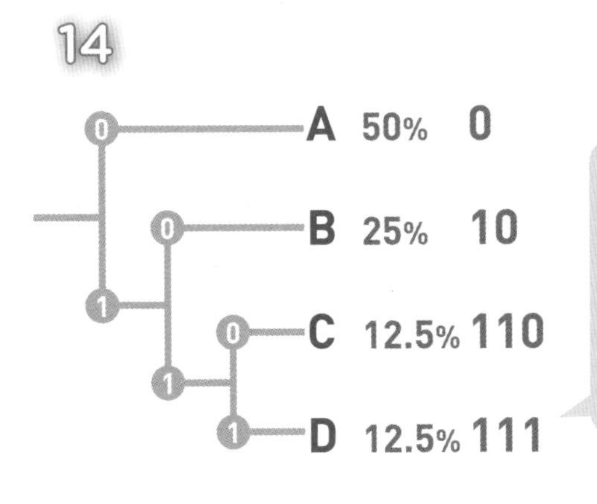

从树的结构来看，显而易见，任何记号都不存在于其他记号的头部。因此，赫夫曼编码既是“唯一可译码”又是“即时码”。

解说

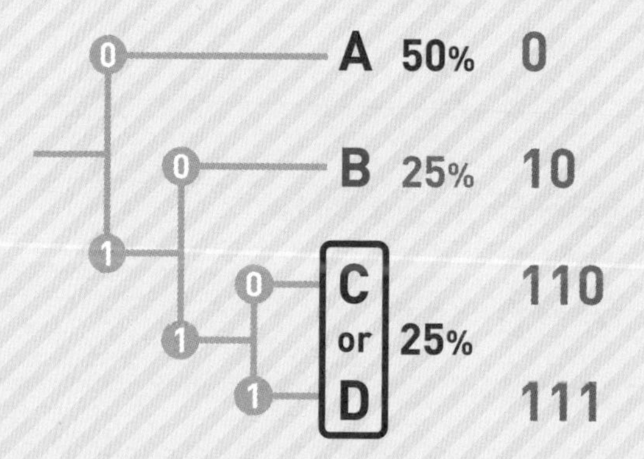

对于编码效率很高一说，我们来具体看看。在这个例子中，“C or D”的出现频率（25%）没有“A”的出现频率（50%）高，所以即便用3比特表示“C”或“D”，但只要是用1比特表示“A”，效率就很高，结果也反映了这一点。我们用求到的编码规则来试试编码“ABAABACD”。

ABAABACD

0 1 0 0 0 1 0 0 1 1 0 1 1 1

结果是14比特。这甚至比用2比特表示单个字母时（16比特）还要短。

第8章 其他算法

No. 8-1 欧几里得算法

欧几里得算法又称辗转相除法，是一种求两个数的最大公因数的算法，是世界上最古老的算法。其被创造的具体时间不详，但最早的记述存在于公元前300年的欧几里得的著作中，因此得名。

01

1112　　695

在具体讲解欧几里得算法之前，让我们先来思考一下，如何求1112和695的最大公因数。

02

1112 = 139 × 2 × 2 × 2

695 = 139 × 5

139 ··· GCD

通常的方法是将两个数分解素因数，并从它们公有的素数中求出最大公因数（GCD）。通过计算我们得到了1112和695的最大公因数为139。不过，采用这种方法的话，两个数的值越大，分解素因数就越困难。但通过欧几里得算法，就能够更加高效地求出最大公因数。

03

1112　　695

现在我们就来看看欧几里得算法的计算过程。

04

1112 mod 695 =

首先，用大数除以小数取出余数，也就是用大数与小数进行 mod 运算。我们在第 5 章介绍过，mod 运算是除法取余运算。A mod B 表示求 A 除以 B 的余数 C。

参考：5-7 迪菲 - 赫尔曼密钥交换

05

1112 mod 695 = 417

通过除法求得余数为 417。

06

1112 mod 695 = 417
695 mod 417 = 278

这次我们用除数 695 和余数 417 进行 mod 运算，求得结果为 278。

07

1112 mod 695 = 417
695 mod 417 = 278
417 mod 278 = 139

重复同样的操作，用 417 和 278 进行 mod 运算，求得结果为 139。

08

1112 mod 695 = 417
695 mod 417 = 278
417 mod 278 = 139
278 mod 139 = 0

用 278 和 139 进行 mod 运算，求得结果为 0。也就是说，278 能被 139 整除。

09

1112 mod 695 = 417

695 mod 417 = 278

417 mod 278 = 139

278 mod 139 = 0

139 … GCD

当余数为 0 时，最后一步运算中的除数是 139，这就是 1112 和 695 的最大公因数。

10

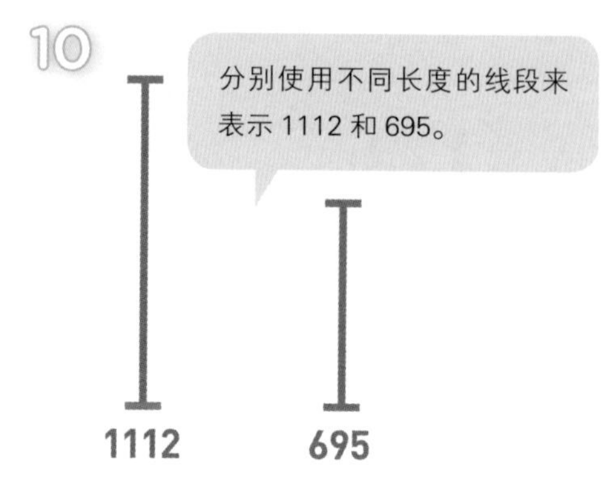

为什么我们能够通过欧几里得算法求得最大公因数呢？下面使用图形来帮助理解。

11

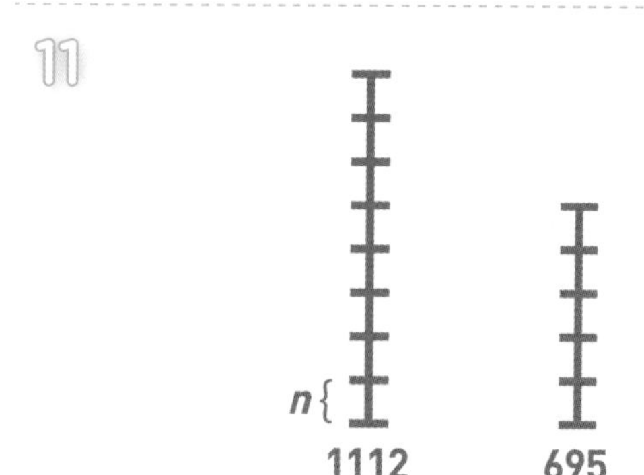

在实际情况中，每条线段具体包含多少刻度，我们是不知道的。不过，1112 和 695 是最大公因数 n 的倍数，这是我们知道的。

设最大公因数为 n，我们给线段刻上刻度。由于我们已知最大公因数为 139，所以为了便于理解，分别用 8 个刻度和 5 个刻度表示 1112 和 695。

12

n

417　695

从图中可以看出，417 也是一条可以被长度为 n 的刻度均分的线段。

在这一步，我们使用与先前同样的运算，用大数除以小数取余数，求得结果为 417。

13

余数 278 也是 n 的整数倍。

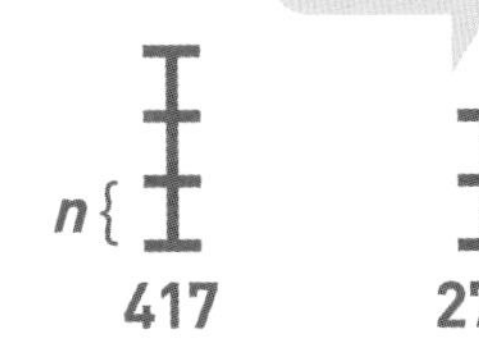

与先前步骤相同，重复 mod 运算。695 除以 417，求得余数为 278。

14

n 139 278

继续重复除法。278 能被 139 整除，因此……

15

n 139 0

余数为 0。这时我们就知道了最大公因数 n 为 139。

解说

如上所述，欧几里得算法仅仅通过反复的除法运算，就能求得最大公因数。其最大的优点在于，无论两个数字的值有多大，通过固定的程序就能高效地求出最大公因数。

No. 8-2 素性检验

素性检验是一种判定一个自然数是否为素数的方法。所谓素数（prime number），指的是一个大于 1 且除了 1 和它本身以外不再含有其他因数的自然数，从小到大依次为 2、3、5、7、11、13……。在现代加密技术中常常被用到的 RSA 算法里，就处理着超大素数，素性检验在其中发挥着重要作用。

参考：5-5 公开密钥加密

01

3599

我们先来看一个例子，判定数字 3599 是否是一个素数。有一个简单的方法，不断地用 3599 除以从 2 开始依次加 1 的除数，确认是否能被整数。“整除”意味着取余运算 mod 的运算结果为 0。3599 的平方根是 59.99…，所以在下面的 mod 运算中，除数的选择从 2 开始到 59 为止即可。

02

3599 ≠ 素数

3599 mod 2 = 1 ✔

3599 mod 3 = 2 ✔

⋮

3599 mod 58 = 3 ✔

3599 mod 59 = 0 ❗

根据 mod 运算的实际结果我们得知，3599 能被 59 整除。也就是说，得到了 3599 不是素数的结果。可是，用这种方法判定素数所耗费的运算时间，会随着想要判定的数的增大而越来越长，因此并不实际。这个问题的解决方法就是“费马检验”。

03

费马检验

5

费马检验被称作概率性的素性检验，是一种判定某个数是素数的可能性有多高的方法。作为理解费马检验的必需知识，我们先来看看素数的特性。比如素数 5，请思考一下它的特性。

04

5 = 素数

$4^5 = 1024$

$3^5 = 243$

$2^5 = 32$

$1^5 = 1$

以小于素数 5 的数为底数，分别求对应数的 5 次方，得到结果如上所示。

05

5 = 素数

$4^5 (= 1024) \bmod 5 = 4$

$3^5 (= 243) \bmod 5 = 3$

$2^5 (= 32) \bmod 5 = 2$

$1^5 (= 1) \bmod 5 = 1$

接着，试着用上一步求得的数分别进行 mod 运算，除以 5 后取余。计算结果如上所示。

06

5 = 素数

$4^5 (= 1024) \bmod 5 = 4$

$3^5 (= 243) \bmod 5 = 3$

$2^5 (= 32) \bmod 5 = 2$

$1^5 (= 1) \bmod 5 = 1$

对比一下原数和余数，发现两者相等。

07

5 = 素数

$n < 5$

$n^5 \bmod 5 = n$

因此，对于素数 5，以上式子成立。

08

$$p = \text{素数}$$

$$n < p$$

$$n^p \bmod p = n$$

实际上，已经证明不仅限于 5，该式对所有素数 p 都是成立的。这就是“费马小定理”。通过验证是否满足费马小定理来判定素数的方法，就是“费马检验”。

09

113

现在，让我们试着用费马检验来判定数字 113 是否为素数。

10

113 = 素数（？）

$$64^{113} \bmod 113 = 64$$

$$29^{113} \bmod 113 = 29$$

$$15^{113} \bmod 113 = 15$$

任意举出三个比 113 小的数作为 n，同时将 113 作为这三个数的指数，随后再除以 113 并取余。这三个数的原数与余数都相同。因此我们得出结论，113 是一个素数。

解说

待判定数字为素数的确定性，会随着确认 n 与余数相同的次数增多而增大。但是，对所有小于 p 的数进行确认非常耗费时间。实际上，在对若干个数进行确认后，如能够判断其是素数的可能性非常高的话，那基本就可以判定它是素数了。

例如，在 RSA 算法中所用的素性检验方法，叫作“米勒 · 拉宾检验”，是费马检验的改良。在这种方法中，通过不断反复检验，直到非素数的概率小于 0.5 的 80 次方时，方可判定其为素数。

补充说明

p 是素数时，比 p 小的所有数字 n 都满足 $n^p \bmod p = n$。但反过来，即使所有的 n 都满足这个式子，p 也不见得都是素数。这是因为存在一些所有 n 都满足式子的合数（非素数的自然数），尽管概率极小。

例如，数字 561 可以表示为 $3 \times 11 \times 17$，因此其是合数而不是素数。然而，任何小于 561 的数却满足上述式子。

这样的合数被称为“卡迈克尔数”（Carmichael number）或“绝对伪素数”。下图按照从小到大的顺序列举了若干个卡迈克尔数，可以看出其数量并不多。

561	1105	1729
2465	2821	6601
8911	10585	15841
29341	41041	46657
52633	62745	63973

能否在输入规模的多项式时间①内判定（确定的而非概率性的）一个数是否为素数，在过去一直是悬而未决的问题。不过，在 2002 年，由三名印度计算机科学家开发的“AKS 质性检验”的问世，标志着这已成为可能。其名中的 AKS，取自三位科学家 Manindra Agrawal、Neeraj Kayal 和 Nitin Saxena 名姓氏的首字母。然而，虽说是多项式时间，但计算次数仍旧过多，实际使用中大多还是采用类似费马检验这种速度快的方法。

① 设输入规模为 n，多项式时间算法是指时间复杂度为 $O(P(n))$ 的算法，其中 $P(n)$ 是关于 n 的多项式。例如 $O(n)$、$O(n^2)$ 是多项式时间，$O(n!)$、$O(2^n)$ 则不是多项式时间。——编者注

No. 8-3

字符串匹配

在一篇长文（以下称“文本”）中找到要搜索的词句（以下称“模式”），就是“字符串匹配”。这是一个存在于当今绝大多数文本编辑工具中的功能。

01

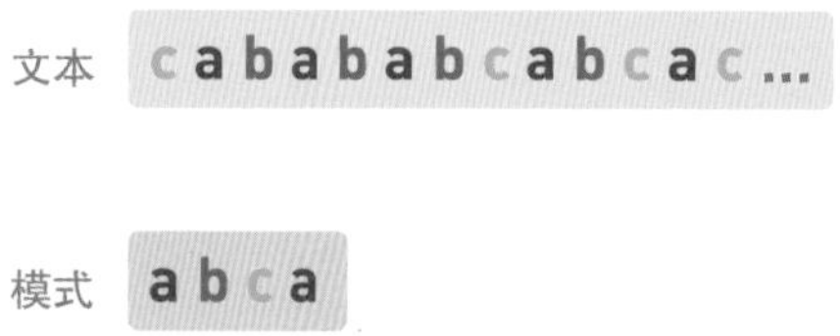

文本 c a b a b a b c a b c a c ...

模式 a b c a

这里为简单起见，我们假设文本中的字母仅有a、b、c三种，要找的模式为“a b c a”。将模式与文本最左侧对齐，自左向右，逐个字母匹配下去。

02

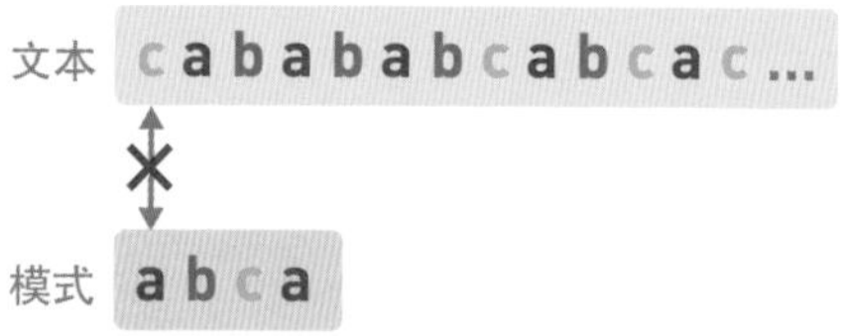

文本 c a b a b a b c a b c a c ...

模式 a b c a

字母1不合，失败。

03

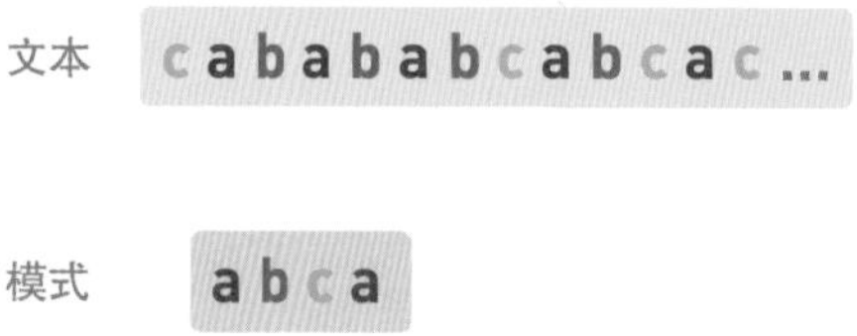

文本 c a b a b a b c a b c a c ...

模式 a b c a

模式向右移动1个字母。

04

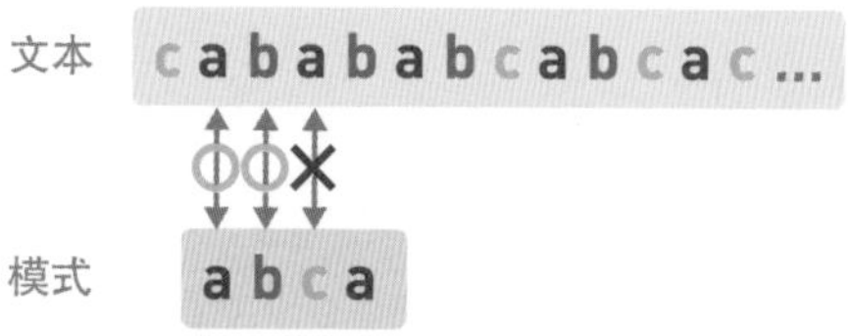

文本 c a b a b a b c a b c a c ...

模式 a b c a

使用相同方式，自左向右逐个匹配，字母1与字母2相合，字母3不合，失败。

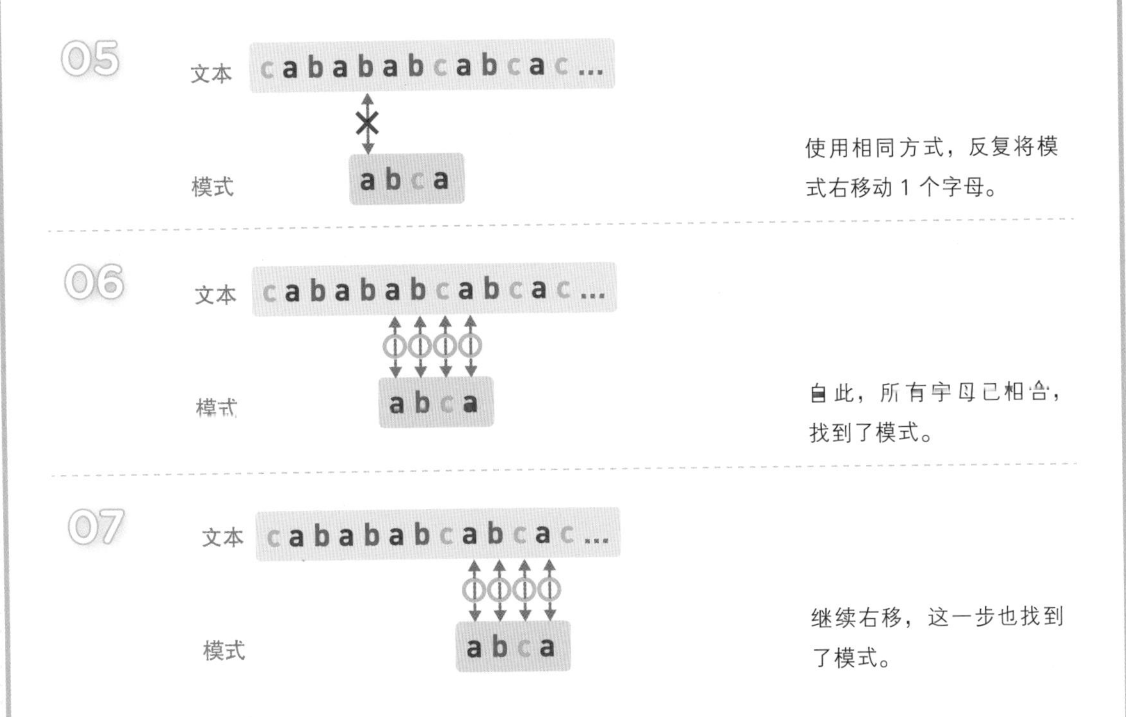

解说

设文本长度为 n，模式长度为 m。将模式的位置固定，那么字母的匹配最多会进行 m 次。模式的位置可以有 $n-m+1$ 处，所以最大匹配次数是 $m(n-m+1)$ 次，即时间复杂度为 $O(nm)$。

补充说明

上述 $O(nm)$ 是在最坏情况下的假设。实际上，文字的种类非常多，所以在很多情况下，首位文字匹配失败时，模式就会随即右移。也就是说，不会在模式的每个位置都进行 m 次匹配。在实际使用中，可以将字符串匹配视为高效的操作。

No. 8-4 KMP 算法

在上一节里说明的简单算法中，当字母匹配失败时，模式仅向右移动了 1 位，其实在某些情况下，可以移动更多位。这样才有望实现算法的高速化。

01

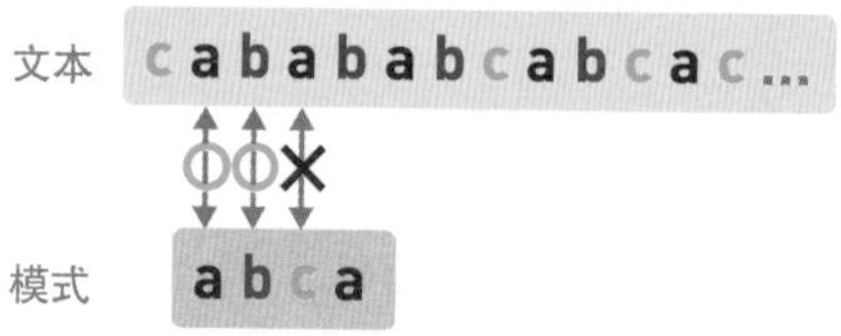

让我们回想一下上一节的简单算法。在匹配失败时……

02

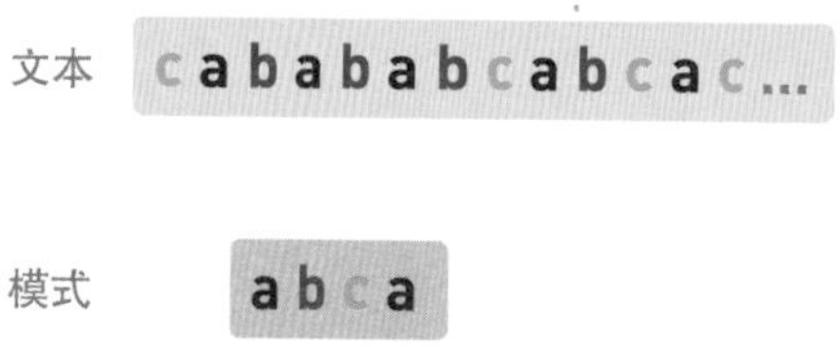

像这样将模式右移 1 位，再次匹配。

03

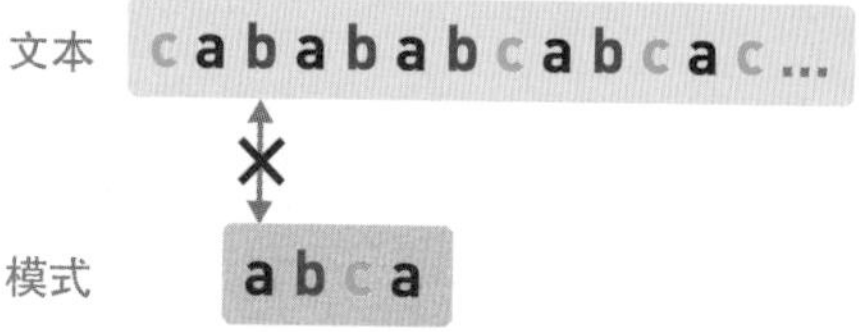

这次在第 1 个字母的位置就失败了。

04

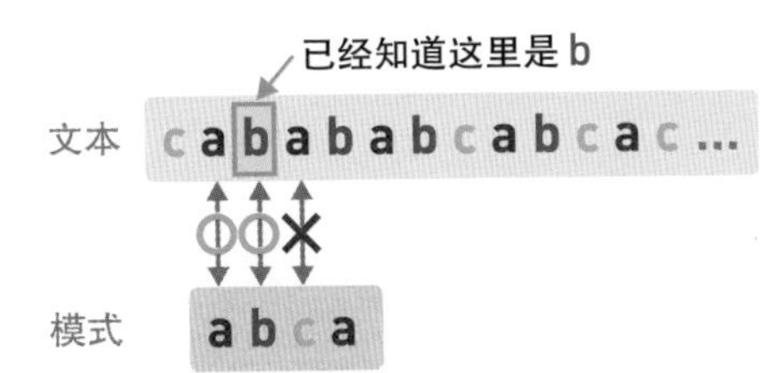

很明显，右移 1 个字母也无法匹配，与模式的第 1 个字母 a 不合。

不过在右移之前，结果就已经明了。因为在上一步，前 2 个字母已经匹配成功，对文本来说，已经确认与模式的第 2 个字母对应的位置是 b。

05

文本　c a b a b a b c a b c a c ...

模式　a b c a

因此，既然右移 1 位是无用的，那就一下子右移 2 位再继续搜索。

06

那么，是不是一口气跳至匹配失败的地方就行了？这是错误的。我们来看看上面的例子，这是模式的第 5 个字母匹配失败时的情况。

文本 ... a b a b a b c a b ...

模式 a b a b c

一口气将模式移动到失败处，就成了上面的样子……

08

文本 ... a b a b a b c a b ...

模式 a b a b c

本该找到的模式被我们略过了。

09

文本 ... a b a b a b c a b ...

模式 a b a b c

正确的方法是，像上图这样移动 2 个字母。

10

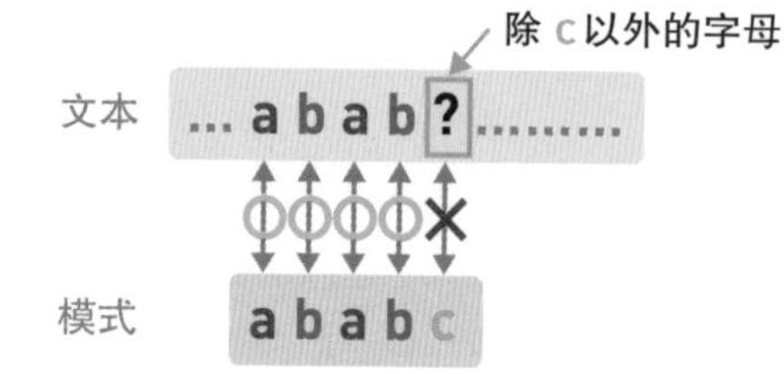

在模式的第 5 个字母匹配失败时，得到的文本信息如图所示，以“?”标记的地方如果是 a，仅移动 2 个字母也是有成功匹配的可能性的。

11

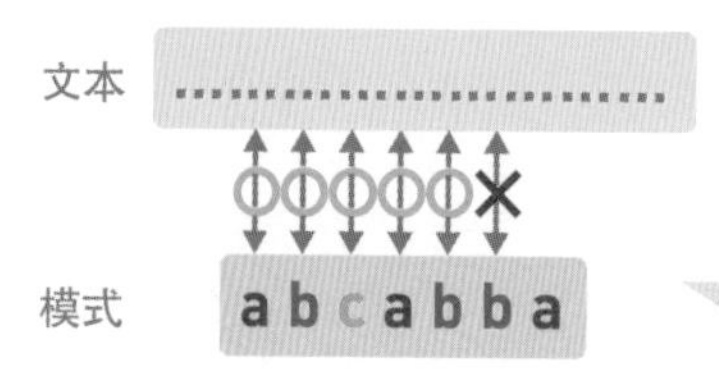

为了便于说明，我们又换了一个不同的模式。

那么，匹配失败的时候，要怎样确定具体该移动多少个字母呢？假设在模式的第 6 个字母位置匹配失败了。

12

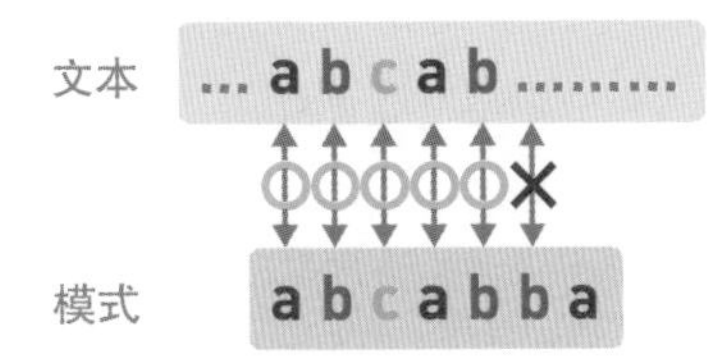

根据上图我们已知，从模式的第 1 个字母开始到第 5 个字母所对应的文本位置中，文本与模式的字母相同。

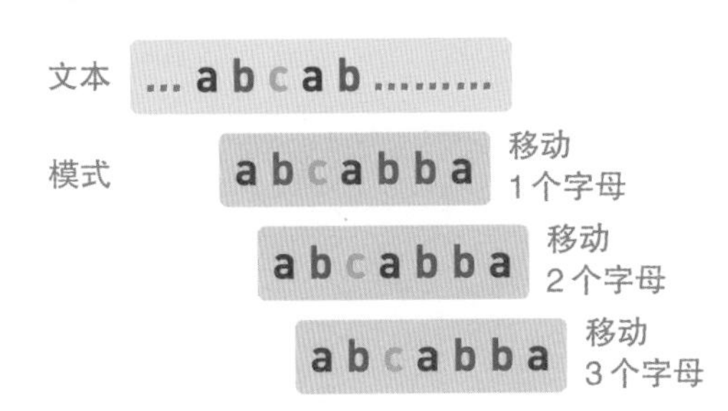

可以看出，在这种情况下，不管移动 1 个字母还是 2 个，均会失败。但移动 3 个字母就有了成功的可能。因此，对于在第 6 个字母失败的情况，移动 3 个字母就好。

14

为了方便理解，我们在 13 的图中给出了文本，其实仅从模式也能完成 13 的推断。换句话说，要想算出在第 6 个字母失败时要移动多少个字母，我们可以这样考虑。先把模式的第 1 个字母到第 5 个字母复制出来。

15

模式副本 a b c a b

模式 a b c a b b a

3个字母

将下方的模式右移时，仅移动不会导致失败的最小位数就好。

16

再来试一下。要想算出在第 7 个字母失败时要移动多少个字母，我们先来制作一个从第 1 个字母到第 6 个字母的模式副本。

17

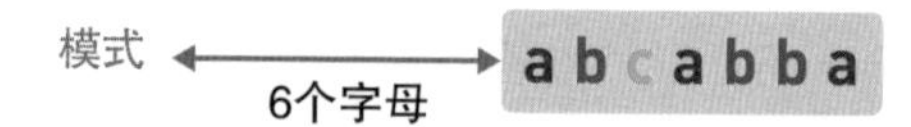

模式 ←→ a b c a b b a
6个字母

再判断在不会导致失败的范围内，移动的最小位数是多少。结果是 6 个字母，也就是一口气移动 6 个字母。

18

这是失败时需移动的位数。

1 1 2 3 3 3 6
a b c a b b a

分别计算模式中每个字母的“当前匹配失败时所需移动的位数”，如图的上部数字所示。依据模式将它们提前计算出来，就不必再在搜索途中逐一计算了。

19

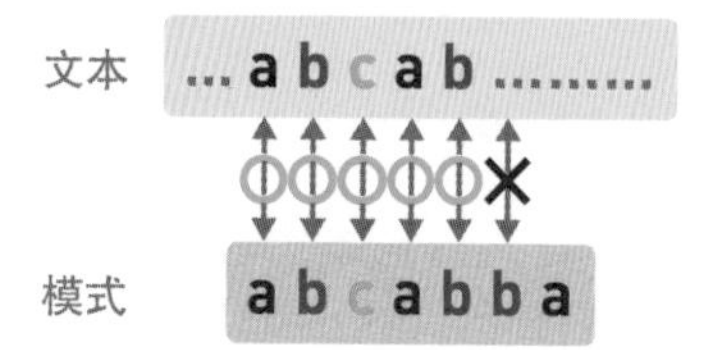

还有另外一个窍门。让我们回到 12 的图。在第 6 个字母的位置失败时……

20

文本 ... a b c a b ....

模式 a b c a b b a

右移 3 个字母。

21

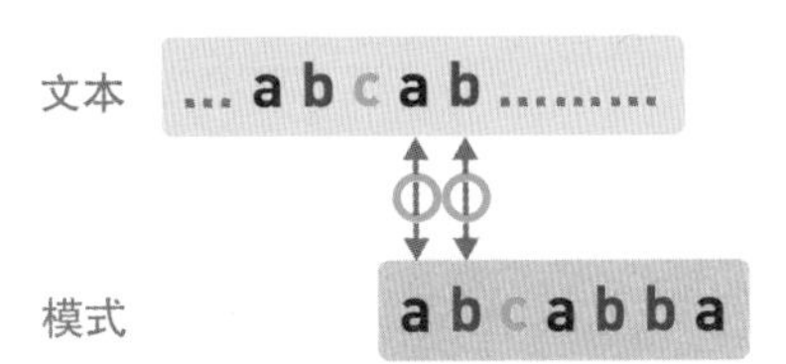

对于简单算法，匹配从模式的第 1 个字母开始逐个进行，不过开头的两个字母“a b”无须检查即可匹配。因为这里是重叠的部分，所以没有移动 5 个字母，只移动了 3 个。

22

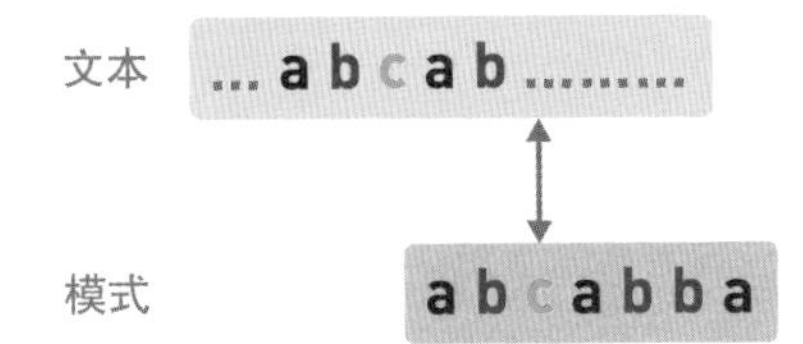

也就是说，字母继续匹配的位置不用在文本上后退，从刚才失败的地方重新开始就好。

因此，直接忽略模式的前 2 个字母（因为它们已经是匹配的了），从第 3 个字母开始匹配就好。从文本角度来看，这相当于是上一次失败的位置。

解说

就像这样，KMP 算法通过“一口气移动模式”“匹配位置不后退只向前”这两个手段，加快了简单算法的运算速度。依据模式算出所需移动位数的预处理时间为 $O(m)$，实际字符串的匹配时间为 $O(n)$，所以整体的时间复杂度为 $O(n+m)$。

No. 8-5

页面排序算法

页面排序算法是一种用在搜索网站中，决定搜索结果顺序的算法。谷歌公司就是通过提供采用了这种算法的搜索引擎，成为全球知名企业的。

algorithm 

1. History of Algorithms

2. Sorting algorithm

3. Algorithm Library

搜索结果排位越高，就证明对应页面越有价值。

页面排序算法根据页面间的链接结构来计算页面的价值。下面我们来看看具体的计算过程。

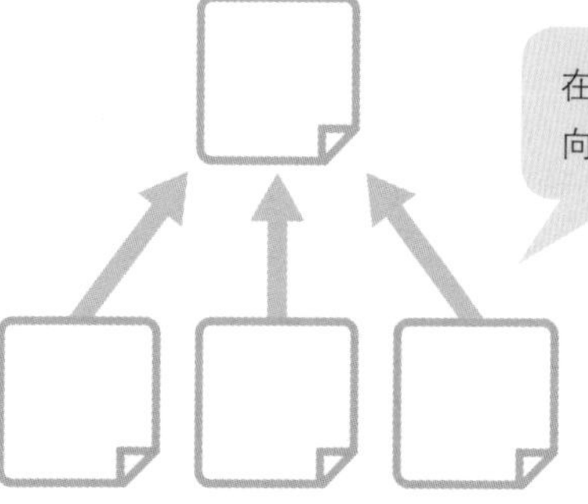

在这幅图中，下面 3 个页面将链接指向了上面 1 个页面。

下面我们用四角形来表示 Web 页面，用箭头表示页面间的链接。在页面排序算法中，页面的重要程度，是通过入链数量多少来判断的。

03

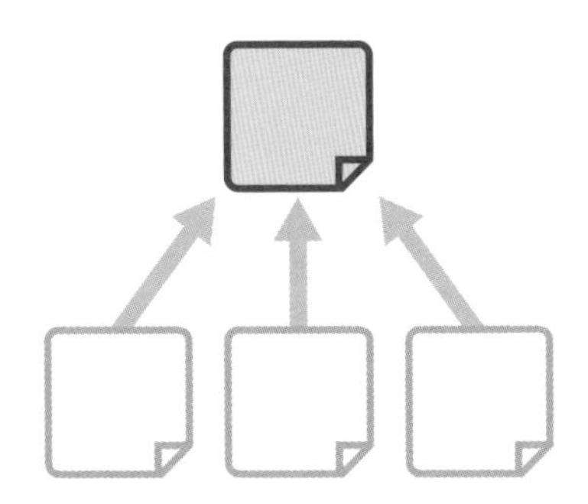

在这幅图中，上面的页面被判断为最重要的页面。在实际中，各页面的重要程度通过计算以数值显示。下面就来说明一下计算方法的基本思路。

04

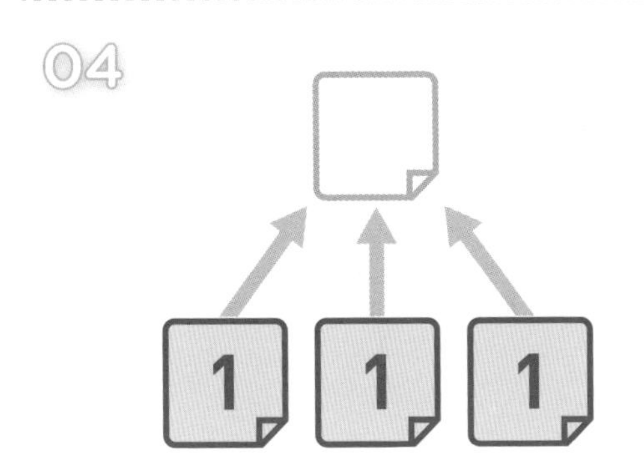

将无入链的页面的分值设为 1。

05

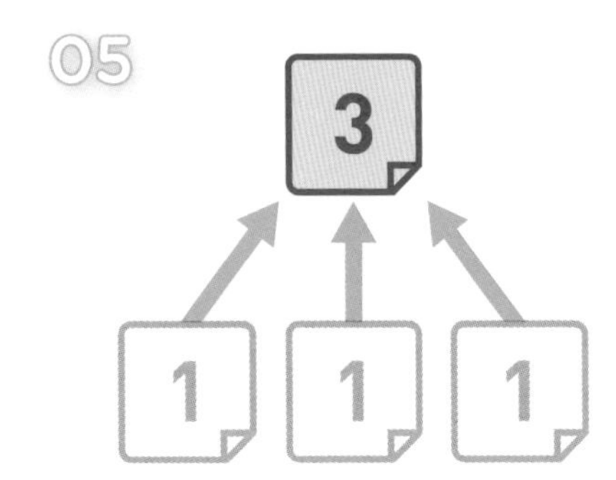

有入链的页面的分值是对应出链页面分值的总和。

06

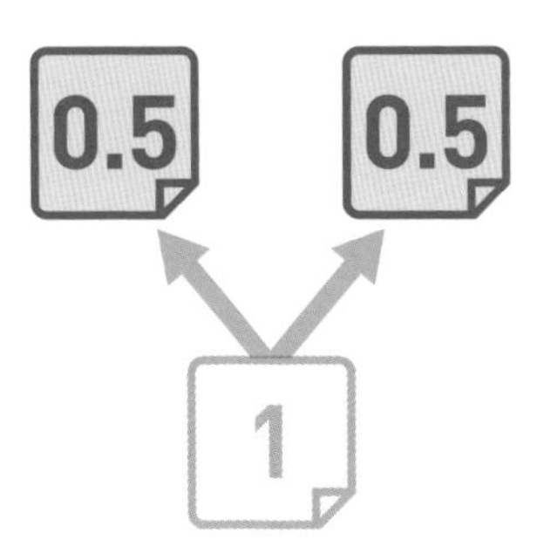

注意，如果一个页面的出链不止 1 个，那它的分值就会被均分给上面的页面。

07

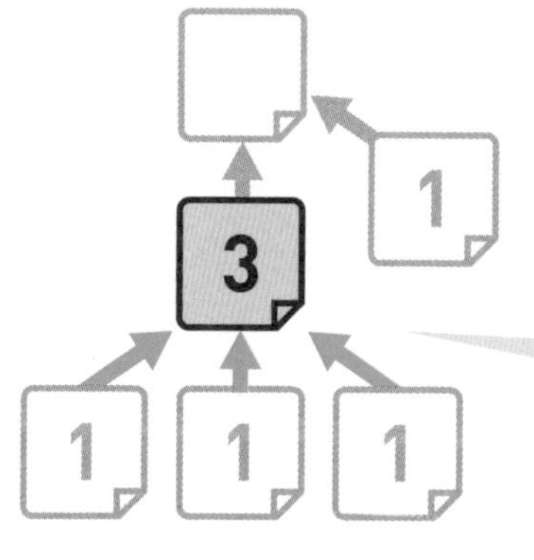

这个页面的入链来自3个独立页面，所以分值是3。

在页面排序算法的思想中，汇集了大量链接的页面所发出的链接具有很大的价值。

08

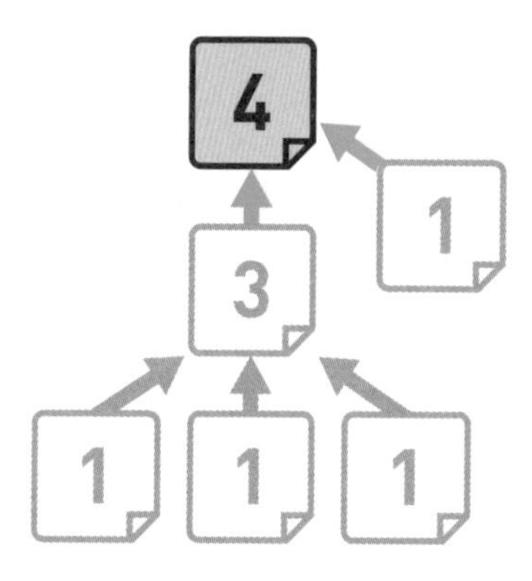

在这幅图里的6个页面中，最上面的页面被判断为最重要的页面。

最上面的页面含有来自分值3的页面的出链，所以分值很高。以上就是页面排序算法的基本思想。

09

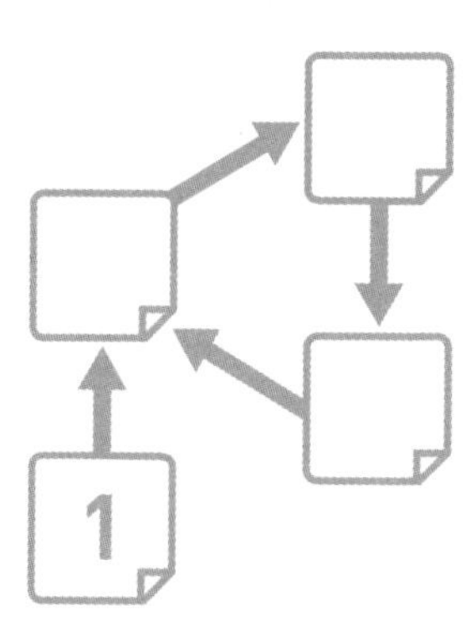

不过，要是链接成了环状，那这个方法就要出问题了。

10

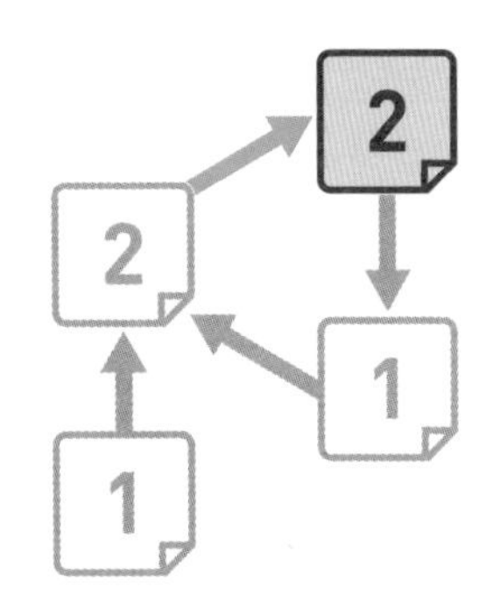

每个页面都轮着不断计算分值，成了死循环，使得环内页面的分值无限增加下去。

11

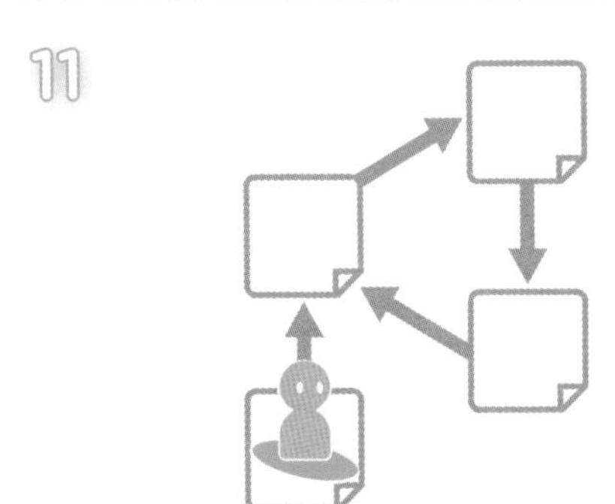

环的问题，可以通过使用被称为“随机冲浪模型”的计算方法来解决。试着思考一下，上网冲浪的人们是怎样浏览网页的。

12

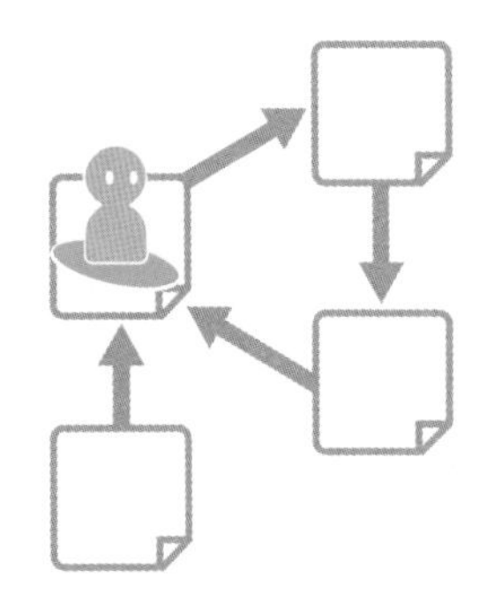

假设在某个时刻，你被杂志的介绍所吸引，去访问一个有意思的网页。从左下的页面出发，随着链接的指引向其他页面移动。

13

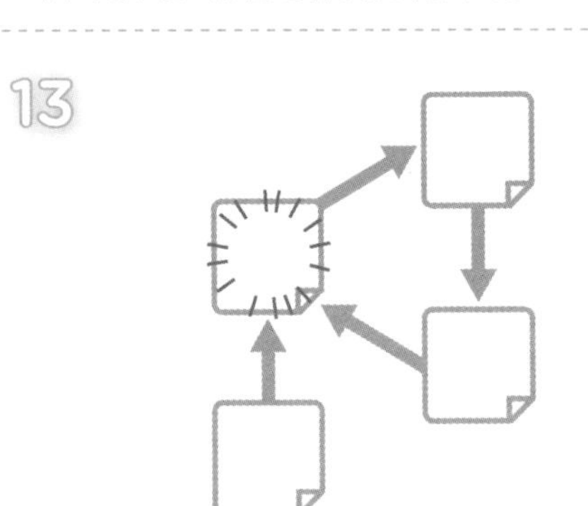

浏览几页，看腻了，暂时结束了网络冲浪。

14

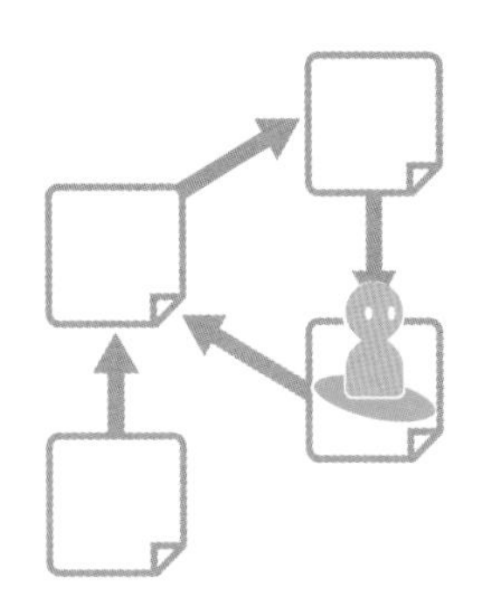

过了几日，你又接受朋友的推荐，从完全不同的网页开始了新的网络冲浪。

15

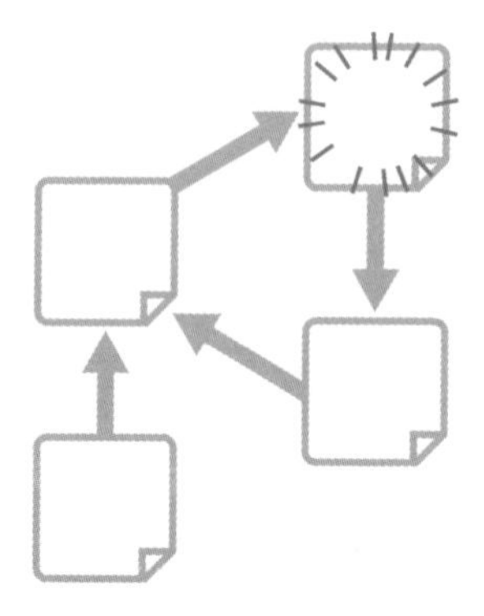

这里仍旧是跟随链接的指引，向其他页面移动，然后看腻了结束网络冲浪。就像这样，从某个页面开始浏览，移动了数页后结束，不断反复。

16

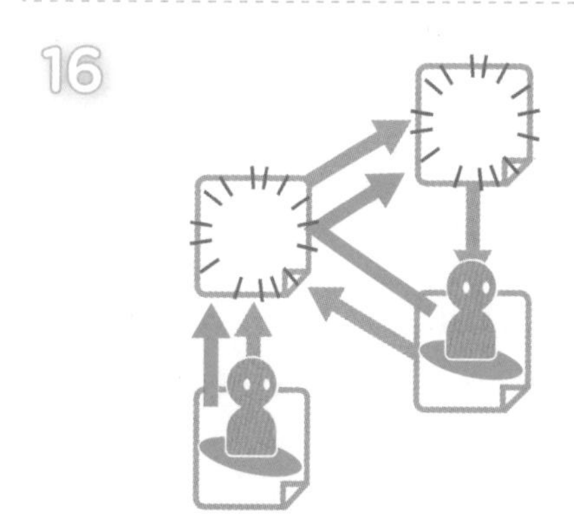

让我们转换视角，从互联网空间一侧来看看这个动作。似乎在网上冲浪的人，会反复地在页面间移动不定次数后，瞬移到其他完全不同的页面。

17

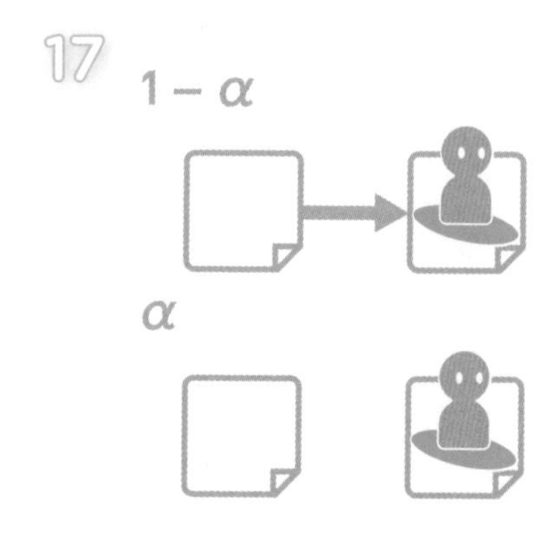

对网络冲浪的人的动作进行定义，如下。以概率 $1-\alpha$，等概率地选出当前所在页面里的链接的其中之一。以概率 α，等概率地瞬移到其他页面中的 1 个。

小知识

早在谷歌公司创业初期还没有广告收入的时候，作家兼编辑凯文·凯利向谷歌的创始人之一拉里·佩奇提过这样一个问题："已经有这么多家搜索公司，干吗还要做免费网络搜索？"拉里对此回答道："哦，我们其实在做人工智能。"①

① 出自《必然》，[美]凯文·凯利著，周峰、董理、金阳译，电子工业出版社，2016年。

18

$1-\alpha=$ **85%**

α = **15%**

本例中，将瞬移概率 α 设为 15%。让我们根据当前定义来模拟一下页面间的瞬移。

19

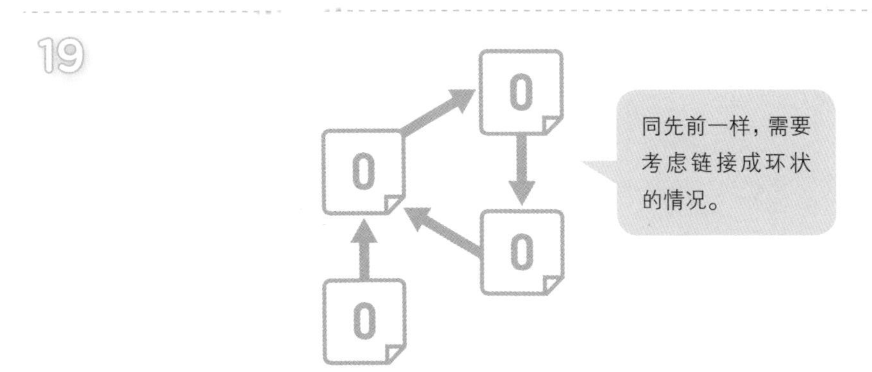

各个页面上所标记的数字，表示当前页面被网络冲浪的人访问过的次数。这里还未正式开始模拟，所以当前所有数字为 0。

20

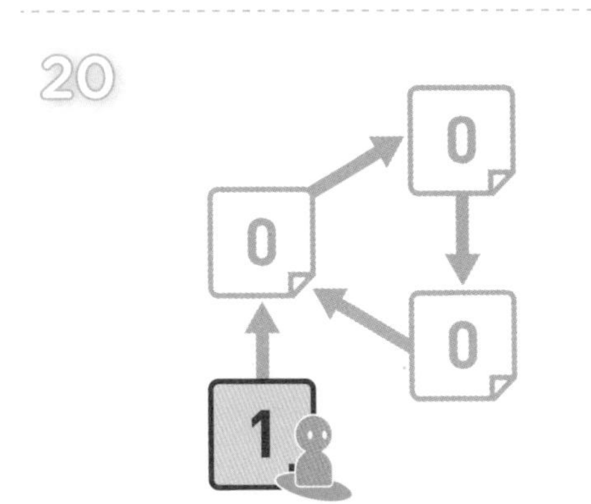

根据定义开始模拟，页面的访问次数有了差异。

21

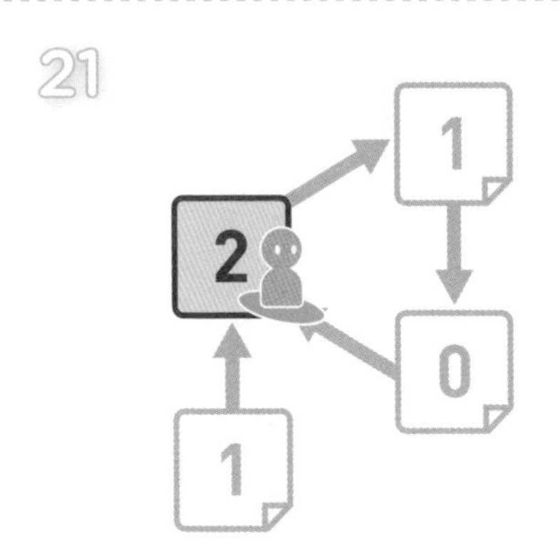

模拟中……

22

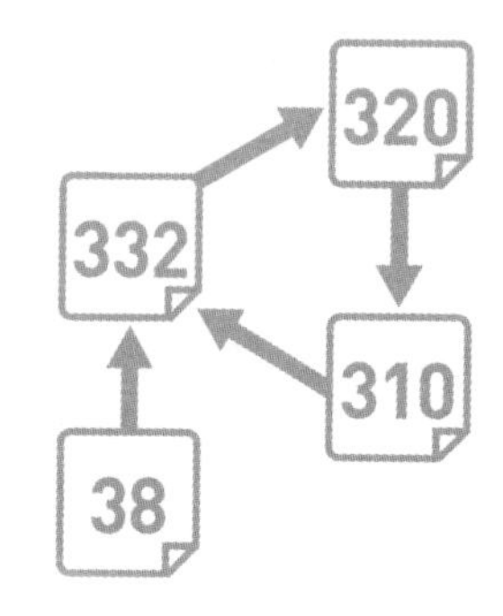

模拟持续进行，直到合计访问次数达到 1000 次时为止，最终得到了上图的结果。

23

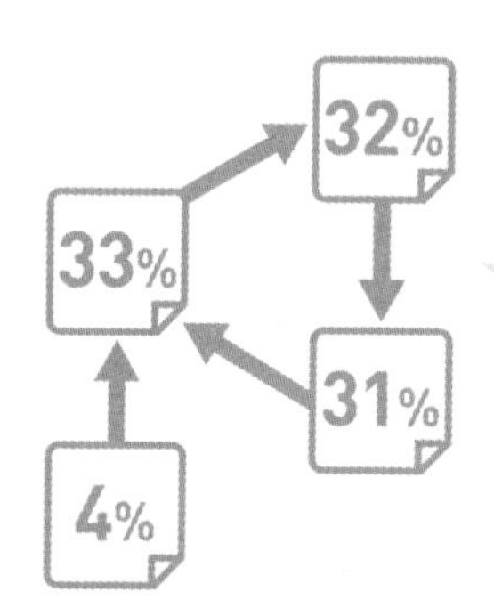

看来通过这种窍门，即使链接已成环状，依旧可以计算出分值。

重新以比例表示，结果如上。这个值可以说表示了“在某个特定时间点该页面被浏览的概率”。直接将这个值作为页面的分值就是随机冲浪模型的窍门。①

24

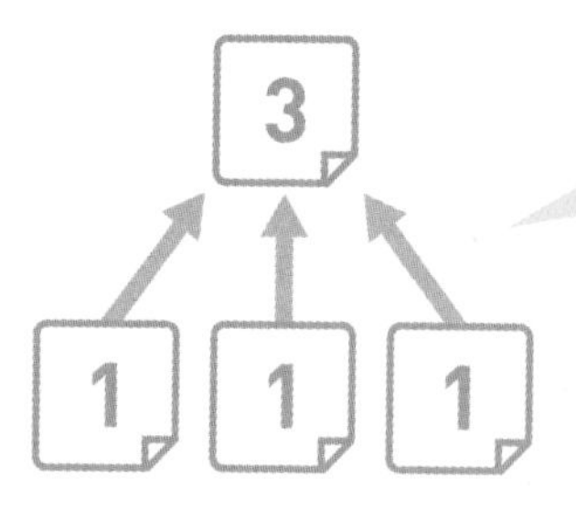

使用先前的计算方法来计算一下图里链接结构的分值。

最后，让我们来检验一下页面排序算法的值，与开头讲过的链接加权的计算结果是否一致。

① 实际上是通过更加高效的计算来得到这个概率，而非通过模拟，不过最后得到的计算结果基本与模拟出的结果一致。

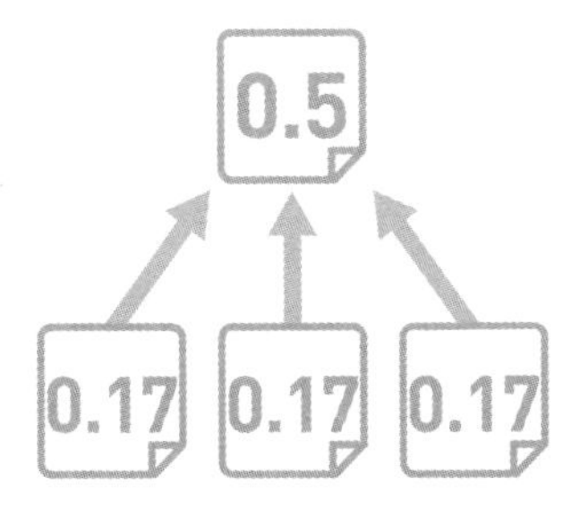

因为每个值都四舍五入过，所以全部加起来并不为 1，但各自的比例是与前图相近的。

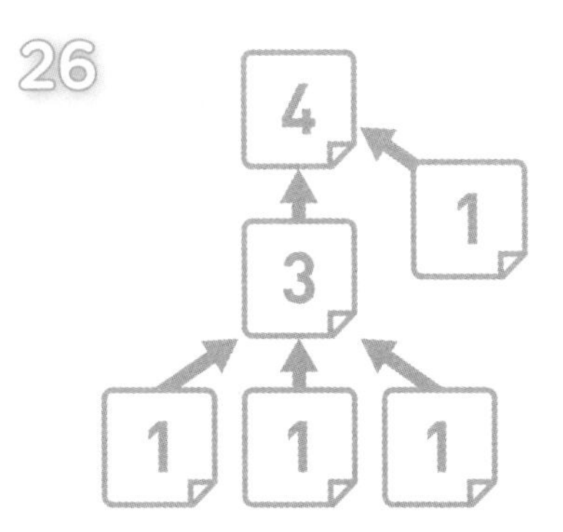

再来计算 下这个先前也介绍过的链接结构的分值。

27

像这样，将链接加权替换为计算被访概率，就是页面排序算法的机制。

这里的比例与先前的比例也是相近的。

解说

早先的搜索网站，主要根据搜索关键字与页面内文章的相关性，来决定搜索结果的排名。这种方法其实没有考虑页面内是否包含有用信息，也就导致了那时的搜索结果精度并不高。

在这种情况下，谷歌公司提供了使用页面排序算法的搜索系统，因其高可用性，一举成为一家世界级的企业。不过，谷歌现在的搜索结果的排名，不只是靠页面排序算法决定的。

但是，从链接结构算出页面价值这种构思，以及环状链接也不影响计算这两点来看，不可否认，页面排序算法具有的划时代地位。

No. 8-6 汉诺塔

汉诺塔是一个移动圆盘的游戏，虽说是简单的游戏，但是个帮助我们理解递归算法的好例子。

游戏规则

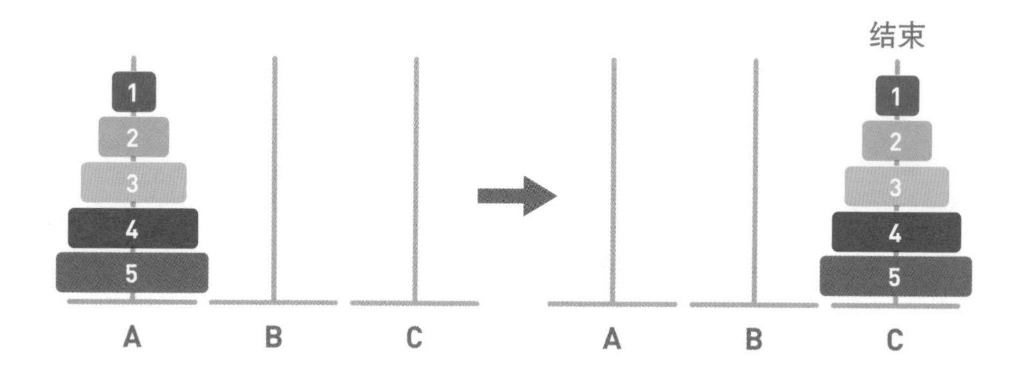

在左图中，有A、B、C 3根柱子，A上插着5片圆盘。这是初始状态。游戏的通关条件是：保持原有顺序将5片圆盘移动到C。

圆盘的移动受以下两个条件限制。

▶ 移动条件

①单次只能移动1片圆盘。

②圆盘之上不能放置比其自身更大的圆盘。

在这两个条件的限制下，我们将通过借用B来移动圆盘，以通关游戏。

01

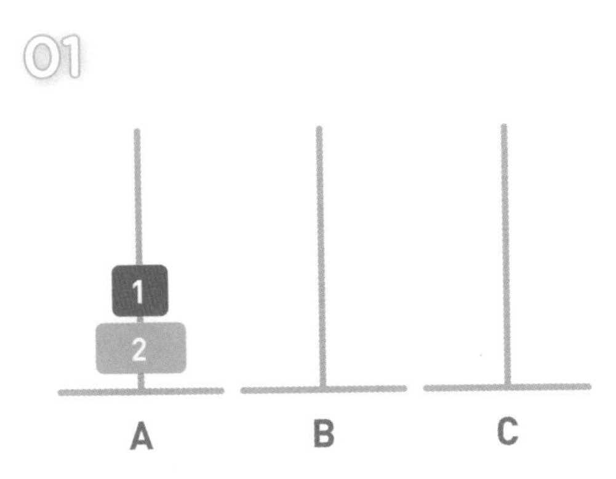

我们先来考虑只有 2 片圆盘的情况。

02

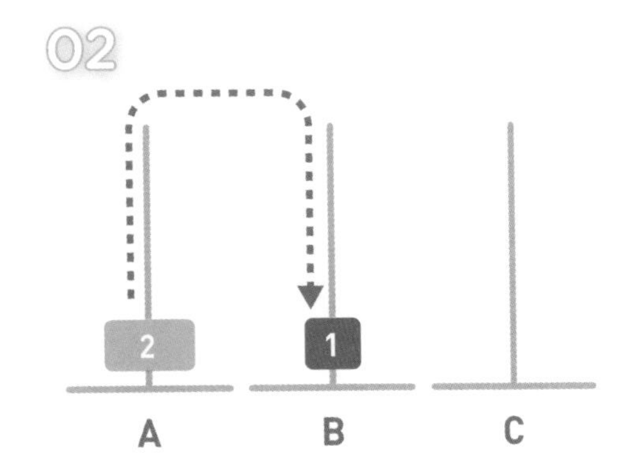

小圆盘在最上面，可以将其移动到 B。

03

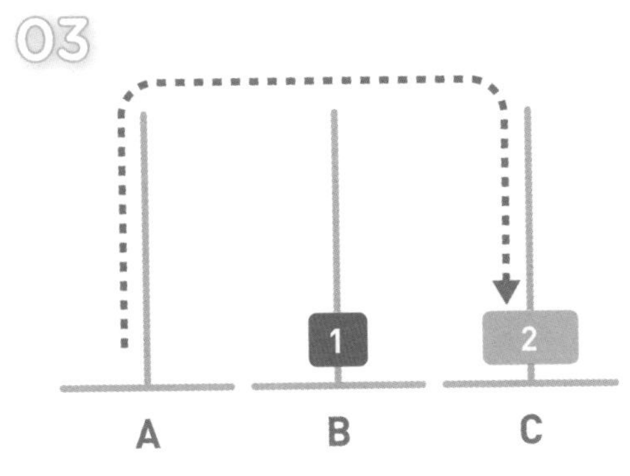

将大圆盘移动到 C。

04

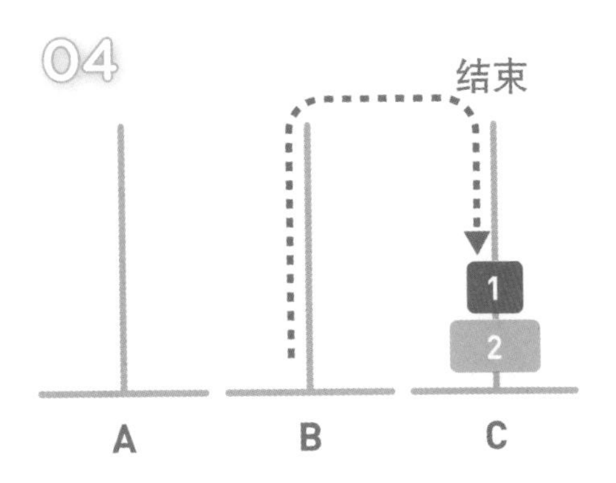

将小圆盘移动到 C，结束移动。经证实，存在 2 片圆盘时，可以到达终点。

05

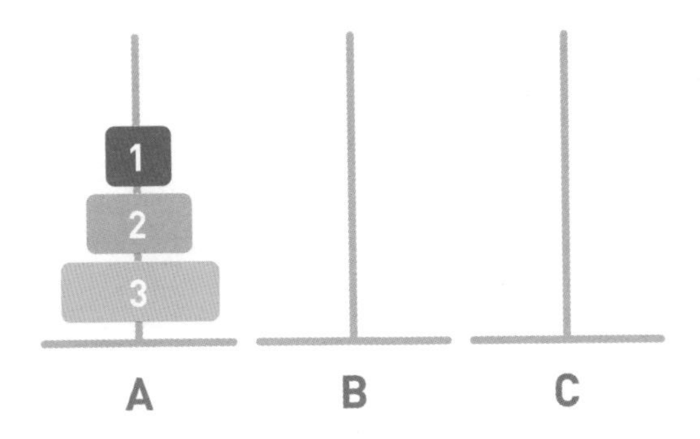

圆盘有 3 片时又是怎样的情况呢？考虑除最大的圆盘外，其余圆盘均移动到 B。

06

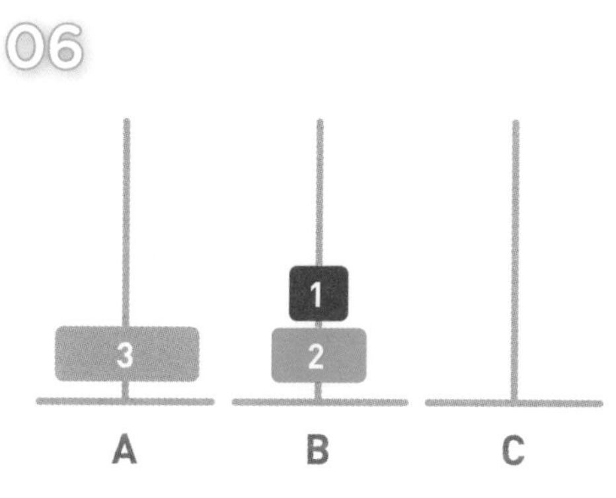

采用与刚才将 2 片圆盘移动到 C 时相同的要领，移动 1 和 2，就能完成到 B 的移动。

07

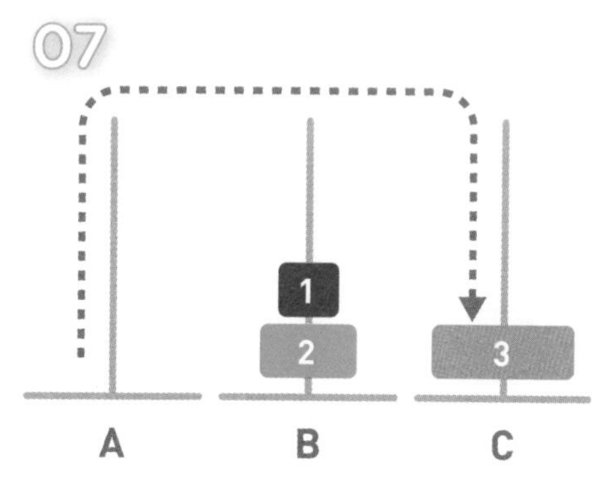

现在，将最大的圆盘移动到 C。

08

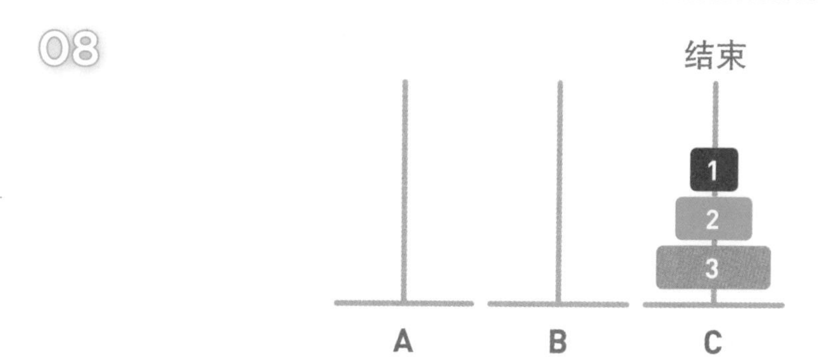

以同样要领将 1 和 2 移动到 C。经证实，存在 3 片圆盘时，同样可以到达终点。事实上，该游戏中无论存在多少圆盘，均能到达终点。下面，我们通过数学归纳法来证明这一点。

09

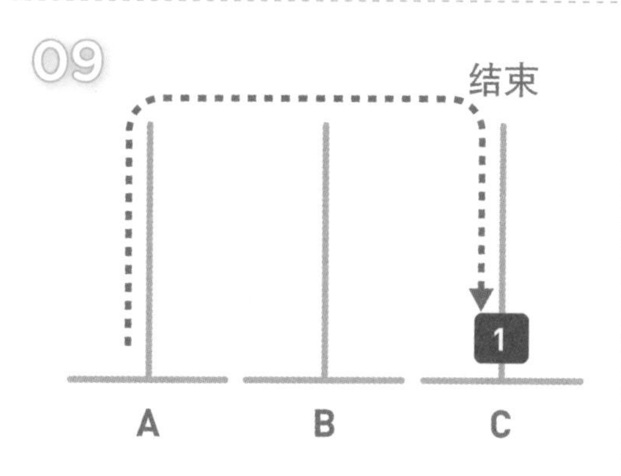

仅有 1 片圆盘时，可以到达终点。

10

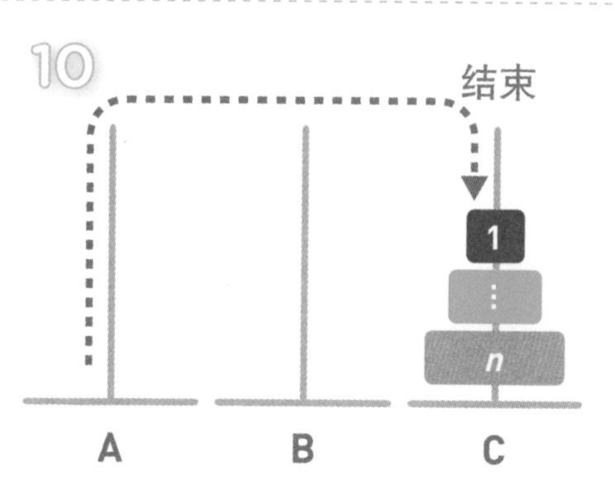

假设有 n 片圆盘时，可以到达终点。

11

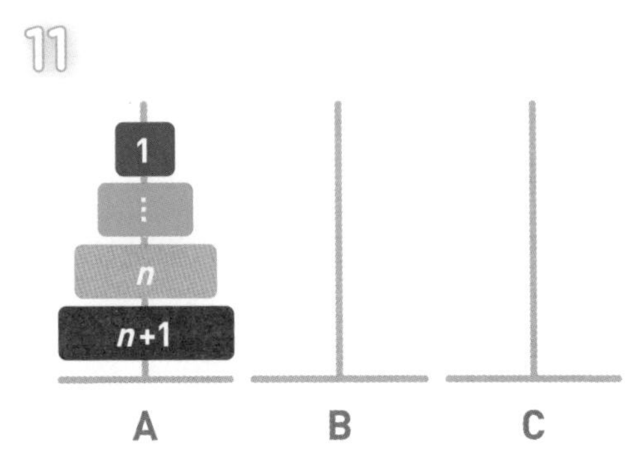

考虑需要移动 n+1 片。

12

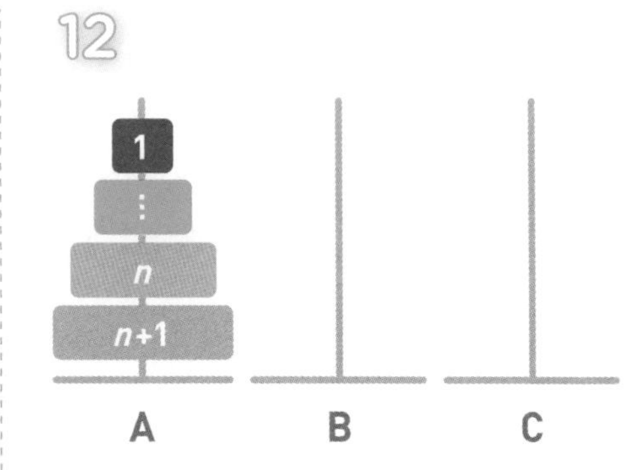

忽略最大的圆盘。

13

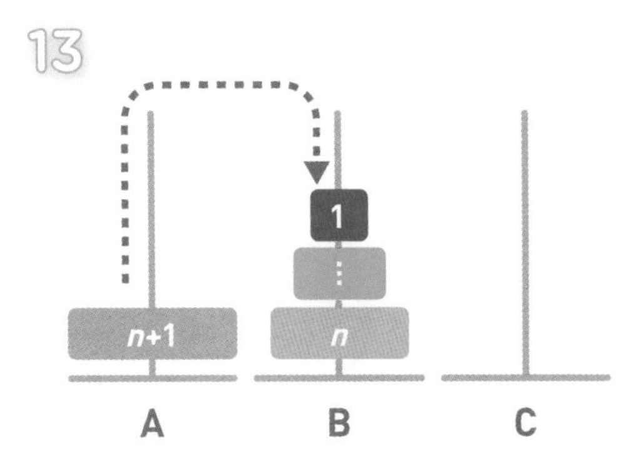

根据假设，能够移动 n 片，所以将 n 片移动到 B。

14

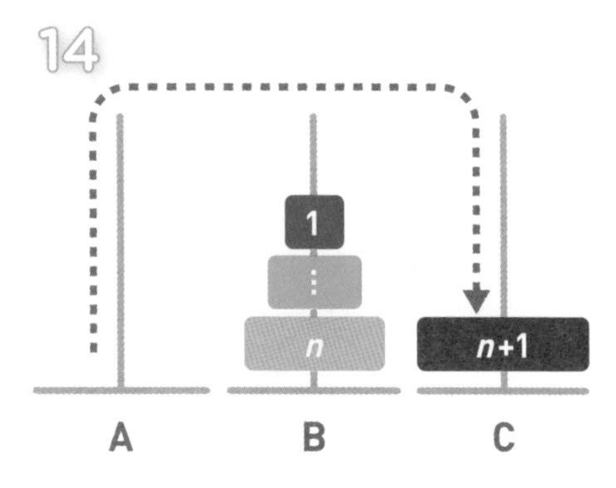

将最大的圆盘移动到 C。

15

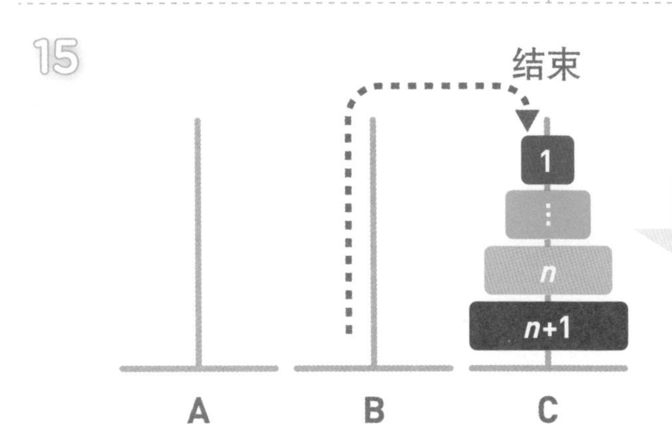

数学归纳法证明，无论存在多少片圆盘，均能到达终点。

同样根据假设，将 B 上的 n 片移动到 C。移动就此结束。

解说

或许你会觉得过于简单，但通常解含有 n 片圆盘的汉诺塔时，只需要使用解 $n-1$ 片时的方法。解 $n-1$ 片时，使用解 $n-2$ 片时的方法。如此下去，最后回到了 1 片圆盘时的解法。

在算法的叙述中，像这样算法调用自身的思想，称作“递归”。这种递归思路被用在各种各样的算法中，这些算法统称为“递归算法”。如 2-6 节的归并排序、2-7 节的快速排序，都是递归算法的例子。

▶参考：2-6 归并排序

▶参考：2-7 快速排序

补充说明

这里我们再思考一下递归算法的运行时间。

解一个包含 n 片圆盘的汉诺塔的运行时间，用 $T(n)$ 表示。只有 1 片时，只需执行 1 次，所以 $T(1)=1$。包含 n 片时，需要先将上面的 $n-1$ 片从 A 移动到 B，执行 $T(n-1)$ 次；将最大的圆盘移动到 C，执行 1 次；将 B 中的 $n-1$ 片移动到 C，执行 $T(n-1)$ 次。所以，$T(n)=2T(n-1)+1$。

最终得到的解为 $T(n)=2n-1$。不存在少于这个运行时间的解法。